MANUEL

THÉORIQUE ET PRATIQUE

DU VINAIGRIER

ET

DU MOUTARDIER.

MANUEL

THÉORIQUE ET PRATIQUE

DU VINAIGRIER

ET

DU MOUTARDIER,

SUIVI

DE NOUVELLES RECHERCHES

SUR LA FERMENTATION VINEUSE,

PRÉSENTÉES

A L'ACADÉMIE ROYALE DES SCIENCES;

PAR M. JULIA DE FONTENELLE,

Professeur de chimie médicale; Secrétaire perpétuel de la Société
des sciences physiques et chimiques de France; Membre honoraire
de la Société royale de Varsovie; Membre de la Société
de chimie médicale, de l'Académie royale de médecine, de
celle des Sciences de Barcelone, et de l'Académie pontanienne
de Naples et de celle de Catane, etc.;

DEUXIÈME ÉDITION,

REVUE CORRIGÉE ET AUGMENTÉE,

Avec Figures,

PARIS,

A LA LIBRAIRIE ENCYCLOPÉDIQUE DE RORET,

RUE HAUTEFEUILLE, N° 10 BIS.

1836.

A

M. QUESNEVILLE FILS,

DOCTEUR EN MÉDECINE DE LA FACULTÉ DE PARIS;
PHARMACIEN DE L'ÉCOLE SPÉCIALE DE LA MÊME VILLE;
DIRECTEUR ET PROPRIÉTAIRE DE L'ANCIENNE FABRIQUE
DE PRODUITS CHIMIQUES DE M. VAUQUELIN; MEMBRE
DE LA SOCIÉTÉ DES SCIENCES PHYSIQUES ET CHIMIQUES DE
FRANCE, ETC. ;

SON AMI,

JULIA DE FONTENELLE.

INTRODUCTION.

On a regardé, avec juste raison, l'*Encyclopédie* comme les archives de l'esprit humain, et comme un des plus beaux monumens qu'on ait élevés aux sciences, aux arts et aux lettres. Eu effet, lors de la publication de cet important ouvrage, presque tous les hommes les plus marquans dans les sciences, les arts et les belles-lettres, se réunirent pour y concourir; et, si le choix de ces mêmes hommes ne fut pas toujours heureux, l'on doit convenir aussi que le plus grand nombre étaient dignes d'une si belle mission.

L'*Encyclopédie* contribua puissamment aux progrès des sciences et des arts, tant en rapprochant une foule de savans qu'en rattachant, à la grande chaîne des vérités, un grand nombre d'anneaux qui en étaient isolés. Les arts, surtout, en éprouvèrent des avantages immenses. Le plus grand nombre de fabricans ne connaissait d'autres principes qu'une routine de tradition, décorée du nom de *secret*, que l'artiste vendait comme une partie principale de son établissement. Chaque art avait son prétendu secret, qui ne reposait, il est vrai, sur aucune théorie bien établie; aussi, lorsque le moindre accident changeait la marche d'une opération, le fabricant était arrêté tout court, faute de moyens propres à y parer. Lorsque les sciences physiques et chimiques eurent, par leurs progès, imprimé une nouvelle marche à l'esprit humain, on s'empressa d'éclairer, par la théorie, la pratique des arts, qui, dès lors, se dépouillant des préjugés qui les entouraient, virent disparaître la plus grande partie des erreurs dont ils étaient entachés; quelques-unes même firent de tels progrès qu'ils ont pris rang, depuis, parmi les sciences exactes. Cependant, quelles que fussent les améliorations qu'aient éprouvés alors les arts chimiques, il semblait réservé au dix-neuvième siècle de voir s'agrandir leur vaste domaine, tant par les nombreuses découvertes qu'on doit à la chimie, que par leur application aux arts et le nouveau jour qu'elles ont porté dans les procédés, ainsi que par les instrumens dont ces mêmes arts se sont enrichis.

La fabrication du vinaigre mérite d'être classée parmi les arts chimiques, surtout depuis qu'on est parvenu à extraire cet acide des bois par leur carbonisation. Cet art, dont l'origine est des plus reculées, doit avoir accompagné celui de la fabrication du vin. Moïse, en effet, parle du vinaigre, dont les Israélites et plusieurs autres nations d'Orient faisaient usage de temps immémorial, puisque Booz disait à Ruth : Versez quelques gouttes de vinaigre dans votre boisson. Son utilité dans l'économie domestique étant bien reconnue, on dut nécessairement s'occuper de sa fabrication; aussi devint-elle l'objet d'un commerce particulier et exclusif du temps que la France vivait sous l'empire des priviléges.

La communauté des vinaigriers était très-ancienne. Elle fut érigée en jurande en 1394, et ses statuts, de ce temps, ont été augmentés ou modifiés jusqu'en 1658, qui est la date de leurs

derniers réglemens, que nous allons faire connaître.

Le nombre des jurés était fixé à quatre, dont
deux étaient élus tous les ans, le 20 octobre, en
remplacement des deux plus anciens qui sor-
taient de charge.

Il n'y avait que les maîtres qui avaient sept ans
de réception qui pussent obliger un apprenti.
Nul ne pouvait être reçu à la maîtrise qu'après
quatre ans d'apprentissage, et avoir servi les
maîtres pendant deux ans en qualité de compa-
gnon. Il fallait aussi qu'il eût pris chef-d'œuvre
des jurés, à la réserve des fils de maîtres, qui
étaient admis sur une simple expérience.

Les veuves jouissaient de tous les priviléges
des maîtres, tant qu'elles étaient en viduité, à
l'exception des apprentis, qu'elles ne pouvaient
obliger.

Les ouvrages et marchandises que les maîtres
vinaigriers pouvaient faire et vendre, à l'exclu-
sion de tous les maîtres des autres communautés,
étaient les vinaigres de toutes sortes, le verjus,
la moutarde, et les lies sèches et liquides.

A l'égard de la vente des eaux-de-vie et esprits de vin, qu'il leur était permis de distiller,
elle leur était commune avec les distillateurs,
les limonadiers, etc.

Il est aisé de voir, par ces statuts, que la
profession de vinaigrier était alors fort considérée. En effet, jusque vers le milieu du dix-huitième siècle, la culture de la vigne n'était point
aussi étendue en France, et la quantité des esprits et eaux-de-vie n'égalait point la douzième
partie de ceux que l'on fabrique depuis les importans changemens apportés dans la distillation
par MM. Edouard Adam, lesquels ont été sui-

vis des améliorations de MM. Isaac Bérard, Solimani, Derosne, Duportal, Alégre, Sellier, parmi lesquels je rangerais mon appareil distillatoire, qui fut alors accueilli avec beaucoup d'empressement par les fabricans d'eau-de-vie (1). Depuis, dis-je, l'art de la distillation des vins est sorti du laboratoire des vinaigriers, et a donné lieu à d'immenses établissemens, surtout dans les départemens de l'Hérault, de l'Aude et des Pyrénées-Orientales, où l'on fabrique à la vérité moins d'eau-de-vie qu'autrefois; mais, en revanche, une quantité immense d'alcool à divers degrés et dans le plus grand état de concentration qu'on puisse le livrer au commerce (2).

L'art du vinaigrier ne fut, pour ainsi dire, qu'un art empyrique jusqu'à ce que Lavoisier eût fait connaître ses belles expériences sur la fermentation spiritueuse, sur ses produits, sur la décomposition de la matière sucrée, et sa conversion en alcool, en gaz acide carbonique. Depuis, MM. Berthollet, Vauquelin et Fourcroy, Gay-Lussac, Thénard et de Saussure, etc., et s'il m'est permis de me citer après ces chimistes célèbres (3), ont porté le plus grand jour sur les phénomènes des fermentations spiritueuse et acétique.

---

(1) *Vid.* cet appareil, qui se trouve décrit et gravé dans les annales de chimie, n° 141.

(2) Je ne prétends point dire que l'on fabrique de l'alcool absolu : ce n'est que dans les laboratoires de chimie qu'on l'obtient dans cet état.

(3) *Vid.* mon mémoire sur la fermentation vineuse, lu à l'Académie royale des Sciences, et inséré à la fin de cet ouvrage.

Cependant, malgré les doctes travaux de ces habiles chimistes, la société de pharmacie de Paris, considérant combien il était intéressant pour la science de porter un nouvel examen spécial sur la fermentation acétique, en fit un sujet de prix ainsi conçu (1) :

1° Déterminer quels sont les phénomènes essentiels qui accompagnent la transformation des substances organiques en acide acétique dans l'acte de la fermentation.

2° La formation de l'acide acétique est-elle toujours précédée de la production d'alcool, comme la production du sucre précède celle de l'alcool dans la fermentation alcoolique?

3° Quelles sont les matières qui peuvent servir de ferment pour la fermentation acétique, et quels sont les caractères essentiels de ces sortes de ferment.

4° Quelle est l'influence de l'air dans la fermentation? est-il indispensable? Dans ce cas, comment agit-il? joue-t-il le même rôle que dans la fermentation alcoolique, ou bien, s'il est absorbé, devient-il partie constituante de l'acide, ou enfin forme-t-il des produits étrangers?

5° Établir en résumé une théorie de la fermentation ainsi en harmonie avec les faits observés.

Il est aisé de voir de quelle importance est aux yeux de cette savante compagnie la fabrication

(1) Ce prix consistait en une médaille d'or de la valeur de 1,000 f., à l'auteur qui aurait résolu toutes les questions, ou en une médaille de 500 f., si toutes les questions n'étaient pas résolues d'une manière satisfaisante, mais seulement le plus grand nombre.

de l'acide acétique. Ayant l'honneur d'en faire partie, j'ai cru devoir m'attacher à résoudre une partie des problèmes qu'elle a proposés. En conséquence, après avoir étudié la partie pratique de la fabrication du vinaigre dans les ouvrages ou les mémoires de Stahl, Beccher, Venel, Boërhaave, Spielmann, Glaubert (1), Homberg, Montet, Lepechin, Macquer, Simon, Rouelle, Geoffroy, Baumé, Demachy, etc., j'ai cru devoir appliquer à cette fabrication les théories reçues des fermentations spiritueuse et acétique, et partir de ces principes pour éclaircir la pratique de cet art. J'ai divisé donc cet ouvrage en cinq parties.

Dans la première, je traite du moût, de la fermentation spiritueuse et de ses produits.

Dans la seconde, des vinaigres, de ses différentes espèces et de leurs divers modes de préparation, en y joignant un tableau très-étendu des proportions d'alcool que contiennent les principaux vins de France et de l'étranger.

La troisième est consacrée à la fabrication du vinaigre de bois, à l'examen des produits de la carbonisation de ce combustible, aux frais et aux bénéfices que donnent ces établissemens, ainsi qu'aux moyens propres à reconnaître leur degré d'acidité et de falsification.

La quatrième est consacrée aux vinaigres composés.

---

(1) Quoique Moïse, et après lui Dioscoride, Hérodote, Hypocrate, Pline, Galien, etc., aient parlé du vinaigre, c'est dans les écrits de Glaubert qu'on trouve les premiers procédés bien détaillés pour le fabriquer.

La cinquième traite de l'application du vinaigre à l'économie domestique, à la médecine et
aux arts.

J'ai consacré quelques pages à l'art du moutardier. Comme cette partie n'offre rien de
scientifique, j'ai cru devoir y attacher quelque intérêt en y plaçant l'analyse chimique de la
moutarde, qui m'a valu une double médaille des
Sociétés royales de médecine de Marseille et de
Toulouse. Les détails dans lesquels je suis entré
dans cette analyse, et l'huile volatile de moutarde que j'ai séparée et bien étudiée, ne pourront qu'être utiles aux fabricans de moutarde.
C'est à tort qu'on exigerait de moi l'exposition
d'une foule de recettes minutieuses des diverses
méthodes; toutes rentrent dans la même préparation, puisqu'en général elles ne diffèrent entre
elles que par le goût et l'odeur de la substance
qu'on met à infuser dans le véhicule. J'ai terminé
cet article par un aperçu sur les vertus médicales
de la moutarde; enfin, j'ai placé à la fin de l'ouvrage un vocabulaire propre à en faciliter la
lecture.

L'accueil favorable que la première édition de
cet ouvrage a reçu du public nous a engagé à
enrichir cette seconde édition de tout ce qui a
paru de nouveau tant sur la fabrication des divers
vinaigres de vin, d'amidon, de sucre, etc., que
sur celle du vinaigre de bois tant en France qu'en
Angleterre. J'ai fait aussi de nombreuses additions à la partie qui concerne l'art du moutardier. Enfin nous y avons joint des figures qui se
rattachent à la distillation du bois, à la fabrication du vinaigre, et d'autres qui représentent
les moulins propres à moudre la moutarde.

Dans tout le cours de ce travail, je me suis

attaché à ne chercher la vérité que dans l'en-
chaînement naturel des expériences, et je me
suis imposé la loi de ne procéder jamais que du
connu à l'inconnu. J'ai eu toujours en vue cette
maxime de Lavoisier, de ne déduire aucune conséquence qui ne dérive immédiatement des expériences et des observations, et d'enchaîner les
faits et les vérités chimiques dans l'ordre le plus
propre à en faciliter la connaissance aux com-
merçans et aux gens du monde.

MANUEL
DU VINAIGRIER.

PREMIÈRE PARTIE.

CHAPITRE PREMIER.

DU MOUT, DE LA FERMENTATION SPIRITUEUSE, ET DE SES PRODUITS.

Après la culture des céréales, la vigne est le végétal qui offre le plus d'intérêt, tant par son utilité que par ses diverses applications aux arts et à la médecine. Il paraît presque impossible d'assigner l'époque fixe à laquelle on commença à la cultiver. La plupart des historiens l'attribuent à Noé, d'après ce passage de l'Écriture sainte : *Cœpitque Noë vir agricola exercere terram et plantavit vineam ;* c'est sur le même fondement qu'ils l'ont regardé comme l'inventeur de la fabrication du vin (1). Suivant le témoignage des mêmes historiens, les Phéniciens transportèrent la culture de la vigne, de l'Asie, dans l'Archipel, en

(1) Athénée prétend qu'Oreste, fils de Deucalion, vint régner en Ethna et y planta la vigne ; les historiens s'accordent à regarder Noé comme le premier qui ait fait du vin, dans l'Illyrie ; Saturne, dans la Crète ; Bacchus, dans l'Inde ; Osiris, en Égypte ; Gérion, en Espagne. *Vid.* Chaptal, *Traité sur la culture de la vigne.*

1

Grèce, en Sicile, en Italie; et, lorsqu'ils se transplan-
tèrent sur les côtes de la Provence, ils la plantèrent
dans les environs de Marseille. Quoi qu'il en soit de
l'origine de la vigne, l'Espagne est regardée comme
l'une des contrées où elle a été le plus anciennement
cultivée. Cette culture s'y était même tellement propagée que, vers l'an 92 de l'ère chrétienne, l'empe-
reur Domitius, peu de temps avant sa mort, rendit
un édit pour défendre d'y faire de nouvelles planta-
tions, afin d'éviter que la famine ne s'emparât de ce
vaste pays; il fit même arracher toutes celles de
Gaules. Ce ne fut qu'environ 200 ans après que
Probus permit aux Gaulois de les replanter.

Du nos jours, la vigne est cultivée avec succès
principalement en Italie, dans le midi de la France,
en Espagne, en Hongrie, etc.; mais elle ne donne
pas, dans ces différentes contrées, la même quantité
ni la même qualité de fruits : ils varient suivant la
température du climat, la nature et l'exposition du
sol. Sous ces points de vue, la Grèce, l'Espagne, la
France et l'Italie l'emportent sur tous les autres pays.
Fénélon, en parlant de l'Espagne, n'a pas craint de
dire qu'aucune terre ne porte des raisins plus délicieux; et Fénélon, dans ses belles fictions du Télé-
maque, comme Homère dans ses poèmes, est presque toujours historien fidèle.

Le fruit de la vigne porte le nom de raisin. Ce fruit
se compose d'une pellicule, qui est tantôt d'un blanc
jaunâtre, tantôt d'un blanc verdâtre, et le plus souvent d'un violet noirâtre, plus ou moins foncé. C'est
dans cette pellicule qu'existe la matière colorante du
raisin : les acides colorent en rouge cette dernière
couleur. Le grain du raisin se compose d'une espèce
de pulpe contenant dans ses cellules une liqueur très-
douce, qui entoure les semences de ce végétal.

Du moût de raisin.

C'est ainsi qu'on nomme la liqueur sucrée qu'on
extrait du raisin par expression. Ce moût se compose

de beaucoup d'eau, d'une quantité de sucre qui est relative à l'espèce du raisin, à la contrée où la vigne est cultivée, et à son exposition. Il contient aussi un peu de mucilage, une substance particulière très-soluble dans l'eau, de la gelée, du gluten, du tannin, du surtartrate de potasse, du tartrate de chaux, de l'hydrochlorate de soude, du sulfate de potasse.

Les moûts sont, avons-nous dit, plus ou moins riches en principes sucrés; nous devons dire aussi en principes constituans du ferment. Plusieurs chimistes ont pensé que le ferment existait tout formé dans le moût; mais aucune expérience directe n'a pu l'isoler.

M. Thénard attribue la formation du ferment à une substance particulière du moût qui est très-soluble dans l'eau, laquelle, en s'unissant à l'oxigène de l'air, se transforme en ferment. Cette opinion, dit-il, est d'autant plus vraisemblable, que le moût laisse déposer du ferment pendant la fermentation même ; aussi le moût que l'on mute par le gaz acide sulfureux, l'oxide rouge de mercure, l'infusion de moutarde, etc., qui ont une action directe sur cette substance, ne fermente plus, si ce n'est par l'addition d'un nouveau ferment. La quantité de matière sucrée dans les moûts les plus pauvres n'est que de 9 à 11 à l'aréo-mètre.

J'ai pris, en 1822, dans le canton de Narbonne, le poids spécifique de plus de trois cents espèces de moût ; le terme moyen fut 14,85 degrés, et cette contrée est regardée comme celle qui, après le Rous-sillon, donne les vins les plus spiritueux de France.

Toutes les espèces de raisins, dans un même ter-roir, ne sont pas également riches en principe sucré ; elles offrent des variations qui vont jusqu'à trois de-grés. J'ai également reconnu que certaines contien-nent de plus grandes proportions de ferment (1); que la fermentation est d'autant plus prompte, que ce

(1) Pour éviter les répétitions, nous désignerons par le nom de ferment les principes qui coopèrent à la fermentation.

dernier principe est plus abondant, et d'autant plus
longue à s'établir et à être terminée, que la substance
sucrée s'y trouve en plus grande quantité. L'expérience prouve que, dans le premier cas, les vins ont
fermenté en deux ou trois jours, tandis qu'il en est,
dans le Roussillon, en Espagne, etc., qui ne sont
convertis en vin qu'au bout de quelques mois ; encore même ces vins sont doux ou liquoreux pendant
plus d'un an : on dirait que le sucre leur sert de condiment ; mais, en revanche, lorsque la fermentation
est terminée, ils sont très-riches en alcool.

Principes constituans du moût.

Matière sucrée de 12 à 26 pour 100 ;
— Gommeuse ;
— Muqueuse ;
— Colorante ;
— Extractive ;
— Glutineuse, soit ferment ;
Albumine végétale ;
Acide malique ;
Acide citrique, quand le raisin n'est pas mûr ;
Bitartrate de potasse (crème de tartre) ;
Tartrate de chaux ;
Chlorure de sodium (sel marin) en très-petite
quantité ;
Sulfate de potasse, en très-petite quantité ;
Eau en quantité d'autant plus grande que le moût
est peu riche en matière sucrée.
Telles sont les substances que plusieurs chimistes
y ont indiqué ; mais il est évident que le nombre en
est bien plus grand, puisque M. Braconnot a constaté
dans 100 parties de lie de vin séchées, qui ne sont
autre chose qu'un précipité que cette liqueur dépose
à la longue, les matières suivantes :

Albumine végétale. 20, 70
Chlorophylle. 1, 50
Matière cireuse. 0, 50
Phosphate de chaux. . . . 6, 00

Tartrate de chaux. 3, 25
Bitartrate de potasse. . . . 60, 75
Tartrate de magnésie. . . . 0, 40
Sulfate et phosphate de potasse. 2, 80
Matière colorante, gomme, silice
   et tannin. . . . . . . quant. indét.

John a trouvé dans le tartre rouge :

Tartre. 90
Résine molle, rougeâtre, soluble
   dans l'éther, ayant l'odeur de
   la vanille. 1
Matière résineuse, rouge pon-
   ceau (extractif oxigéné). . . 2
Gomme. 2
Matière sucrée. 1
Fibre ligneuse rouge-cerise, avec
   un peu de tartrate acide de
   chaux. 4

Analyse du moût des raisins mûrs, par Proust.

Sucre cristallisable et incristallisable ;
Matière extractive ;
Matière glutineuse ;
Gomme ;
Acide malique ;
Acide citrique (selon Bracounot ce serait de
   l'acide citrique) ;
Tartre.

Analyse du moût des raisins mûrs, par Bérard.

Principe odorant ;
Sucre ,
Gomme ;
Matière glutineuse ;
Acide malique ;
Malate de chaux ;
Tartrate acide de chaux et de potasse.

Tous ces détails paraîtront, à bien des gens, étrangers à l'art du vinaigrier; mais, ainsi que les suivans, ils s'y rattachent d'une manière plus intime qu'on ne croit : ce sont, à proprement parler, les élémens théoriques de cet art; et c'est au moyen de la connaissance de ces principes, que l'artiste, repoussant les entraves de la routine, peut espérer de marcher d'une manière assurée dans la voie du perfectionnement. La fabrication du vinaigre a trop de rapport avec celle du vin pour ne pas exposer ici la théorie de la fermentation vineuse, et, par suite, de celle de la formation du vin et de la connaissance de l'alcool.

De la fermentation vineuse ou alcoolique.

Les anciens philosophes, les chimistes du moyen âge, etc., avaient reconnu que les matières végétales privées de la vie éprouvaient des altérations spontanées qui changeaient leur nature, et que les nouveaux produits étaient différens suivant la nature même de ces végétaux; ils donnèrent à ces altérations le nom de *fermentation*, et publièrent des hypothèses plus ou moins erronées sur leur théorie. Boerhaave fut le premier qui débrouilla ce chaos : ce médecin-chimiste établit trois sortes de fermentations : 1° la *fermentation spiritueuse*; 2° la *fermentation acéteuse*; 3° la *fermentation putride*. D'après sa théorie, la seconde de ces fermentations ne pouvait avoir lieu sans que la première ne se fût déjà manifestée; c'était, suivant lui, une série de mouvemens intestins, enchaînés l'un à l'autre par une même cause, et se succédant toutes les trois dans l'ordre ci-dessus établi. M. Fourcroy admit cinq fermentations : la *saccharine*, la *vineuse*, l'*acide*, la *colorante*, la *putride*, lesquelles se suivaient suivant le rang que nous venons de leur assigner.

La *fermentation saccharine* a lieu toutes les fois qu'il se développe une matière sucrée dans une substance abandonnée à elle-même, comme lors de la maturité de certains fruits; la deuxième, quand les liqueurs sucrées se décomposent spontanément et se conver-

tissent en alcool ; la troisième, quand les liqueurs alcooliques passent à l'état d'acide acétique ; la quatrième, quand il se produit une substance colorante ;
et la cinquième, lorsque la putréfaction s'établit.
Nous ne nous occuperons dans cet ouvrage que de la
seconde et de la troisième.

Il est un fait bien démontré, c'est que les substances sucrées, dissoutes dans l'eau, unies au ferment,
se convertissent bientôt en alcool lorsqu'elles sont
exposées à une douce température, qui doit être de
15 à 3uº. Dès le moment que la fermentation commence à s'établir, la matière sucrée se décompose
peu à peu, la liqueur se trouble ; il se produit du gaz
acide carbonique, qui entraîne avec lui des parties de
ferment, qui viennent nager à la surface sous forme
d'une écume qui retombe au fond de la liqueur, et
est de nouveau entraînée par le gaz acide carbonique, etc. Ce mouvement tumultueux diminue dans
un temps plus ou moins long ; la liqueur s'éclaircit
peu à peu, prend une odeur et une saveur vineuses ;
et, lorsque le dégagement des bulbes de gaz acide
carbonique cesse, et que le liquide est devenu clair
et d'un poids spécifique moindre que celui de l'eau,
on reconnaît que la plus grande partie du sucre est
convertie en alcool. Après cette fermentation, il
existe encore dans le vin, ou, si l'on veut, la liqueur
vineuse, une quantité plus ou moins grande de sucre
qui a échappé à cette décomposition, et qui ne l'é-
prouve que dans un temps plus ou moins long, suivant qu'elle est plus ou moins abondante : c'est ce
que l'on appelle la fermentation secondaire. L'expérience a démontré qu'il est des vins dans lesquels elle
ne se termine qu'au bout de plusieurs années ; aussi
ces vins sont-ils très-généreux ou alcooliques.

La quantité d'acide carbonique qui se produit n'est
pas en raison directe de la quantité de principe sucré,
mais bien des proportions relatives de sucre et de
ferment qui existent dans les diverses espèces de
moût ; ainsi, il en est qui produisent des quantités
doubles de cet acide. Dans un Mémoire sur la fer-

mentation vineuse, que je lus à l'Académie royale
des Sciences, en 1823, je démontrai que

litres de moût	marquant	donnaient lit. acid. carb.
12 de piquepouil.	13°	28
Id. de blanquette.	15°	33,7
Id. de piquepoui! noir.	10°	30
Id. de caraguane.	14°	15
Id. de grenache.	15°	28,5

En général, les raisins blancs en produisent beaucoup
plus que les noirs.

La fermentation vineuse a été de temps immémorial livrée a des mains inexpérimentées ; ce n'est que
vers la fin du dix-huitième siècle que la chimie commença à l'éclairer de son flambeau, et c'est aux travaux des Fabroni, des Legentil, des Chaptal, des
Dandolo, etc., qu'elle doit les améliorations qu'elle
a reçues. De mon côté, je crois avoir contribué à jeter
un nouveau jour sur la vinification. Dans l'acte de la
fermentation alcoolique, tout le ferment n'est pas
décomposé ; en effet, il ne faut qu'une partie et demie
de ferment sec pour l'alcoolisation de cent parties de
sucre. L'acide carbonique qui se dégage entraîne avec
lui de l'alcool aqueux, que j'ai trouvé marquant 14 à
l'aréomètre. On a une preuve de cette vérité en plaçant sur une cuve hermétiquement couverte le chapiteau d'alambic conseillé par Mlle Gervais. Il suffit
d'en ouvrir le robinet pour en obtenir cette liqueur
alcoolique. C'est pour éviter cette déperdition et
l'action de l'air sur le marc du raisin, qui en opère
l'acidification, qu'il est fort avantageux de couvrir
les cuves en laissant au couvercle une ouverture,
avec une soupape, que le gaz tient ouverte tant qu'il
se dégage, et que la pression extérieure de l'air fait
refermer dès que ce dégagement vient à cesser.

Le célèbre Lavoisier prouva, par une expérience
directe, que l'alcool était dû à la décomposition du
sucre au moyen d'un ferment. Voici la manière dont
opéra cet illustre chimiste ; il prit

Sucre. . 100 livres.
Eau. . . 400
Levûre de bière en pâte
composée de l'eau, . 7,3 onc. 6 gros. 44 grains.
Et de levûre sèche. . 2,12 . 1 . 28

Quand la fermentation fut établie, les nouveaux produits furent

Eau. . . . . . 408 liv. 13 onc. 5 gros. 14 grains.
Alcool. 57 11 1 58
Acide carbonique. . 35 5 4 19
Acide acétique . . 2 8 » »
Sucre non décomposé 4 » 4 3
Levûre sèche. . . 1 6 » 50

Si tout le sucre eût été décomposé, il y eût eu environ 60 livres d'alcool.

M. Gay-Lussac a donné, pour 100 livres de sucre,

Alcool. 51,34
Acide carbonique. 48,66
_____
100,00

Lavoisier pense que, dans la fermentation vineuse, une portion du sucre est oxigénée aux dépens de l'autre ; et celle-ci, plus hydrogénée, forme de l'alcool, tandis que l'autre se convertit en acide carbonique ; ce qu'on explique de la manière suivante : le sucre, comme les substances en général, est composé de carbone, d'oxigène et d'hydrogène ; or, dans sa décomposition, l'oxigène forme, avec une partie du carbone, de l'acide carbonique ; et l'hydrogène, avec le restant du carbone, produit de l'alcool.

M. Gay-Lussac, dans sa théorie (1), suppose que le sucre est composé de 40 de carbone et de 60 d'eau ou de ses élémens ; si l'on change ces poids en volume de

_____

(1) Lettre à M. Clément ; *Annales de Chimie*, tom. XCV.

chacun des principes constituans de ce corps, on obtient

    3 volumes de vapeur de carbone.
    3 volumes d'hydrogène.
    3/2 volumes d'oxigène.

Et l'on sait que l'analyse a démontré que l'alcool est composé de

1 vol. d'hydrogène bi-carboné. $\left\{\begin{array}{l}\text{2 vol. de vapeur de} \\ \quad\text{carbone.} \\ \text{2 vol. d'hydrogène.}\end{array}\right.$

1 vol. de vapeur d'eau. . . $\left\{\begin{array}{l}\text{1 vol. d'hydrogène.} \\ \text{1/2 vol. d'oxigène.}\end{array}\right.$

D'après ces élémens de composition, et en laissant de côté les faibles produits du ferment, pour ne considérer que l'alcool et l'acide carbonique, l'on trouve, en examinant la composition du sucre et celle de l'alcool, que, pour produire cette liqueur, il faut enlever au sucre un volume de vapeur de carbone et un volume d'oxigène, qui, en se combinant, produisent un volume de gaz acide carbonique, tandis que la combinaison de l'hydrogène et des autres parties des constituans du sucre produit l'alcool. D'après cette théorie et ce calcul, si l'on réduit les volumes en poids, 107 parties de sucre, décomposées par la fermentation, se changent

    En alcool. . . . 51,34
    Acide carbonique. 48,66

Quelque séduisante et quelque probable que soit cette théorie, il reste encore à déterminer ce que devient l'azote du ferment, qu'on ne trouve ni mêlé à l'acide carbonique, ni comme principe constituant de la substance blanche qui se précipite et qui provient de la décomposition du ferment (1), ni de la

___

(1) M. Thénard croit que cette substance provient de l'orge qui a fourni le ferment, et qu'elle se rapproche beaucoup de l'hordéine.

petite quantité de cette substance très-soluble que
l'on trouve dans le produit alcoolique ; au reste, ce
qu'il y a de bien certain, c'est que l'acide carbonique
et l'alcool, sont tous deux formés aux dépens du
sucre.

Il se présente maintenant une grande question à
résoudre. L'air est-il nécessaire à la fermentation ?
En faveur de cette opinion nous trouvons un savant
dont le nom se rattache aux principales découvertes
modernes. M. Gay-Lussac a écrasé, dans un tube
plein de mercure et bien privé d'air, des grains de
raisin ; la fermentation n'a pu s'y établir qu'en y faisant passer une bulle de gaz oxigène. De mon côté,
dans un Mémoire que j'ai lu à l'Académie royale des
Sciences, sur la fermentation vineuse, j'ai annoncé
qu'ayant rempli d'huile cinq bouteilles de quinze
litres chacune, afin de priver les parois d'air, je les
avais vidées et remplies de suite de moût, en le recouvrant d'une couche d'huile de six pouces, et que,
malgré que j'eusse ainsi intercepté le contact de l'air,
la fermentation ne s'était pas moins établie deux
jours après. Ce fait me porte à croire que la présence
de l'air, pour que la fermentation ait lieu, pourrait
ne pas être d'une nécessité absolue, ou bien qu'il
suffit d'une bien faible quantité pour opérer cet effet.
Dans tous les cas, et d'après les calculs et la théorie
même de M. Gay-Lussac, aucun des élémens de ce
fluide élastique n'entre pour rien dans la formation
de l'alcool et de l'acide carbonique, qui sont entièrement dus au sucre ; de plus, il a reconnu lui-même (1)
que le sucre et l'orge fermentaient très-bien sans le
contact de l'air ; d'où il est aisé de conclure que la
quantité de ce produit doit être en raison directe de
celle de la matière sucrée.

De même que le moût de raisin, les diverses substances végétales sucrées sont susceptibles de passer à
la fermentation vineuse, avec ou sans addition de fer-

(1) *Annales de Chimie*, tom. LXXVI.

ment. Ainsi, le suc de pommes donne le *cidre ;* celui
de poires, le *poiré;* la matière sucrée développée
dans l'orge fermenté et grillé, la *bière;* le miel et la
mélasse, étendus d'eau tiède avec suffisante quantité
de ferment, une liqueur alcoolique plus ou moins
forte, etc.

CHAPITRE II.

DU VIN.

Le vin est une liqueur trop connue pour que nous
ayions à nous occuper ici de ses propriétés. Nous ne
devons le considérer que comme étant le produit de la
fermentation du moût et comme étant la liqueur qui,
par une nouvelle fermentation, doit se convertir en
vinaigre. Nous entrerons cependant dans quelques
détails, relativement aux vins fabriqués par mélange,
à cause de l'intérêt dont cette connaissance peut être
pour le vinaigrier.

Les vins diffèrent entre eux par les proportions d'alcool, de matière sucrée, d'acide carbonique, leur
bouquet, etc., dont la diversité, abstraction faite de
la couleur, est en raison de la nature du sol, des
espèces de vigne cultivées, de leur mode de culture, de leur exposition, du climat, des saisons, de
la manière de diriger la fermentation et quelquefois de
préparer le raisin. On donne le nom de *vins généreux*
aux vins les plus riches en alcool, comme ceux d'Espagne, d'Italie, du midi de la France, principalement
ceux de Narbonne, La Palme, Fitou, Leucate, et,
dans le Roussillon, de Rivesaltes, Salces, Perpignan,
Banyuls, Colliouvre, Estagel, etc.

La dénomination de *vins liquoreux* est réservée à
ceux qui sont chargés de matière sucrée, qui n'a point
encore éprouvé les effets de la fermentation, à cause
de l'insuffisance des proportions de ferment; de ce

nombre sont les vins cuits et ceux de Malaga, d'Alicante, etc.

Enfin l'on nomme *vins gazeux*, ceux qu: ⁿt plus ou moins saturés d'acide carbonique, ⸱⸱ ⸱⸱ le vin de Champagne, de Coindrieux, la blanquette de Limoux, de Bages, de Nissan, etc.; ces diverses espèces de vins étant à des prix très-élevés, l'industrie à cherché à les imiter par des coupages et des additions, et nous devons convenir que plusieurs fabricans de la *ville de Cette*, sont fort experts en ce genre. Nous allons publier à ce sujet un travail que M. Julia de Fontenelle a publié en 1834, dans le journal des sciences physiques, chimiques et arts agricoles et industriels de France.

Les vins de table qui jouissent d'une grande réputation, diffèrent entre eux par leur bouquet, leurs proportions d'alcool, de matière sucrée, d'acide carbonique, etc.; la diversité de ces principes, abstraction faite de la matière colorante, est en raison directe de la nature du sol, des espèces de vigne cultivées, de leur mode de culture, de leur exposition, du climat, de la maturité du raisin, de l'irrégularité des saisons, de la manière de diriger la fermentation, etc.

Un grand nombre d'essais faits dans le département de l'Aude (à Narbonne), m'ont convaincu que sur 21 espèces de raisins qu'on y cultive, un choix fait parmi les sept principales, peut produire la plupart des vins étrangers.

1° Le TERRET, *vitis, uvâ peramplâ, acino rotundo, nigro, dulce, acido.*

2° Le RIBEIRENC, *vitis pergulena, uvâ peramplâ, acino oblongo, duro et nigro.*

3° La BLANQUETTE ou CLARETTE, *vitis serotina, acinis minoribus, acutis, dulcissimis.*

4° Le PIQUEPOUIL GRIS, *vitis, acinis minoribus, dulcibus et griseis.*

5° Le PIQUEPOUIL NOIR, *vitis, acino rotundo, nigro, suavis saporibus.*

6° La CARAGNANE, *vitis, acino oblongo, subnigro, dulcis et mollis.*

2

7° Le **Grenache**, *acino nigro, subrotundo, sub-austero.*

Ces sept espèces sont très-productives, mais elles offrent une grande différence dans la qualité des vins qu'elles produisent sur le même terrain; ainsi : le moût du *terret* marque ordinairement à l'aréomètre 12, 5, ceux du *ribeirene*, de la *blanquette* et des *piquepouils* donne 14, 5, celui de la *carignane* 15, et celui de *grenache* 16; aussi les vins qui proviennent de chacune de ces espèces fermentés séparément n'ont pas le même degré de spirituosité ; en effet, 100 parties de celui de Terret en donnent 25 à 18, 5 de Beaumé; ceux de Ribeirene, de la Blanquette et du Piquepouil marquent 19, 5; celui de la Carignane 20; et celui du Grenache 20, 4. Outre cela ces vins ont une saveur et un bouquet différens; celui de Terret est acidule, sans bouquet; les autres sont liquoreux. Le mélange de la Blanquette, du Ribeirene et du Grenache, cueillis à leur état de maturité parfaite, donne un vin exquis, et en variant les proportions l'on peut obtenir les vins de l'Ermitage, de Frontignan.

On donne le nom de *vins généreux* à ceux qui sont très-riches en alcool, comme ceux d'Espagne, d'Italie, du Roussillon, de Narbonne, etc. Celui de *vins liquoreux* est réservé à ceux qui sont chargés de matières sucrées qui n'ont point encore éprouvé la fermentation, comme les vins d'Alicante, de Malaga, etc. Enfin les *vins gazeux*, sont ceux qui sont plus ou moins saturés d'acide carbonique, comme les vins de Champagne, de Coindrieux, les Blanquettes de Limoux, de Bages, Nissan, etc. Ces diverses espèces de vins étant à des prix très-élevés, l'industrie a cherché à les imiter, et nous sommes forcés de convenir qu'à Cette on fabrique avec une telle perfection que les gourmets y sont souvent trompés. Nous avons recueilli sur les lieux plusieurs de leurs procédés, et nous devons la communication de quelques précieux documens à M. Duchartre, pharmacien à Béziers.

Avant d'entrer en matière, nous ferons observer que le nom de *vins factices* qu'on donne à ces vins est impropre, et que celui de *vins mélangés* serait bien plus convenable, parce qu'en effet, quelle que soit la qualité du vin qu'on fabrique, elle est toujours le produit d'un mélange de vin ou *coupage*.

A Cette, dans la fabrication des vins les plus estimés, il n'entre aucun sel métallique ni aucune plante vénéneuse; ils sont constamment le résultat du mélange de différens vins en proportions diverses avec addition, suivant l'exigence du cas, d'alcool ou de matière sucrée, et d'un *bouquet* pris parmi les végétaux aromatiques. L'habileté du fabricant consiste à trouver les quantités relatives et nécessaires à chaque espèce de vin. En général, chacun d'eux tient en réserve des échantillons de vins naturels pour servir de point de comparaison pour le goût, la couleur et le bouquet. Chaque maison a devers elle des procédés de prédilection, mais il est un point unanime, c'est que le *Calabre* fait la base d'un grand nombre de vins.

Du Calabre.

Servant à la fabrication des vins.

On distingue deux espèces de Calabre; le Calabre fait à froid et le Calabre fait à chaud. Ce dernier est indispensable pour faire le *vin de Malaga*. L'autre plus franc de goût, sert à rendre les vins plus liquoreux.

Calabre fait à froid.

Pour préparer, l'on prend 27 veltes de moût de raisin ...es-doux et très-mur, sortant du fouloir et l'on y mêle de suite, 3 veltes d'alcool à 32 degrés. On laisse reposer et l'on tire au clair.

Calabre fait à chaud.

On fait bouillir du bon moût de raisin, dans une

chaudière, jusqu'à ce qu'il soit réduit aux trois quarts de son volume ; on enlève les écumes, et quand il est froid, on y ajoute un huitième d'alcool.

A ces préparations on doit joindre les *vins mutés*, *l'alcool*, *l'esprit de goudron*, obtenu par la distillation de l'alcool sur le quart de son poids de goudron, les infusions alcooliques *d'iris de Florence*, de *noix verte*, de *coques d'amandes torréfiées* et de *calament, melissa calamintha*, Lin. (1).

Voilà les matériaux le plus fréquemment employés à la fabrication des vins de Cette. Voici maintenant quelques-uns des procédés suivis dans la plupart des fabriques.

Vin de Malaga.

Calabre fait a chaud	3o veltes.
Infusé alcoolique de noix verte.	2 litres.
Esprit de goudron	3 onces.

Vin de Madère.

On prend du vin de Piquepouil gris fait en blanc et sec, et l'on y ajoute par barrique ordinaire, 4 onces d'infusion alcoolique de coques d'amandes torréfiées, 2 onces d'esprit de goudron et 2 litres d'infusé de noix.

Vin de St-Georges.

Bon vin rouge monté en couleur { parties égales.
Vin de piquepouil . . . .

Mêlés et ajoutés par barrique, un demi-verre d'esprit de framboise, de calament, et d'iris de Florence.

---

(1) L'infusé alcoolique de noix et le caramel mêlés en proportions convenables, donnent aux vins rouges clarifiés par la gélatine une apparence de vétusté.

Vin de Frontignan.

Vin rouge nouveau, . . . { de chaque 50 litres.
— blanc id. . . . {
Alcool à 22 degrés . . . . . . 5 litres.

Vin de Bordeaux.

Vin de Bourgogne, bonne qualité. 1 barrique.
Suc de framboises. . . . . . 1 velte.
Au bout de quelques jours on filtre et l'on met en bouteilles.

Vin Muscat.

Vin blanc de Chablis . . . 50 litres.
Raisin muscat sec . . . . . 25 livres.
Fleur de sureau dans un nouet . 1 livre.
Après 2 ou 3 mois de macération, passez avec expression et collez.

Vin cuit.

On fait bouillir du bon moût à petit feu et l'on enlève les écumes au fur et à mesure qu'elles se forment; quand la liqueur est réduite à moitié, on la passe à travers une chausse, et quand elle est refroidie on y ajoute le quart de son poids d'alcool à 19 degrés: en vieillissant, ce vin devient très-délicat. Sans addition d'eau-de-vie, le vin cuit sert à améliorer les vins faibles, et à la composition de vins liquoreux.

Voici quelques autres recettes publiées par différens auteurs.

Vin de Madère.

On prend du cidre très-nouveau et on le sature de miel, au point qu'un œuf y surnage sans s'enfoncer; on fait bouillir la liqueur dans une bassine étamée, on écume et l'on passe à la chausse, on verse alors dans un baril où on le conserve 5 à 6 mois avant de le mettre en bouteilles.

Vin de Malaga.

Vin de Champagne . . . . . 20 bouteilles.
On y fait macérer pendant 2 ou 3 mois:
Raisin de Damas . . . . . 5 livres.
Fleur de pêcher . . . . . 3 onces.

L'on passe avec expression, et après un mois de repos, on colle ce vin et en le met en bouteilles.

Vin Grec.

On cueille les raisins dans un état de maturité parfaite, on les laisse exposés au soleil pendant 8 à 10 jours; on en extrait ensuite le moût qu'on fait chauffer dans une bassine; arrivé au point d'ébullition, on y jette pour chaque cinq bouteilles une once de chlorure de sodium (sel marin), en poudre; on laisse refroidir, et 8 jours après l'on soutire le vin et on le met en bouteilles.

Vin de Champagne anglais factice.

On cueille les groseilles avant leur maturité; on les écrase, on mêle le suc avec parties égales d'eau, et on le laisse reposer deux jours. On ajoute alors 3 livres et demi de sucre, pour huit pintes; on laisse reposer encore pendant un jour et on verse une bouteille d'eau-de-vie dans le vase qui doit rester exposé à l'air pendant cinq à six semaines; le mélange est ensuite versé dans un tonneau où il séjourne pendant un an avant d'être mis en bouteilles.

Vins mousseux de Champagne, Coindrieux, Limoux.

On prend du bon vin de Chablis, que l'on sature d'acide carbonique au moyen d'une forte pression, comme on le pratique pour les eaux de Seltz factices. On y ajoute deux gros de sucre candi en poudre par bouteille.

Pour les vins de Coindrieux, de Limoux, de Bages, de Nissan, etc.; on met demi-once de ce sucre et on le sature moins d'acide carbonique que le vin de Champagne.

Vins de Porto.

Cet article nous a été adressé par M. le chevalier Rubian, des environs de Porto, qui a publié un fort bon ouvrage en Portugais sur la vinification et la distillation.

Les négocians en vin de Porto recherchent beaucoup les vins corsés, forts en couleur et spiritueux; ainsi les propriétaires font leur possible pour les fabriquer de cette manière; mais n'ayant pas tous le bonheur de posséder des crûs qui produisent de tels vins, voici comme on peut les obtenir avec d'autres raisins.

Aux vendanges on choisit les raisins rouges de la meilleure qualité, les plus mûrs, et pas un blanc; on les fait fouler dans un fouloir en ajoutant après du sucre (cassonade).

D'un autre côté, on cueille du raisin *Souzae* et *Touriga* (un bon panier pour chaque pipe de liquide des premiers raisins), bien mûr, on le foule d'abord légèrement et on sépare la rafle, on jette le liquide et les pellicules dans des grands baquets ou deux hommes foulent tout très-bien avec les pieds, et on ajoute 30 kilogrammes de cassonade pour 2 pipes, 1050 litres environ.

Lorsque le premier vin est fait on le décuve, et on mêle les deux ensemble, mais du dernier on emploie ou on jette aussi dans les tonneaux les pellicules, lesquelles s'élevant au-dessus du liquide contenu dans les tonneaux, forment une espèce de chapeau qui préserve le liquide de l'accès de l'air, s'oppose à la perte de l'esprit, et favorise la solution de la matière colorante.

Au mois de décembre, on ajoute peu-à-peu de l'alcool à 29° Cartier, jusqu'à 25 litres pour pipe, en différens jours, et quand on connaît que l'esprit se combine avec le vin; au mois de mai, le plus tard, on soutire le vin.

On obtient ainsi du vin Corsé, foncé, de bon goût,

avec un agréable bouquet qui se conserve long-
temps.

N. B. Nous ne pouvons pas dire quelles espèces
de raisin peuvent remplacer le *Souzac* et le *Touriga*,
mais on pourra prendre le Grenache des Pyrénées-
Orientales, le pineau de Bourgogne, le noirin gros,
et en tout cas le teinturier, dans le Gard; il y a des
espèces noires, qui pourraient s'employer.

Du vin Muscat. Le raisin muscat n'est guère cultivé
dans le Haut-Douro, mais quelques propriétaires font
du vin muscat, plus pour leur ménage que pour le
commerce; la meilleure manière de le faire consiste
à choisir le muscat cultivé dans les terrains plus convenables, et bien mûr; on ôte la plupart des feuilles
et on laisse ainsi les ceps pour quelques jours exposés
à la force du soleil; le raisin se fane, alors on le cueille,
on le foule légèrement, on ôte la rafle, et on jette le
liquide et ses pellicules dans une cuve où on laisse
fermenter très-peu pour conserver son bouquet, ou
met le tout dans des pièces en ajoutant un peu de vin
blanc (nouvellement fait) de *Gouais*, *Malasia* et
Agondenses.

N. B. On pourra remplacer ce vin par la blanquette
et autres raisins blancs de bonne qualité.

Lorsque ce vin se fait clair on ajoute de l'esprit de
vin à 29° Cartier, 25 litres pour pipe ou 525 litres environ, pas tout d'un coup, mais à différentes reprises.

Au printemps on soutire.

Vin de liqueur. (Geropiga.)

On cueille le raisin blanc de bonne qualité, c'est-
à-dire sucré et bien mûr; on l'expose au soleil pendant quelques jours, on le foule, et sans commencer
la fermentation on entonne le moût dans des pièces
en ajoutant tout de suite et tout d'un coup un tiers
d'esprit de vin de 29° Cartier, et très-peu de cannelle
en poudre fine; et enfin on bondonne très-bien les
pièces. Au bout d'un mois on soutire.

Vins artificiels ou factices.

Toutes les matières végétales sucrées peuvent fournir de véritables vins qui n'ont d'autre différence avec celui du raisin , que celle qui existe entre ce fruit et les autres espèces ; il leur faut pour cela de l'eau , de l'air , de la chaleur , et un levain de fermentation. Celles qui abondent le plus en sucre, sont les plus propres à subir la fermentation vineuse, etc, ; il restera donc peu de chose à dire ici avant de faire l'application des préceptes généraux à la préparation des vins factices les plus usités.

On doit entendre par vins factices, tous ceux qui ne sont pas le résultat de la fermentation pure et simple du fruit de la vigne opérée par les procédés habituels.

Il y a deux manières principales de faire les vins de fruits ; 1° par la fermentation pure et simple ; 2° par addition d'eau-de-vie et de sucre. Le premier procédé seulement donne de véritables vins ; ceux qui résultent du second, ne sont que des ratafias proprement dits , et n'ont pas subi, comme les premiers , la fermentation tumultueuse. Enfin , quelques personnes, pour économiser les fruits, en font fermenter quelques livres avec beaucoup d'eau et assez de cassonade ou de miel pour donner du corps à la liqueur. On sent aisément que la première de ces trois méthodes est la seule bonne pour obtenir des vins proprement dits.

Les fruits destinés à cet usage doivent avoir atteint leur plus haut point de maturité sans être gâtés : on les écrase le plus exactement possible ; on ajoute du sucre à ceux qui n'en ont pas assez ; de l'eau à ceux qui sont trop sucrés ; du levain, à ceux qui ont besoin de cet agent ; on met en fermentation tout à la fois le suc , le parenchyme , la pellicule et le noyau , et on laisse la matière en repos jusqu'à ce que la fermentation tumultueuse ait cessé ; on soutire alors la liqueur en exprimant légèrement le marc , et on la laisse achever dans les barils.

L'expérience a prouvé que les vins obtenus par la fermentation du suc seul, sont plus agréables. Mais, outre que les autres portions du fruit fournissent elles-mêmes un peu de matière fermentescible, il est certain que le principe colorant et l'arome résident presque uniquement dans la peau, et que le bois des noyaux possède en outre un parfum particulier indépendant de celui du fruit. Dans les pays où l'on traite en grand ce genre de fabrication, on est généralement dans l'usage de piler le noyau avec le fruit; mais alors l'amande donne un goût fort désagréable soit au vin, soit à l'eau-de-vie que l'on en retire; goût qui paraît provenir principalement de l'huile de cette amande. Il est bon de mêler quelques fruits un peu austères à ceux qui sont trop sucrés, afin de n'avoir pas un vin fade et doucereux, et réciproquement d'adoucir par le mélange de quelques fruits sucrés, ceux qui sont trop âcres.

On prépare les vins de fruits, ou pour en retirer l'eau-de-vie par la distillation, ou pour les boire en nature. Dans le premier cas, il convient de délayer leur pulpe avec une certaine quantité d'eau pour rendre la décomposition du sucre plus complète, plus prompte, et de les distiller immédiatement après la fermentation : dans le second, on doit n'ajouter de l'eau qu'aux fruits pâteux qui fermenteraient mal sans cette addition, et les garder le plus long-temps possible avant de les boire. Les esprits de fruits sont ordinairement connus sous des noms particuliers, ainsi qu'on le verra plus loin.

Les vins de fruits du second procédé, se préparent en faisant fermenter ou plutôt digérer pendant deux mois, plus ou moins, parties égales de suc de fruit et d'eau-de-vie, avec un peu de sucre : c'est à peu près le procédé que j'ai indiqué pour la plupart des ratafias. Les vins de fruits, proprement dits, se conservent fort bien quand il sont bien faits; ils ont seulement moins de force que ceux où l'on ajoute de l'eau-de-vie.

Avec ces diverses qualités de vins naturels ou factices,

on peut fabriquer des vinaigres qui seront d'autant plus riches en alcool.

Analyse du vin.

Jusqu'à présent on s'est beaucoup plus occupé à constater la richesse alcoolique des vins qu'à déterminer le nombre et la quantité de ses principes constituans ; cependant il est quelques chimistes qui en ont fait l'objet de leurs recherches, sans que leurs travaux nous paraissent cependant offrir des résultats bien complets. D'après l'ensemble de leurs investigations, le vin contiendrait :

Alcool à 20 degrés....... de 10 à 26 pour 100 (1).

Matière sucrée qui n'a pas éprouvé la fermentation (2).

Matière extractive.

— gommeuse.
— colorante bleue qui est tournée au rouge par les acides contenus dans le vin.
— colorante jaune.

Tannin, précipitant les sels de fer en vert et non en noir comme le cidre et le poiré.

Acide citrique, n'était pas bien mûr.
— malique (3).

(1) Nous avons analysé les vins les plus spiritueux de la France et de la Catalogne, et nous n'y avons trouvé pour maximum que 22 pour 100 d'alcool ; si Brande en a trouvé 26,47 dans celui de Lisia, 25,83 dans celui de Porto, etc., cet excès est dû à l'alcool de cannes qu'on y ajoute sur les lieux.

(2) Plus le moût est riche en matière sucrée, plus le vin en retient d'indécomposée ; les vins sont alors nommés liquoreux. Ce sucre fermente à la longue, le vin perd alors ce goût douçâtre et devient plus spiritueux. Les vins du Roussillon, d'Espagne, d'Italie, etc., nous en offrent des exemples.

(3) Il est des qualités de raisin, comme le terret, qui en contiennent beaucoup.

— tartrique libre.
— acétique, quand une partie de l'alcool a commencé à subir la fermentation acétique.
— carbonique. Les vins dits légers et pétillans en contiennent beaucoup, etc.

Bitartrate de potasse (crème de tartre).
Tartre de chaux.
— d'alumine et de potasse, surtout dans les vins d'Allemagne, en très-petite quantité cependant.
Muriate de soude } dans des proportions très-
Sulfate de potasse } minimes.
Ammoniaque, combinée probablement avec un des acides précités. Cet alcali paraît être un produit de la fermentation spiritueuse du moût.

On trouve dans le nouveau journal de Trommsdorf, l'analyse du vin suivante :

Alcool.
Principe odorant; (huile volatile).
Matière colorante bleue de la peau.
Matière extractive (tannin et principe amer).
Sucre.
Mucilage (peut être aussi de la bassorine, dissoute par un acide qui détermine probablement le vin à devenir mucilagineux).
Ferment (jusqu'à présent aucun chimiste n'est parvenu à l'isoler).
Acide acétique (provenant probablement de la fermentation).
Acides malique et tartrique.
Tartrate acide de potasse, — tartrate de chaux.
Acide carbonique.
Eau.

La quantité d'alcool absolu des vins du Rhin faibles est de 7 pour 100.

CHAPITRE III.

DE L'ALCOOL.

Dans un siècle où la théorie a prodigieusement contribué aux progrès de la pratique, il est indispensable de faire connaître ce que c'est que l'alcool, substance dont nous venons de nous occuper sous le nom d'eau-de-vie. La connaissance de ce corps et de ses propriétés ne sera point sans utilité pour les distillateurs.

La découverte de l'alcool a été attribuée à Arnault de Villeneuve. Cette liqueur n'existe point dans la nature ; elle est le produit de la fermentation des substances sucrées, déterminée par un ferment ; aussi divers fruits sucrés sont-ils employés à en préparer des espèces qui participent de quelques-uns de leurs principes ; il est même d'autres substances dans lesquelles on développe une matière sucrée, soit par la germination, soit par l'action des acides. C'est ainsi qu'on obtient le kirsch-waser, l'eau-de-vie de grain, de pomme de terre, de chiffons, etc. ; il est une règle générale, c'est qu'il ne se produit jamais d'alcool sans la présence du sucre, lequel en se décomposant, fournit les élémens de cette liqueur. Lavoisier, qui s'est beaucoup occupé de la fermentation spiritueuse, a déterminé, d'une manière très-ingénieuse, l'acide carbonique dégagé d'une quantité de sucre connue et l'alcool qui s'était formé. J'ai moi-même suivi cette marche, et j'en ai fait connaître les résultats dans un mémoire que j'ai lu à l'Académie royale des Sciences de l'Institut, en 1823 (1). On a long-temps révoqué en doute si l'alcool était tout formé dans le vin, ou

_____

(1) Voy. *Journal de Pharmacie*, septembre 1823, et *Ann. de l'Industrie.*

s'il était le produit de la distillation. Ce n'est plus
maintenant un problème : on n'a, pour le démontrer,
qu'à placer un chapiteau sur une cuve en fermentation hermétiquement fermée ; le troisième jour, on
soutirera par le robinet une liqueur alcoolique, que
j'ai trouvée marquant jusqu'à 14 degrés à l'aréomètre
de Baumé.

Autrefois, par la distillation des vins, on ne préparait que deux espèces d'alcool faible ; l'un marquant
environ 20 degrés, est connu encore dans le commerce sous le nom de *preuve de Hollande*, et l'autre
de 22 à 23, sous celui de *preuve d'huile*. Maintenant,
avec le secours de nouveaux appareils distillatoires,
on en obtient qui marquent depuis 28 jusqu'à 38 degrés. Dans les laboratoires de chimie, pour l'obtenir
au plus haut point de rectification, on l'agite avec du
chlorure de calcium en poudre et bien sec ; au bout
de 1 à 2 jours, on distille à une douce chaleur, en ob-
servant de fractionner les produits ; la première
moitié est un alcool très-concentré ou *absolu*, qui
marque 41 degrés, et dont le poids spécifique, à 20
cent., est, suivant Richter, de 0,792, et selon Gay-
Lussac, 0,792, 35 à 17° 88.

L'alcool ainsi obtenu est incolore, transparent,
d'une odeur particulière, d'une saveur brûlante, très-
volatil, d'un pouvoir réfringent égal à 2,2223, et non
congelable, même à 68° ; il est mauvais conducteur
du fluide électrique, et s'enflamme lorsqu'on lance
à sa surface des étincelles électriques et qu'il a le
contact de l'air ; il en est de même par l'approche
d'un corps enflammé ; sous la pression de 76, il bout
à 78,41 et se réduit en une vapeur dont la densité
est, selon M. Gay-Lussac, de 1,613 ; à une chaleur
rouge, et dans un tube de porcelaine, il se décompose
et produit du gaz hydrogène carboné, du gaz oxide de
carbone, de l'eau et des traces d'acide acétique. Exposé à l'action de l'air, une portion s'évapore, et
l'autre absorbe l'humidité atmosphérique, au point
qu'il finit par ne marquer que quelques degrés.

L'alcool n'éprouve aucune action de la part de l'azote, de l'hydrogène, du bore et du carbone; il dissout à chaud le soufre et le phosphore, et les abandonne si on ajoute de l'eau à la solution; il en est de même quand il tient en dissolution des résines, du camphre, des huiles, etc. L'iode est soluble à froid et à chaud dans cette liqueur; il en est de même de la potasse et de la soude, ainsi que de plusieurs sels, la plupart déliquescens, tels que les nitrates de chaux et de magnésie, les hydrochlorates de ces bases, etc. L'ammoniaque, les bases salifiables végétales, le sucre. la cire, de même que plusieurs acides végétaux et quelques principes colorans, certains corps gras, etc., sont solubles dans l'alcool. Le chlore gazeux et l'alcool agissant l'un sur l'autre, produisent une substance oléagineuse, un peu de gaz acide hydrochlorique, et beaucoup de gaz acide carbonique; en étendant d'eau ce produit, la matière oléagineuse se précipite. L'action du potassium et du sodium sur l'alcool est telle, qu'ils s'oxident aux dépens de son oxigène, et qu'ils en dégagent de l'hydrogène. Plusieurs acides réagissent sur l'alcool et donnent lieu à divers produits connus sous le nom d'*éthers*, dont nous aurons bientôt occasion de parler. L'eau et l'esprit de vin s'unissent en toutes proportions, et l'on observe que si l'eau contient des sels insolubles dans l'alcool, ils sont précipités; il est un fait remarquable, c'est que le volume d'un mélange d'eau et d'alcool est toujours au-dessus du volume respectif des deux liqueurs; s'il est affaibli par l'eau, le mélange devient au contraire plus rare.

L'alcool est composé de

Hydrogène per-carboné. . . . 2 volumes.

Vapeur d'eau. . . . . . . 2 volumes

L'eau-de-vie obtenue du vin par une distillation directe a une saveur agréable particulière; mais, celle qui est le produit de la réduction de l'alcool par l'addition de l'eau au degré qui constitue l'eau-de-vie, a un goût qu'on nomme techniquement *rude*. Mais comme il est beaucoup plus économique d'expédier de l'alcool rectifié que de l'eau-de-vie, à cause des

frais de transport, des futailles, etc., à leur arrivée
au magasin, on *coupe* l'alcool pour en former de l'eau-
de-vie; en conséquence nous avons cru devoir joindre
ici le tableau propre à cette réduction.

TABLEAU

*Des quantités d'eau propres à réduire l'alcool de divers
degrés à la preuve de Hollande.*

N. B. La preuve de Hollande marque 18 degrés à
l'aréomètre de Cartier.

La preuve d'huile. . . . . . . 22 degrés.

Le degré de la première est celui auquel se trouve
l'eau-de-vie pour boisson; il ne varie que d'environ
1 à 2 degrés au-dessus.

Le 5/6 marque 22 1/2 ajoutés 1/5 de son poids d'eau.

Le 5/9	. .	30 1/4	. . . 4/5.
Le 5/4	. .	25	. . . 1/3.
Le 5/5	. .	29	. . . 2/3.
Le 5/6	. .	34	. . . poids égal.
Le 5/7	. .	36	. . . 4/3.
Le 5/8	. .	38	. . . 5/3.
Le 4/5	. .	25	. . . 1/4.
Le 4/7	. .	30	. . . 4/5.
Le 6/11	. .	32	. . . 5/6.
Le 2/3	. .	23	. . . 1/4.

*Moyens propres à reconnaitre la quantité d'al-
cool qui est dans le vin et dans les eaux-de-
vie.*

Les vins sont plus ou moins riches en alcool, suivant
la contrée où ils sont récoltés, les terrains, leur exposition, les saisons plus ou moins réglées, la qualité
des raisins et l'âge des vins. Il est donc bien évident
qu'il importe infiniment au vinaigrier de recon-

naître le degré de spirituosité des vins qu'il achète, parce que, s'ils sont peu spiritueux, il ne peut qu'éprouver une grande perte en les payant au même prix des meilleurs. C'est à cause de cela que nous avons cru devoir publier l'analyse que nous avons faite d'un grand nombre de ces vins, ainsi que celles qu'on doit à M. Brande.

Le produit de la distillation est de l'alcool plus ou moins aqueux, il importe beaucoup à l'acheteur et au consommateur de savoir quelle est la richesse alcoolique ou si l'on veut la valeur intrinsèque de chaque alcool. L'échelle de proportion de cette valeur relative se calcule par degrés.

Pour déterminer la spirituosité des vins, la distillation est le meilleur moyen ; tout instrument propre à la déterminer est défectueux, attendu que le vin doit non-seulement sa plus grande légèreté à l'alcool qu'il contient, mais encore à l'acide carbonique. Ainsi, dans un vin très-chargé de ce gaz, un œnomètre ou pèse-vin s'enfoncera davantage et marquera ainsi une richesse alcoolique qui non-seulement n'existera point, mais le vin même pourra être très-pauvre en alcool. Voilà pourquoi nous nous dispenserons de faire mention de l'alcoolomètre de M. Alègre, et d'une foule de *pèse-vins* qui offrent les mêmes inconvéniens. Nous donnerons la préférence au petit alambic d'essai de Descroizelles, qui est très-commode et si connu que nous nous croyons dispensé d'en donner la description.

Aréomètres ou pèse-esprits.

Ces instrumens sont basés sur ce principe que plus l'alcool est concentré ou rectifié, plus il est léger et moins il est propre à supporter cet instrument, qui doit s'y enfoncer d'autant plus que la liqueur est plus riche en alcool ; mais comme le calorique dilate tous les liquides, on doit tenir compte de la température d.. l'alcool, parce qu'il est bien démontré que ces liquides ainsi dilatés occupent un plus grand volume et diminuent ainsi le poids spécifique ; il est donc évident que l'instrument doit alors s'enfoncer d'autant plus dans la liqueur, que sa température sera plus élevée, sans cependant que sa spirituosité soit plus forte. On a obvié à cet inconvénient, en tenant compte du degré alcoolométrique et du degré thermométrique, et l'on a même dressé des tables de correction très-utiles. Nous en donnerons un exemple.

L'aréomètre de Baumé a été long-temps le seul employé, il l'est même encore dans beaucoup d'endroits, c'est ce qui nous engage à le faire connaître.

Aréomètre de Baumé.

Tout le monde connaît la nature et la forme des pèse-liqueurs ; nous n'aurons donc à parler que du principe sur lequel est fondé celui de Baumé.

On fait une solution de 10 parties de chlorure de sodium (sel marin) dans 90 parties d'eau distillée, et on y plonge l'aréomètre ; on marque o le point jusqu'où il est enfoncé ; on le porte ensuite dans l'eau distillée, et l'on marque également le point d'affleurement qu'on nomme 10 ; l'on divise alors les deux affleuremens par 10 parties égales que l'on continue de porter avec un compas jusqu'au bout de la tige.

La table suivante donne la correspondance entre les degrés du pèse-esprit de Baumé et le poids spécifique des liquides, la température étant entre 15,5 et 15,5. Ce calcul a été fait par MM. les docteurs Bruyman, Driessens, etc., formant le comité chargé de compiler la pharmacopée batave. Il serait à désirer qu'un semblable travail fût fait pour tous les autres pèse-esprits.

Degrés de l'aréomètre B.	Poids spéc. corresp.
50.	0,782.
49.	0,787.
48.	0,792
47.	0,796.
46.	0,800.
45.	0,805.
44.	0,810.
43.	0,814.
42.	0,820.
41.	0,823.
40.	0,828.
39.	0,832.
38.	0,837.
37.	0,842.
36.	0,847.
35.	0,852.
34.	0,858.
33.	0,863.
32.	0,868.
31.	0,873.
30.	0,878.
29.	0,884.
28.	0,889.
27.	0,895.
26.	0,900.
25.	0,906.
24.	0,911.
23.	0,917.
22.	0,923.
21.	0,929.
20.	0,935.
19.	0,941.
18.	0,948.
17.	0,954.
16.	0,961.
15.	0,967.
14.	0,974.
13.	0,980.

```
12. . . . . . . . . 0,987.
11. . . . . . . . . 0,993.
10. . . . . . . . . 1,000.
```

La formule suivante, que nous empruntons à M. Francœur, donnera la correspondance du poids spécifique d'un liquide avec son degré au pèse-esprit de Baumé. Les résultats qu'on obtient diffèrent de ceux donnés par la table.

Soit p le poids spécifique, et d le degré du pèse-esprit, on a

$$p = \frac{146}{163 + d}$$

Supposons, par exemple, qu'on demande le poids spécifique d'un liquide marquant 30 au pèse-esprit : ici d égale 39, et la formule qui devient

$$p = \frac{146}{136 + 30} = \frac{146}{166}$$

donne pour résultat 0,8795, au lieu de 0,8780 donné par notre table. Comme on se trouve souvent obligé de convertir les degrés de l'aréomètre de B et ceux de l'aréomètre de Cartier, et réciproquement, nous donnerons la relation suivante entre ces deux instrumens :

Soit C le nombre de degrés de Cartier,
B celui correspondant de Baumé, on a

$$16\ C = 15\ B + 22.$$

Ceci nous conduit naturellement à parler de l'aréomètre de Cartier, qui est très-employé.

Aréomètre de Cartier.

Cet instrument se compose d'une boule de verre creuse renfermant un peu de mercure qui sert de lest à l'instrument, et surmontée d'une tige aussi de verre, creuse, dans laquelle est enfermée une échelle

(33)

graduée. Le lest est calculé de manière à ce que l'instrument étant plongé dans l'eau pure, n'en déplace qu'un très-petit volume et n'y enfonce que jusqu'à la naissance de la tige; ce point qui sert de base à l'échelle, est marqué par dix degrés ; si on le plonge ensuite dans un liquide beaucoup plus léger que le premier, dans de l'alcool le plus pur que l'on soit parvenu à obtenir, l'instrument ayant beaucoup moins de peine à le déplacer, y enfoncera presque jusqu'au haut de la tige. Ce point, qui est le plus élevé de l'échelle, est marqué par quarante-deux, et l'espace intermédiaire entre celui-ci et celui d'en bas, est partagé en trente-deux portions égales.

En sorte que toutes les fois qu'on plonge le pèse-liqueur dans un liquide spiritueux, c'est-à-dire dans un mélange d'eau et d'alcool pur, il s'y enfoncera d'autant plus que la pesanteur spécifique du mélange comparée à celle de l'eau, sera moins considérable. Or, comme la pesanteur spécifique de l'alcool à quarante-deux, par exemple, est à celle de l'eau comme sept cent quatre-vingt-douze est à mille, il s'ensuit que plus la liqueur contiendra d'alcool, plus elle marquera un degré élevé sur l'échelle de l'aréomètre, parce qu'elle sera en même temps spécifiquement plus légère.

On entend, par pesanteur spécifique d'un liquide ou de tout autre corps, le poids comparé au volume : ou autrement, le poids d'un volume donné de ce corps comparé à celui d'un égal volume d'un corps de nature différente. Par conséquent, la pesanteur spécifique d'un corps est plus grande que celle d'un autre, lorsque sous un même volume il pèse plus que lui.

Ainsi lorsque l'on dit que la pesanteur spécifique de l'alcool 3/6 est à celle de l'eau dans la proportion de huit cent quarante à mille, cela signifie qu'un litre ou un décimètre cube d'eau pesant mille grammes, un litre ou un décimètre de cet alcool n'en pèse que huit cent quarante.

La connaissance de la pesanteur spécifique est le seul moyen de découvrir la quantité réelle d'alcool

contenue dans un mélange d'alcool et d'eau ; il suffit
pour cela de multiplier le nombre mille, valeur en centimètres cubes du litre d'eau , par la différence entre
la pesanteur spécifique du litre d'eau , et diviser le
produit par la différence entre la pesanteur spécifique
du litre d'alcool , comme point de comparaison , et
celle d'un pareil volume d'eau.

Supposant donc que l'on veuille savoir combien
d'esprit contient un mélange marquant 16 degrés au
pèse-liqueur , sachant que la pesanteur spécifique de
ce mélange est comme neuf cent cinquante-huit est
à mille , on multipliera mille par mille moins neuf
cent cinquante huit, c'est-à-dire par quarante-deux ;
on divisera le produit quarante-deux mille par mille
moins sept cent quatre-vingt-douze, ou deux cent
huit ; et le quotient 201 102/258, indiquera qu'un litre
d'eau-de-vie à seize degrés contient un peu moins
de ceux cent deux centimètres cubes, ou centilitres
d'esprit à quarante degrés, et un peu plus de sept
cent quatre-vingt-dix-huit centilitres d'eau.

Si l'on veut maintenant évaluer au poids cette quantité d'alcool, sachant que le litre d'eau vaut mille centimètres et pèse un kilogramme ou mille grammes,
on comprendra aisément que les sept cent quatre-
vingt-dix-huit centimètres d'eau trouvés pèsent sept
cent quatre-vingt-dix-huit grammes ; or, soustrayant
cette quantité de neuf cent cinquante-huit, poids total
du litre du mélange , on aura cent soixante grammes
pour le poids de l'alcool à quarante-deux degrés qu'il
contient.

Ces calculs sont extrêmement faciles pour les personnes munies du pèse-liqueur comparatif à la pesanteur spécifique ; mais il n'en serait pas de même pour
les personnes privées de cet instrument, si elles ne
trouvaient-ci-après un tableau destiné à en tenir lieu

Les personnes les moins instruites en physique
n'ignorent pas que chaque variation de la température apporte des changemens notables dans le volume
de tous les corps, c'est-à-dire qu'ils se dilatent par
le chaleur et se resserrent par le froid,

Les liqueurs spiritueuse étant, comme tous les autres corps, soumises à cette loi immuable, il est clair que leur titre ne sera plus le même quand elle passeront d'une température à une autre. En effet, puisque neuf cent quatorze grammes d'eau-de-vie à vingt-deux degrés, occupent à la température de dix degrés la capacité d'un décimètre cube, la même quantité augmentera le volume à mesure que la température s'élèvera. Or, comme cette augmentation ne pourra avoir lieu qu'aux dépens de la pesanteur spécifique de l'eau-de-vie, c'est-à-dire que celle-ci diminuera dans la même proportion, et le pèse liqueur plongeant d'autant plus que la liqueur est plus légère, l'eau-de-vie marquera un degré plus élevé que celui qu'elle doit réellement avoir, à mesure que la température augmentera.

L'expérience à appris que chaque variation de température de cinq degrés Réaumur donne à l'alcool un degré de plus ou de moins, du pèse liqueur Cartier. Il faut à peu près 10 pour l'eau-de-vie de commerce. Pour obvier aux inconvéniens graves qui résulteraient de ces phénomènes, on stipule dans les transactions commerciales que le titre d'eau-de-vie sera pris au *tempéré*, c'est-à-dire sous la température de dix degré Réaumur. C'est cette température moyenne qui à servi de base à la graduation de l'échelle du pèses liqueur de Cartier.

En sorte qu'une eau-de-vie qui marquerait vingt-quatre degrés, ou neuf cents de pesanteur spécifique, le thermomètre étant à vingt Réaumur, n'aurait réellement que vingt-trois degrés, et pèserait neuf cent sept grammes au litre. Le contraire aurait lieu à la température de la glace fondante, c'est-à-dire qu'alors cette même eau-de-vie ne donnerait que vingt-deux degrés au pèse-liqueur, quoiqu'elle en eût réellement vingt-trois.

Produits alcooliques suivant la nature des substances sucrées.

M. Ruiz-Perez, espagnol de Grenade, qui est versé dans les sciences exactes et auquel sa patrie doit d'utiles travaux, vient de composer un traité inédit de la fermentation alcoolique, fondé sur une série d'expériences qu'il a faites très en grand sur le moût de raisin et d'autres moûts naturels ou artificiels.

Ce travail qui jette un grand jour sur cette partie de la chimie végétale, a conduit l'auteur à la découverte de meilleurs procédés que ceux qui sont généralement suivis dans l'art d'établir la fermentation vineuse, de fabriquer l'eau-de-vie, la bière, et d'autres liqueurs fermentées. C'est dans le midi de l'Espagne qui abonde en matières sucrées que M. Ruiz-Perez a fait ses nombreuses expériences. En considérant l'abondance et le bas prix de ces matières dans les parties méridionales de l'Europe, il a eu l'idée qu'on pourrait les transporter dans le nord pour établir ensuite la fermentation et obtenir des eaux-de-vie d'une qualité bien supérieure à celle qu'on y fabrique avec les graines céréales. Par exemple, 100 kilog. de moscouade de raisin qui produisent 144 litres d'eau-de-vie à 20 degrés, ne coûteraient dans le midi de l'Espagne que 60 à 70 fr., et 100 kilogr. de figues sèches qui donnent 42 litres d'eau-de-vie à 20 degrés ne se paieraient sur les mêmes lieux, que 15 à 20 fr. en comprenant les frais que nécessiterait leur transport dans quelque port de la Baltique, la fermentation et la distillation, on aurait de l'eau-de-vie qui ne reviendrait pas à plus de 50 à 60 cent. le litre, tandis que l'eau-de-vie de grains coûte le double dans le pays où elle est fabriquée. Ce transport des matières sucrées, dans les parties septentrionales de l'Europe, pour les convertir en eau-de-vie, offrirait en outre le précieux avantage de conserver les grains qu'on emploie à cette fabrication pour la nourriture des hommes et des animaux.

Toutes les matières sucrées sous le même poids, ne donnent point une égale quantité d'alcool ; M. Ruiz-Perez s'est livré à ce sujet à quelques expériences dont nous allons offrir les résultats ; nous les devons à M. Salsignac, habile pharmacien de Bayonne.

PREMIER TABLEAU.

Produits alcooliques des substances suivantes qu'on a fait fermenter après les avoir délayées dans suffisante quantité d'eau.

Alcool de 0,822 ou à 39 degrés de l'aréom. de Baumé.

KILOGR.

1,000 kilog. de fécule d'orge maltée. . . .	675.
id. id. de sucre brut de moscouade de raisin.	588,38
id. id. de moscouade de canne. . . .	447,4
id. id. de miel d'abeille.	250
id. id. d'orge malté.	216
id. id. de fécule de froment purifié. .	190
id. id. de fécule de pommes de terre saccharifiée.	179
id. id. de figues sèches.	171,4
id. id. de pain de froment.	110
id. id. de cerises sèches.	51,12
id. id. de pommes de terre.	43

DEUXIÈME TABLEAU.

Produits alcooliques de différens moûts fermentés.

KILOGR.

1,000 kil. de moût de raisin à 13 deg. de Baumé. 98,64

4

1,000 kil. de moût de raisin à 11 deg. de
Baumé. 89,1
id.   id.   de moût de cerises à 11 deg. id. 50,20
id.   id.   de solution de moscouade de canne
marquant 10 degrés de Baumé 86,31

Ces expériences offrent une grande variation dans
leurs résultats; la moscouade de raisin, sur le même
poids, a produit, par la fermentation, un quart d'alcool de plus que celle de cannes, tandis que le moût
de moscouade de cannes à 10 degrés a donné 86, 31
d'alcool; et le moût de raisin, à 11 degrés, 89 kil.; ce
qui, en divisant le produit par le nombre de degrés de
chacun de ces moûts donne pour environ :

1,000 kil. de moût de raisin à 10 deg. . . 80,8
id.   id. de solution de moscouade à
10 deg. 86,31

On ne peut se rendre compte de ces différences qu'en
admettant, dans le premier cas, que la moscouade
de sucre était moins chargée d'eau que celle de raisin;
on doit aussi défalquer du poids de celui-ci, le poids
des substances étrangères qu'il contient.

Un des faits les plus remarquables, c'est la quantité d'alcool produite par la fécule d'orge maltée.
Cela s'accorde très-bien avec les expériences de Saussure, qui ont démontré la formation du sucre par la
germination.

M. R.-Perez s'est attaché aussi à déterminer quelles
sont les proportions d'eau-de-vie et d'alcool, que 100
parties à 18 degrés doivent produire par la distillation.
Il a trouvé que, de 100 parties en volume d'eau-de-
vie à 18 degrés de l'aréomètre Baumé, on peut retirer, par la distillation, ou 90 parties à 20 degrés du
même aréomètre dite *preuve de Hollande*, ou 75 parties à 24 degrés dite *preuve d'huile*, ou 4/5 ou 60 parties à 30 degrés.

Dans aucune de ces distillations il ne reste pas du
tout d'alcool dans les lies ou flegmes, non plus que
dans les distillations suivantes.

De 100 parties en volume d'eau-de-vie à 20 degrés
n peut retirer par la distillation,

ou 80 parties à 24 degrés,
ou 66 parties à 30 degrés,
ou 60 parties à 33 degrés (esprit 3/6).

De 100 parties d'eau-de-vie à 38 degrés, on peut retirer 80 parties d'alcool à 36 degrés, enfin de 100 parties d'alcool à 36 degrés, on peut obtenir, d'abord 40 parties à 39 degrés et ensuite 50 parties à 30 degrés, sans qu'il reste non plus du tout d'alcool dans le résidu de cette distillation.

Nous croyons très-utile de faire connaître à MM. les fabricans de vinaigre le degré de spirituosité de la plupart des vins de la France et de l'Etranger.

TABLEAU

Des résultats obtenus par M. Brande, dans ses recherches sur les quantités d'alcool que contiennent diverses liqueurs fermentées, la dentité ou rectification de l'alcool obtenu étant de 825, à 15° 5.

100 parties de vin de Porto ont donné en vol.	21,40
id.	22,30
id.	23,39
id.	23,79
id.	24,29
id. . . . . (1).	25,83
id . . . . . . Madère	19,34
id.	21,40
id.	23,93
id. . . . . (2).	25,42
id. . . . . . . Xérès.	18,25
id.	18,79
id.	19,81
id. . . . . (3).	19,83

(1) Le vin de Porto contient de l'alcool qu'on y ajoute en proportions différentes ; le terme moyen des analyses de M. Brande est 23,15.
(2) Terme moyen, 22,25.
(3) Terme moyen, 19,17.

100 parties de vin de Claret ont donné en vol.		12,91
id.		14,08
id.	(1).	16,32
id.	Calcavella. . . .	18,10
id.	Lisbonne . .	18,94
id.	Malaga	17,26
id.	Bucellas. . . .	18·49
id.	Madère rouge . . .	18,40
id.	Madère (de Malvoisie).	16,46
id.	Muscat	25,87
id.	id.	17,26
id.	Champagne rouge . .	11,30
id.	id. blanc. .	12.80
id.	Bourgogne. . . .	14,53
id.	id.	11,95
id.	Hermitage blanc . .	17,43
id.	id. rouge . .	12,32
id.	du Rhin dit *Hock* . .	14,38
id.	id.	8,88
id.	de Grave. . . .	12,80
id.	Frontignan . . .	12,79
id.	Côte-rôtie . . .	12,32
id.	Roussillon . . .	19,26
id.	Madère (du cap) . .	18,11
id.	Muscat (du cap) . .	18,25
id.	Constance . . .	19,75
id.	Tinto	13,30
id.	Chiras	15,52

(1) Terme moyen, 14,67. Le degré de spirituosité de ce vin ne doit point nous surprendre; il est dû à l'eau-de-vie de cannes qu'on y ajoute. M. le chevalier Gravelle, médecin de la marine française et russe à Lisbonne, m'a assuré qu'on y ajoutait du quart au tiers d'eau-de-vie, et que cette pratique était également suivie pour la plupart des vins renommés de Portugal, si l'on en excepte celui de Colarès; aussi ne donne-t-il que 19,75; il en est de même de celui de Bucellas, qui est naturel. Il est bon de faire observer que l'on ne met pas une si forte quantité d'eau-de-vie dans les autres, et qu'on n'en ajoute à ceux de Lisbonne, Calcavella, etc., qu'un peu, afin de les rendre plus faciles à conserver.

100 parties de vin de Syracuse ont donné en vol. 15,28
id.   Nice 14,63
id.   Tokay 9,88
id.   vin de groseille. . 20,55
id.   de groseille à ma-
          quereau 11,84
id.   de baies de sureau . 9,87
id.   cidre 9,87
id.   poiré 9,87
id.   bière rouge 6,80
id.   aile 8,83
id.   rhum 53,68
id.   Hollande 51,60

M. Brande a continué ses recherches et les résultats suivans, qui ont été publiés dans *The Journ. of inst. London*, prouvent qu'elles varient autour de la moyenne que nous venons de rapporter d'environ 10 pour 100, pour ceux du même pays et de la même année, et quelquefois de 1/5 quand ils sont d'année différente.

NOMS DES VINS.	proportions d'alcool sur 100 de vin en volume.
Lissa	25,41
de raisin sec (raisin wine).	25,12
Marsala.	25,09
Madère.	22,27
de groseille.	20,55
Xérès.	19,17
Ténériffe	19,79
Colarès.	19,75
Larma-Christi	19,70
Constance blanc	19,75
id. rouge	18,92
Lisbonne.	18,54
Malaga de 1666.	18,54
Bucellas	18,45
Madère rouge.	20,35
id. du cap.	18,25

Muscat du cap.	20,51
Vin de raisin.	18,11
Carcavella.	18,65
Vidonia.	19,25
Alba-Flora.	19,27
Malaga.	17,26
Hermitage blanc.	17,43
Roussillon.	18,13
Claret ou vin de Bordeaux.	15,10
Malvoisie de Madère.	16,40
Nice.	14,63
Barsac.	13,86
Tinto.	13,30
Champagne	13,80
Champagne mousseux.	12,91
Hermitage rouge.	12,32
Grave.	13,37
Frontignan	12,79
Côte-rôtie.	12,32
de groseille à maquereau.	11,84
d'orange fait à Londres.	11,26
de Tokay.	9,88
de baies de sureau (elder wine).	9,87
cidre le plus spiritueux.	5,21
id. le moins spiritueux.	5,21
Poiré.	7,26
Hydromel.	7,32
Aile de Benton.	8,88
id. d'Edimbourg.	6,20
id. de Dorchester.	6,56
Bière forte brune (Brownstout).	6,80
Porter de Londres.	4,20
Petite bière de Londres.	1,28
Lunel	15,52
Chiras	15,52
Syracuse	15,28
Sauterne	14,22
Bourgogne	14,57
du Rhin (Hock)	12,08

Rhum 53,58
Genièvre (Gin). 51,60
Wishkey d'Ecosse (eau-de-vie de grains). 54,32
Wishkey d'Irlande. 53,90

M. Neuman a également publié (Neuman's chem. P. 447) une table d'analyse des vins, moins complète que celles de MM. Julia de Fontenelle et Brande.

TABLEAU

Des quantités d'eau-de-vie que contiennent pour cent les principaux vins de la France,

PAR M. JULIA DE FONTENELLE.

Roussillon.
de Rives-Altes de 20 ans. . 23,40
    Id. 22,80
    Id. de 10 ans. 21,60
    Id. 21,20
    Id. de l'année. . . . 20,
    Moyenne. 21,80
Banyuls de 18 ans. . . . 23,60
    Id. 23,10
    Id. de 10 ans. . . . 21,40
    Id. 21,40
    Id. de l'année. . . . 20,50
    Moyenne. 21,96
Colliouvre de 15 ans. . . 23,
    Id. 22,40
    Id. de 5 ans.. 21,10
    Id. de l'année. . . . 20,
    Moyenne. 21,62
Salces de 10 ans. 21,80
    Id. 21,10
    Id. de l'année. . . . 19,40
    Moyenne. . . . 20,43
Département de l'Aude.
Fitou et Leucate de 10 ans. 21,20
    Id. 21,

Id. de l'année.	20,
Id.	19,40
Moyenne.	19,7
La Palme de 10 ans	22,
Id.	21,20
Id. de l'année.	19,60
Moyenne.	20,93
Sigean de 8 ans.	21,50
Id.	21,
Id. de l'année.	19,20
Moyenne.	20,76
Narbonne de 8 ans.	21,80
Id.	21,50
Id.	21,
Id.	20,50
Id. de l'année.	20,
Id.	19,40
Id.	19,30
Id.	19,20
Id.	18,80
Id. de la plaine.	17,70
Moyenne.	19,90 (1)
100 parties de vin de Lesignan de 10 ans.	21
Id. *Id.*	20,90
Id. de l'année.	19,40
Id. *Id.*	18,60
Id. de la plaine.	17
Moyenne.	19,46
100 parties de vin de Mirepeisset de 10 ans.	22,20
Id. *Id.*	21,80
Id. de 8 ans.	21,60
Id. de l'année.	20,30
Id. de la plaine.	17,80

(1) En général, les vins de Narbonne valent ceux de Sigean ; il est même des quartiers qui lui sont supérieurs, tandis qu'il en est qui lui sont inférieurs ; ce sont les vignes plantées dans les plaines. L'on peut consulter les recherches sur la fermentation vineuse que j'ai présentées à l'Académie royale des

Moyenne.	20,45
100 parties de vin de Carcassonne de 8 ans.	18,40
Id. . . . . Id.	18,10
Id. . . . de l'année. . . .	17
Id. . . . . Id.	15
Moyenne.	17,12

Département de l'Hérault.

100 parties de vin de Nissan de 9 ans. .	20,10
Id. . . . . Id. . . .	19,80
Id. . . . de l'année. . . .	18,30
Id. . . . . Id. . . .	17
Moyenne.	18,80
100 parties de vin de Béziers de 8 ans.	19,90
Id. . . . . Id. . . .	19,86
Id. . . . de l'année. . . .	18,60
Id. . . . . Id. . . .	16
Moyenne.	18,40
100 part. de vin de Montagnac de 10 ans.	20
Id. . . . . Id. . . .	19,80
Id. . de la plaine, de l'année. .	18,10
Moyenne.	18,60
100 part. de vin de Mèze de 10 ans. . .	20
Id. . . . . Id.	19,60
Id. . . . de l'année. . . .	18
Id. . de la plaine, de l'année. .	16,80
Moyenne.	18,60
100 part. de vin de Montpellier de 5 ans.	19,10
Id. . . . de 4 ans. . . .	18,80
Id. . . . de l'année. . . .	17
Id. . . . . Id. . de la plaine.	15,70
Moyenne.	17,65
100 part. de vin de Lunel de 8 ans. . .	20
Id. . . . . Id.	19
Id. . . . . Id.	17,40
Id. . de la plaine, de l'année. .	16
Moyenne (1). . . .	18,01

(1) M. Brande ne porte la quantité d'alcool du vin de Lunel qu'à

100 part. de vin de Frontignan de 5 ans. 18,10
Id. . . . . Id. 17,80
Id. . . . de l'année. . . . 16
Id. . . . . Id. 15,70
Moyenne. 16,90
100 vin de l'Hermitage, rouge, de 4 ans. 13,90
Id. . . . blanc. . . Id. . . 16,80
100 vin de Bourgogne (1). 16,70
Moyenne de 6 analysés. 14,20
100 p. de vin de Grade de 3 ans. . . 14,20
Id. . . . de 2 ans. 13,60
Moyenne. 14,20
Vin de Champagne (non
mousseux). 14,10
Id. 13,90
Moyenne. . . . 14,
Id. (mousseux) blanc. . 12,40
Id. 12,10
Moyenne. 12,25
Champagne rouge mousseux. . . 12,20
Id. 11,80
Id. 11,40
Moyenne. 11,8
de Tokai. 11,60
Vins de Bordeaux (2)
— 1re qualité. . . 17,
Id. 16,80
Id. 16,40
Id. . . . 2e qualité. . . 14,80
Id. 14,60

13,32; il faut qu'il ait opéré sur du vin de l'année et de la plaine.
(1) Il m'a été impossible d'acquérir la certitude de l'âge des vins de Bourgogne sur lesquels j'ai opéré; M. Brande n'y a trouvé que 12,25 d'alcool : quant à moi, après un grand nombre de nouvelles analyses, je n'en ai jamais obtenu une aussi faible proportion.
(2) Il ne m'a pas été possible de m'assurer de l'âge ni du véritable crû, attendu qu'on est le plus souvent assuré d'être trompé sur ce point.

Id. de l'an et ordinaire. . 12,90
Id. 12,80
Id. 12,40
    Moyenne. 14,73
Vins de Toulouse de l'année. 12,40
Id. 12,10
Id. 11,80
Id. 11,60
    Moyenne. 11,97
Vins de fruits.
Vin de groseille. 11,60
Vin d'orange , terme moyen
  d'après M. Brande. . . . 11,26
Cidre , 1re qualité de Nor-
     mandie. 12,50
Id. 11,60
Id. 10,80
Id. . . . . 2e qualité. . 9,40
Id. 9,20
Id. 8,90
Id. . . . . 3e qualité. . 7,80
Id. 7,60
Id. 7,10
    Moyenne. 9,44
Poiré , 1re qualité. 12,10
Id. 11,40
Id. 10,60
Id. qualité inférieure. . . 7,90
Id. 7,40
Id. 7,10
    Moyenne. . . . 9,40
Bière forte brune d'An-
     gleterre. . . 6,80 (1)
—— de France. . 6,10
—— *Id.* . . 5,40
— ordinaire *Id.* . . 5,

(1) D'après M. Brande , ainsi que le porter, l'aile de Burton, d'Édimbourg et de Dorchester.

Moyenne.	5,50
Petite bière de Londres, pour le terme moyen. .	1,28
Porter de Londres, terme moyen.	4,20
Aile de Burton.	8,88
Id. d'Edimbourg. . . .	6,20
Id. de Dorchester. . . .	5,56
Hydromel.	10,40
Id.	8,60
Id.	7,10
Moyenne.	8,70 (1)

RÉCAPITULATION

Du terme moyen des principaux vins de France, rangés d'après leur degré de spirituosité.

Banyuls, p. 100 en mesure.	21,96
Rives-Altes.	21,80
Collioure..	21,62
Lapalme.	20,93
Sigean.	20,56
Mirepeisset.	20,45
Salces.	20,43
Narbonne.	19,90
Lesignan.	19,46
Leucate et Fitou.	19,70
Nissan.	18,80
Mèze.	18,60
Béziers.	18,40
Lunel.	18,10
Montpellier.	17,65
Carcassonne	17,22
Frontignan.	16,90
Bourgogne.	14,75
Bordeaux.	14,73
Champagne.	12,20
Toulouse.	11,97

(1) Un hydromel m'a donné 13,10 d'alcool.

Il est bon de faire observer que toutes ces analyses ne peuvent déterminer rigoureusement les quantités d'alcool dans les vins d'une localité, parce qu'ainsi que je l'ai démontré ailleurs, les vins d'un même crû varient suivant la qualité du plant, l'âge de la vigne, l'exposition du sol, et suivant que les saisons ont plus ou moins favorisé la production et la maturité du raisin. Cependant, ce travail peut toujours offrir des données approximatives et très-utiles, tant aux vinaigriers qu'aux fabricans d'eau-de-vie. Les vinaigriers peuvent, au reste, déterminer le degré de spirituosité des divers vins d'un même crû, au moyen du petit alambic de M. Descroizilles.

CHAPITRE III.

DE LA FERMENTATION ACÉTIQUE.

Rigoureusement parlant, on pourrait regarder la fermentation acide comme une transformation des liqueurs vineuses en acide acétique. Dans la fermentation vineuse, si l'air joue quelque rôle, il est d'une bien faible importance; il n'en est pas de même dans la fermentation acide qui ne saurait s'établir et continuer sans la présence de ce fluide élastique. Les circonstances sans lesquelles cette fermentation ne saurait avoir lieu et celles qui la favorisent sont les suivantes :

1° Le contact de l'air avec la liqueur ; cette circonstance est d'une rigueur absolue, quoique Becken, Stahl et Lepechin aient annoncé (1) qu'ils avaient converti du vin en vinaigre en le scellant hermétique-

(1) Beker., *Physiq. souterraine*, liv. 1ᵉʳ, section 5 ; Demachy, *Art du Vinaigrier*, note de la page 6, *specimen de acetificatione*, par Lepechin.

ment dans une bouteille, et le tenant exposé à une douce chaleur, mais en avertissant que cette conversion fut longue et le vinaigre très-fort ; il est facile de se rendre compte de cette acétification : l'air du goulot de la bouteille, et sans doute la porosité du bouchon, qui permit l'entrée de l'air extérieur, qui durent la déterminer. MM. Struve et Bertrand, dans les notes qu'ils ont ajoutées à l'Art du Vinaigrier de M. Demachy, ont avancé que la chaleur seule suffisait, sans l'accès de l'air, pour changer le vin en vinaigre. De pareilles assertions, si contraires à l'expérience, auraient besoin, pour obtenir quelque crédit, d'être appuyées sur des preuves incontestables, et ces messieurs n'en fournissent aucune. Quoique l'observation journalière et la théorie de l'acétification, si bien étudiée par les chimistes modernes, fussent plus que suffisantes pour réfuter une telle erreur, j'ai cru cependant la combattre par une expérience directe. J'ai tenu, pendant plus d'un an, du vin dans le vide, sous le récipient de la machine pneumatique, sans avoir aperçu les moindres traces d'acidification (1). Pendant ce temps, il se passe un fait remarquable ; ce vin se décolore en partie, et dépose sur les parois du vase du surtartrate de potasse et de chaux uni à la partie colorante.

Quelle que soit l'utilité de l'air dans l'acte de la fermentation acétique, il ne faut pas cependant exposer la liqueur vineuse à un courant de ce fluide, parce qu'il volatiliserait un peu d'alcool. Mais il est une règle générale, c'est que plus le vin présente de surface à l'air, plus l'acétification est prompte. On doit donc l'accélérer en agitant de temps en temps la liqueur fermentante avec l'air du vase (2). Nous fe-

(1) Voyez ma *Chimie médicale*, pag. 568.

(2) Homberg et Boerhaave ayant exposé une bouteille de vin au mouvement de rotation d'une des ailes d'un moulin à vent, ce vin se convertit en vinaigre au bout de quelque temps, Vid. *Hist. de l'Acad. roy. des Scienc. pour 1740.*

rons connaître plus bas le rôle que joue l'air dans cette opération.

2° Pour que la fermentation acétique s'établisse, il faut que le vin soit exposé à une douce température, dont les deux extrêmes sont de 10 à 30 degrés. M. Demachy croit que la liqueur vineuse doit éprouver une chaleur de 20 à 22 Réaumur, pour être susceptible d'acétification, et que cette chaleur ne doit point dépasser 25. M. Demachy se trompe; cette élévation de température favorise, il est vrai, la fermentation, mais elle est également susceptible de s'établir bien au-dessous de ce degré, puisque, dans tout le midi de la France, les lies des vins et les vins mal bouchés se convertissent en vinaigres dans les caves dont la température constante est de 10°. Au reste, cette erreur de M. Demachy a été également partagée par M. Fourcroy. M. Lepechin dit que la chaleur la plus convenable est celle de 25 de Réaumur, et qu'au-dessus de 26 elle est nuisible, puisqu'à celle de 39 R. il avait obtenu un vinaigre, qui, par le peu de goût qu'il avait, ne méritait pas ce nom. Nous attribuons cet effet à la volatilisation d'une partie de l'alcool du vin, et, d'après ce que l'expérience nous à démontré, nous croyons que la température la plus favorable à l'acétification du vin est celle de 20 à 30 centigrades. Cette élévation de température est d'autant plus convenable à l'acétification, qu'il suffit d'exposer à l'ardeur du soleil un baril contenant un tiers de vin mêlé à un peu de bon vinaigre, pour le convertir, en quelques jours, en un vinaigre très-fort et très-aromatique.

3° La présence du ferment est aussi d'une nécessité absolue; car de l'alcool étendu d'eau, et se trouvant dans les circonstances précédentes, ne fermente jamais; si l'on y ajoute de la levûre de bière, ou tout autre ferment, il se convertit en vinaigre. On ignore cependant de quelle manière agit le ferment dans la conversion du vin en vinaigre, ni ce que deviennent tous les produits de la décomposition de ce même ferment. Dès que la fermentation acétique commence à s'éta-

blir, la liqueur se trouble, et sa température s'élève
le premier jour et se porte de 34 à 40 cent. ; elle diminue journellement, et prend le niveau de celle où s'o-
père la fermentation. En même temps il se forme des
substances filamenteuses qui se meuvent en tous les
sens, et se déposent au fond du vase, et sur les parois,
en une masse glaireuse qui entraîne une partie de la
matière colorante unie à du surtartrate de potasse et
de chaux. Tant que dure l'opération, il y a production et dégagement de gaz acide carbonique. La liqueur s'éclaircit peu à peu, perd son odeur vineuse
et sa saveur, pour acquérir le goût acide et l'odeur
qui est particulière à l'acide acétique ou vinaigre; c'est
alors qu'on regarde le vinaigre comme fait. Mais c'est
une erreur; il existe encore dans ce produit une partie de l'alcool et du ferment qui ont échappé à la décomposition ; comme dans la fermentation vineuse
il s'opère une fermentation secondaire acide, qui est
d'autant plus longue que le vin était spiritueux. Dans
cette fermentation nouvelle, la décomposition de
l'alcool continue ; et, en même temps qu'il se dégage
du gaz acide carbonique, il se forme dans le vinaigre
une substance membraneuse d'un blanc sale, ferme,
translucide, élastique, et souvent d'autant plus volu-
mineuse qu'elle occupe une partie de la capacité du
vase. Cette substance est connue sous le nom de *mère
du vinaigre*, et peut servir de ferment pour déterminer la fermentation acétique des liqueurs vineuses ou
alcooliques. De même que la présence du sucre est
indispensable pour produire de l'alcool, de même
celle de cette liqueur est d'une nécessité absolue pour
obtenir du vinaigre par la fermentation (1). Stahl,

(1) Boerhaave fut le premier à annoncer ce fait, qui se trouve
maintenant combattu par quelques chimistes, qui s'appuient :
1° sur ce que les choux s'aigrissent dans l'eau; 2° sur ce que
l'amidon passe à l'aigre dans les eaux sûres des amidonniers; mais
on n'a pas encore rapporté des expériences assez concluantes pour
démontrer que la matière productrice du vinaigre de ces produits
végétaux n'a pas subi une fermentation alcoolique très-rapide. Nous

l'un des chimistes du moyen âge qui a le mieux observé, et dont les brillantes erreurs ont été la source
de plusieurs découvertes, fut un des premiers qui attribuèrent la formation de l'acide acétique à la décomposition de l'esprit-de-vin; Venel, Spielman, etc.,
se sont prononcés presque aussi affirmativement, et
cette opinion a été même celle de Boerhaave. Mais
Venel et Spielman croyaient que le tartre ou le tartrate
acidule de potasse y avait aussi quelque part. L'acidification des liqueurs vineuses, provenant de la fermentation du sucre, démontre le contraire. Quelques-uns ont prétendu que l'acide carbonique pouvait être aussi converti en acide acétique. Ils ont cité,
à l'appui de leur opinion, l'expérience de M. Chaptal, qui, ayant fait dissoudre un volume de gaz acide carbonique, dégagé de la bière en fermentation,
dans un volume d'eau, et ayant tenu cette solution à
la cuve à l'air libre, au bout de quelque temps le
tout se trouva converti en vinaigre. Il est facile de
répondre à cette objection : le gaz acide carbonique,
qui se dégage des cuves en fermentation, entraîne
avec lui une eau alcoolique qui marque 14° à l'aréomètre, comme je m'en suis convaincu au moyen de
l'appareil de M⁽ˡˡᵉ⁾ Gervais; et c'est à cet alcool, et
non à l'acide carbonique, que doit être attribué l'a-
cide acétique qui est produit. Lavoisier, qui a connu
ce fait, pense que l'alcool et cet acide ont également
concouru à la production du vinaigre. L'alcool, dit-il,
fournit l'hydrogène et une portion du carbone; l'acide
carbonique fournit du carbone et de l'oxigène ; enfin,
l'air de l'atmosphère doit fournir ce qui manque
d'oxigène pour porter le mélange à l'état d'acide acéteux. Quoiqu'il y ait de la témérité à ne pas adopter
l'opinion d'un aussi grand chimiste, nous croyons
cependant ne pas devoir admettre cette théorie, parce qu'elle n'est pas conforme aux observations qui

croyons donc plus prudent de suivre cet axiome de cet habile
chimiste : Jouissons des travaux d'autrui, et, instruits par les
erreurs des autres, prenons garde de ne nous en point laisser
imposer par la fausse apparence du vrai.

ont été recueillies depuis, ainsi que nous le démontrerons bientôt.

Glaser, Boerhaave, Stahl, Venel, Spielman, Carthaeuser, et presque tous les anciens chimistes, pen-
saient que le vin, en se transformant en vinaigre,
absorbait de l'air. Lavoisier annonça, au contraire,
qu'un seul principe de l'air, l'oxigène, était absorbé,
et que, par conséquent, la fermentation acéteuse
n'était autre chose que l'acidification du vin, opérée
par l'absorption de l'oxigène atmosphérique (1), et
qu'il ne fallait qu'ajouter de l'hydrogène à l'acide
carbonique pour le constituer acide acéteux. Cet illustre chimiste reconnaissait cependant qu'on n'avait pas
encore d'expériences exactes pour se prononcer entièrement. Son opinion, sur l'absorption de l'oxigène
par le vin, était partagée par presque tous les chimistes jusqu'à ce que M. de Saussure eût reconnu
qu'en faisant acétifier du vin dans une quantité d'air
connue, cet air contenait ensuite des proportions d'a-
cide carbonique égales à celles de l'oxigène dont il se
trouvait dépouillé. D'après ces faits, si contraires à la
théorie de Lavoisier, il n'y aurait point d'oxigène absorbé dans la formation du vinaigre, mais bien du
carbone enlevé à l'alcool. Or, s'il suffit d'enlever
du carbone à l'alcool pour convertir en vinaigre,
dans l'expérience rapportée par M. Chaptal, l'alcool
n'a nullement besoin du carbone de l'acide carbonique
pour être transformé en vinaigre. Il est bon de faire
observer que, d'après l'expérience de M. de Saussure,
la liqueur vineuse n'absorberait pas un atome de l'oxigène de l'air, puisqu'il se forme et se dégage en volume de gaz acide carbonique, égal à celui de l'oxigène dont l'air est dépouillé, et que, d'après les
analyses les plus exactes, un volume d'acide carbonique est composé d'un volume de gaz oxigène et d'un
volume de vapeur de carbone condensés en un volume. Nous avons déjà dit que le vinaigre contenait une

_____

(1) *Traité élémentaire de Chimie*, tom. I, p. 159 et 160.

quantité d'alcool plus ou moins forte, qui avait échappé à l'acétification ; nous ajouterons que les vinaigres vieux et très-forts en donnent moins, il est vrai, mais en contiennent encore. En 1816, je distillai vingt litres de vinaigre provenant d'un vin très-spiritueux du Roussillon ; j'obtins pour premier produit près d'un litre d'une liqueur inflammable, qui n'était presque point acide, plus légère que l'eau, se dissolvant dans dix-huit parties de ce liquide, d'une odeur et d'un goût d'éther très-prononcés. Cette liqueur distillée sur la potasse, j'en ai retiré la moitié qui n'a nullement différé de l'éther acétique (1). Six mois après, j'eus occasion de distiller du vinaigre très-fort, et j'en obtins moins d'éther. J'avais d'abord cru que cet éther était dû à de l'alcool que contenait le vinaigre, et que cet acide et cette liqueur réagissaient l'une sur l'autre à l'aide de la chaleur ; mais je ne tardai pas à être détrompé, car dès le moment que l'éther eut cessé de passer à la distillation et eut fait place au vinaigre, j'y ajoutai deux pintes de bon vin, et je n'obtins que de l'alcool à 20 degrés. Dans une autre circonstance, ayant substitué une pinte d'eau-de-vie au vin, je ne recueillis également que de l'alcool à 20 degrés. Enfin, je distillai seize parties de vin avec cinq d'acide sulfurique, et, au lieu d'éther, j'eus de l'eau-de-vie.

Je crois pouvoir conclure de ces faits que le vinaigre ne contient point de l'alcool, mais de l'éther acétique, qui se forme pendant la fermentation acide, lequel éther peut aussi se convertir en vinaigre. Ce qui démontre que cet éther n'est pas le produit de l'action du calorique, c'est que, de même que M. Derosne, je l'ai trouvé dans le marc de raisin qui, recouvrant la cuve en fermentation, se trouve acétifié.

M. Bischoff considère la fermentation acétique comme une simple absorption du gaz oxigène ou une oxidation nouvelle de l'alcool qui passe ainsi de l'état

(1) Vid. mon Manuel de Chimie médicale, pag. 438.

d'oxide à celui d'acide : voici comment il se rend compte de cette opération.

Dans la transformation de l'alcool en acide acétique, il faut 2 atomes d'alcool pour produire 1 atome de cet acide, et dans 2 atomes d'alcool, il y a 4 carbone, 12 hydrogène, 2 oxigène. Il faut, par conséquent, 5 atomes d'oxigène de plus, dont 4 se combinent avec 8 atomes d'hydrogène de l'alcool, pour former 4 atomes d'eau ; le 5me se joignant aux 2 atomes d'oxigène déjà existans dans l'alcool pour former l'acide acétique, les 5 atomes d'oxigène sont fournis par l'air atmosphérique. Mais M. Bischoff ne dit pas un mot de la fermentation du gaz acide carbonique, qui se forme en même temps dans des proportions égales en volume à celles de l'oxigène dont l'air a été dépouillé, et comme 1 vol. de gaz acide carbonique se compose, comme nous l'avons déjà dit, de 1 vol. de carbone et de 1 vol. d'oxigène condensés en un seul volume, il est bien évident que l'alcool n'absorbe point l'oxigène de l'un, mais qu'il lui abandonne 1 vol. égal de carbone, l'air de ses principes constituans. La théorie de M. Bischoff tombe devant ces faits si bien démontrés par M. de Saussure.

CHAPITRE IV.

DE L'ACIDE ACÉTIQUE, DE SA NATURE, DE SA PRÉPARATION ET DE SA COMPOSITION.

Les auteurs de la nouvelle nomenclature chimique avaient donné le nom d'acide acéteux à celui qui constitue l'acidité du vinaigre, et celui d'acide acétique à ce même acide qui, d'après M. Berthollet, était plus oxigéné. Un jeune pharmacien du Val-de-Grâce osa le premier attaquer la théorie de ce grand chimiste, par de nouvelles erreurs, il est vrai. M. Pet il se rend

le acétique,
tome de cet
arbone , 1s
nt, 5 atomes
ec 8 atomes
mes d'eau ;
déjà exis-
étique, les 5
atmosphéri-
le la fermen-
e en même
me à celles
et comme 1
se , comme
ne et de 1
ume, il est
t l'oxigène
gal de car-
théorie de
démontrés

— — —

E , DE SA
TION.

e chimique
à celui qui
l'acide acé-
Berthollet,
du Val-de-
le ce grand
rai. M. Pé

rès annonça donc que l'acide acéteux conten
de carbone que l'acide acétique, ou, si l'on v
l'acide acétique concentré n'était que de l'ac
teux dépouillé de la plus grande partie de
bone. Bientôt après, M. Adet conclut d'u
nombre d'expériences auxquelles il s'était li
la différence qui existait entre ces deux ac
dépendait que de l'état de concentration du
et, par conséquent, d'une quantité d'eau
que celle du premier. Un mois après, M. Cha
un travail à la Société philomathique sur l
rences qui existaient entre ce qu'on appela
acéteux et acide acétique, et surtout l'opini
émise par M. Pérès qui la revendiqua. Four
rait avoir adopté aussi cette opinion, en
cependant dans celle de M. Berthollet. On pe
il, considérer l'acide ainsi décarbonisé con
acide plus oxigéné que l'acéteux, puisque la
tion de l'acidifiant y est en effet augmentée
diminution de celle du carbone, et qu'ainsi
d'acide acétique doit lui être conservé. De no
les diverses expériences auxquelles on s'est l
démontré 1° l'identité de ces deux acides an
par M. Adet et confirmée par M. Darracq;
n'existait d'autre différence entre eux que
grande quantité d'eau que contenait celui qu
pelait acide acéteux. Il résulte de cette conna
que le nom d'acide acéteux n'existe plus q
les anciens ouvrages et qu'on lui a donné
exclusif d'*acide acétique*, auquel on ajoute le
d'*affaibli*, de *concentré*, de *cristallisable*, suiv
degré de concentration.

L'acide acétique est celui de tous les aci
est d'un plus grand intérêt tant pour l'usage
tique que pour les arts. Il existe tout form
quelques substances végétales et est le prod
réactions ou des traitemens qu'on fait subir à d
substances organiques.

L'*acide acétique anhydre* (ne contenant pas
n'a jamais été obtenu encore. Dépouillé de t

partie aqueuse qu'on a pu jusqu'à présent lui enlever, il est solide même jusqu'à 17 degrés en de température au-dessus de o ; c'est là son point de fusion ; à 120 en il entre en ébullition. Il a une odeur qui lui est propre, et qui, dans cet état de concentration, est suffocante, tandis qu'elle est agréable quand il est étendu d'eau ou répandu dans l'air ; sa saveur est franche et mordante ; il brûle la peau et est presque aussi corrosif que l'acide sulfurique ; il rougit fortement la teinture de tournesol, attire l'humidité de l'air, et se dissout en toutes proportions dans l'eau et l'alcool ; cet acide offre une propriété bien remarquable, c'est d'augmenter de densité en y ajoutant de l'eau jusqu'à une certaine limite, passé laquelle son poids spécifique diminue ; à son maximum de concentration, ce même poids spécifique est de 1,063 ; il contient alors 14,78 en d'eau, et à son maximum de poids spécifique de 1,079 ; nous y reviendrons ailleurs. L'acide acétique passe à la distillation sans éprouver aucune altération ; à une chaleur rouge, il ne se décompose que partiellement, mais sa décomposition s'opère aisément si on le fait passer en vapeur à travers un tube plein de charbon rouge. Le produit de cette décomposition est,

De l'acide carbonique,
De l'eau,
De gaz oxide de carbone,
De gaz hydrogène carboné.

L'acide acétique froid n'est pas susceptible de s'enflammer, mais quand on le fait bouillir, sa vapeur peut être allumée ; alors, elle brûle au contact de l'air avec une flamme bleue. Les acides oxigénans ne l'attaquent qu'avec peine et à l'aide même de la chaleur, 4 parties d'alcool, à 40° et 1 d'acide acétique aussi concentré que possible, ne rougit pas la teinture du tournesol, ne décompose pas les solutions salinées de carbonate neutre de potasse.

L'acide acétique cristallisable ne décompose point le carbonate de chaux ; mais si l'on y ajoute de l'eau il se produit alors une vive effervescence et il se forme

de l'acétate calcaire. M. Pelouze explique ce phéno-
mène en disant que l'acide acétique ne décompose
point la craie, parce que l'acétate de chaux ne trouve
pas d'eau pour se dissoudre, puisqu'il y en a un atome dans chaque atome d'acide acétique. L'acide acétique cristallisable, placé dans un flacon rempli de
chlore, à l'abri de la lumière solaire directe, et à une
température un peu basse, ne rougit pas sensiblement
sur ce gaz; mais si on l'expose au rayons du soleil, il
se produit bientôt une réaction très-marquée, surtout
en été : l'acide s'échauffe peu à peu, répand ses vapeurs, et il en résulte des produits variables suivant les
proportions.

S'il y a un léger excès d'acide acétique, il se forme

Du gaz hydrochlorique, en abondance,
De l'acide chloroscicarbonique,
De l'acide carbonique,
De l'acide oxalique,

Une substance particulière dont les cristaux
rhomboïdaux tapissent avec ceux de l'acide oxalique, les parois du flacon. M. Derosne dit que cette
substance se rapproche du chlore hydraté. L'acide
acétique peut être décomposé par les métaux de la 1re
section, c'est-à-dire par ceux qu'on n'a pu encore réduire et dont on n'admet l'existence que par analo-
gie ; ce sont, à proprement parler, les *métaux des terres*,
(le *silicium*, le *ziricovium*, l'*aluminium*, le *thorinium*;
l'*yttrium*, le *glacinium*, le *magnesium*). Si cet acide
est étendu d'eau, il donne naissance à des acétates
avec les métaux de la 5me section (le *manganèse*, le
zinc, le *fer*, l'*étain* et le *cadmium*) : l'eau est décomposée et son hydrogène se dégage. Le concours de l'air
ou de l'oxigène est indispensable pour déterminer
l'oxidation des métaux des sections inférieures, sur
lesquels on veut faire agir l'acide acétique. Quelques
métaux de la 4me section passent facilement à l'état
d'acétate quand il sont placés sous cette double influence. Les sels neutres que cet acide forme sont très-
bien déterminés ; l'acide de ces sels contient trois fois
plus d'oxigène que la base ; il ne produit pas d'acide

formique par son mélange avec l'acide sulfurique et
le peroxide de manganèse ; il dissout le camphre, les
résines, les gommes résines, la libune, l'albumine,
les huiles volatiles, etc.

L'acide acétique, le plus pur que l'on ait pu encore
obtenir, se prend en une masse cristalline, formant des
tables rhomboïdales alongées, à 13 c° + o ; une
forte pression peut opérer le même effet. M. Perkins
ayant soumis du vinaigre de Mollerat, contenant o, 90
d'acide réel, et o,10 d'eau, à une pression de onze at-
mosphères, obtint les 7/8 supérieurs en cristaux d'a-
cide acétique pur et très-fort ; la partie inférieure
était de l'eau acidulée. L'acide acétique qui provient
de la distillation du vinaigre, ne contient que o,15
d'acide; aussi plusieurs de ses propiétés sont modifiées
comme nous le dirons en parlant du vinaigre. Nous
avons déjà dit que lorsqu'on unit cet acide avec diverses proportions d'eau, les poids spécifiques de ces
mélanges ne s'accordent pas avec les proportions de
chacun de ces corps : en effet, unis à l'eau dans le
rapport de 100 d'acide acétique le plus concentré sur
112,2 d'eau, le poids spécifique reste le même ; seulement l'acide ne se congèle point, même à plusieurs
degrés au-dessous de o (1). Si cette quantité d'eau est
moindre, la densité de cet acide augmente ; à son
maximum, elle est de 1,080; alors il contient un peu
plus du tiers d'eau en poids. M. Mollerat, auquel on
doit les connaissances les plus précieuses sur la fabrication du vinaigre de bois, s'est livré, à ce sujet, à
un travail fort intéressant, duquel il résulte que :

(1) Il est bon de faire observer ici que, dans le commerce,
on court les plus grands risques d'être trompé, en mesurant le
degré de force d'un vinaigre concentré par l'acétomètre, puisque
celui qui est le plus concentré donne le même poids spécifique que
celui qui contient 112 parties d'eau, et que, lorsqu'il contient
moins de ce liquide, le poids spécifique augmente. Le meilleur
moyen pour reconnaître la force des vinaigres, c'est la quantité
de soude cristallisée qu'ils neutralisent, ainsi que nous le dirons
ailleurs.

100 parties d'acide acétique et 14,78 d'eau, pèsent 1,0630
100 . . . . . . 25,21 . . . 1,0742
100 . . . . . . 52,54 . . . 1,0800
100 . . . . . . 59,38 . . . 1,0763
100 . . . . . . 71,90 . . . 1,0742
100 . . . . . . 112, . . . 1,0630
100 . . . . . . 116,25 . . . 1,0658
100 . . . . . . 166,34 . . . 1,0630

Composition de l'acide acétique tel qu'il existe dans les acétates desséchés.

1° D'après MM. Gay-Lussac et Thénard.

Carbone. . .	50,224
Oxigène. . .	44,147
Hydrogène.. .	5,629
	100,000

ou de

Carbone.	50,224
Oxigène et hydrogène, dans les proportions nécessaires pour faire de l'eau.	46,911
Oxigène.	2,865
	100,000

En volume :

Gaz oxigène.	5 volumes.
Gaz hydrogène. . . .	6
Vapeur de carbone. . .	4

2° D'après M. Berzélius :

Carbone. . .	46,83
Oxigène. . .	46,82
Hydrogène. .	6,35
	100,00

6

M. Dumas exprime sa composition de la manière
suivante :

8 at. carbone	== 306,08 ou bien 47,54 }	
6 at. hydrogène	== 37,44 . . 5,82 } 100,00	
3 at. oxigène	== 300,00 . . 46,64 }	

1 at. acide acétique		
anhydre	== 643,52 . . 85,11 }	
2 at. eau	== 112,48 . . 14,89 } 100,00	

acide acét. concentré == 756,00

L'acide acétique dont la densité est 1,08, est formé de

1 at. acide acétique		
anhydre	== 643,52 ou bien 65,59	
6 at. eau	== 337,44 . . 34,41	

980,96   100,00

Dans plusieurs expériences relatives à la densité de
la vapeur de l'acide acétique cristallisable et bouillant
à 120°, M. Dumas a toujours trouvé qu'elle était égale à 2,7 ou 2,8, ce qui ne peut s'expliquer qu'en la
considérant de la manière suivante en général : 1
atome d'un acide hydraté produit 4 volumes de vapeur,
et, si chaque volume se combine lui-même avec un
volume de vapeur aqueuse, on retrouve le chiffre indiqué plus haut.

En effet, on a :

8 vol. carbone == 3,3728
8 vol. hydrog. == 0,5504
4 vol. oxigène == 4,4104

8,336

$$\frac{8,336}{4} = 2,08 \text{ vapeur de l'acide hydraté.}$$

1 vol. eau 0,62

2,70 vap. de l'acide sur-hydraté.

Ainsi, il paraît qu'en bouillant, l'acide acétique reprend l'état correspondant à son maximum de densité.

La composition de l'acide acétique concentré peut être représentée par des *volumes égaux d'hydrogène et d'oxide de carbone*, cela explique la grande stabilité de l'acide acétique : l'hydrogène et l'oxide du carbone ne peuvent réagir l'un sur l'autre, puisqu'aucune action ne s'exerce entre les gaz en état de liberté.

Avant de faire connaître les combinaisons salines ou acétates que forme cet acide, et les divers moyens par lesquels on parvient à l'obtenir plus ou moins concentré et cristallisable, nous croyons devoir faire connaître l'acide acétique faible ou vinaigre, parce que c'est au moyen de celui-ci qu'on prépare les autres, et qu'il faut toujours, pour plus de clarté, passer du connu à l'inconnu. Avant tout cependant, nous écrirons une substance nouvelle qui en provient et qui est connue sous le nom d'*acétone*, tant à cause de sa nouveauté que par l'intérêt qu'elle peut offrir.

Acétone.

Tel est le nom que M. Dumas a donné à l'esprit *pyro-acétique*. On l'obtient en distillant les acétates neutres alcalins, et particulièrement l'acétate de chaux. Voici la manière d'opérer : l'on introduit dans une cornue de grès 1 ou 2 kil. d'acétate calcaire ; on y adapte une alonge et un ballon tubulé convenablement refroidi ; on conduit la distillation avec lenteur ; elle est poussée jusqu'à ce qu'il ne passe plus de liquide. Les produits ainsi obtenus sont au nombre de trois. 1° La cornue contient du carbonate de chaux, avec un peu de charbon ; 2° le ballon de l'eau contenant l'acétone en dissolution et un peu de goudron ; pendant l'opération, il se dégage de l'acide carbonique, de l'oxide de carbone, du gaz hydrogène carboné.

On rectifie le produit liquide plusieurs fois, au bain-marie, sur du chlorure de calcium bien sec ; quand le point d'ébullition devient constant, la liqueur est alors de l'acétone pur, qui est composé de

$$C^6 \quad - \quad 229,55 \quad . \quad . \quad 62,5$$
$$H^5 \quad - \quad 37,50 \quad . \quad . \quad 10,2$$
$$O \quad - \quad 100,00 \quad . \quad . \quad 27,3$$
$$\overline{367,05 \qquad 100,0}$$

La densité de la vapeur de l'acétone est égale à 2,019, d'après les expériences de M. Dumas. Si la formule correspond à 2 volumes de vapeur, cette densité calculée serait égale à 2,022.

Il est aisé d'expliquer la formation de ce corps; l'acétate de chaux se trouvant converti en carbonate calcaire au moyen du carbone et de l'oxigène, principes constituans de l'acide acétique, ce qui reste des autres élémens se trouve dans de telles proportions qu'il en résulte 2 vol. d'acétone, comme on peut le voir dans la formule ci-après :

$$CaO, \; C^3 \; H^6 \; O^3 = CaO, \; C^2 \; O^2 + C^6 \; H^6 \; O.$$

Propriétés de l'acétone.

Cette substance est liquide, sans couleur, d'une odeur aromatique qui lui est propre, d'une densité égale à 0,792, entrant en ébullition à 56 C°, quand elle est dans son état de pureté ; elle se mêle en toutes proportions avec l'eau, l'alcool et l'éther, et brûle avec une flamme blanche, un peu fuligineuse. L'air n'exerce aucune action sur l'acétone ; il en est de même des alcalis ; avec le contact de l'air, ceux-ci exercent sur lui une vive réaction : il y a absorption d'oxigène et production d'une matière brune. L'acétone, en s'unissant avec l'acide sulfurique, développe de la chaleur : le mélange distillé, on n'obtient aucun produit particulier. *L'acétone* distillé avec le chlorure de chaux donne lieu à un nouveau produit que M. Dumas a désigné sous le nom de *chloroforme*. Si l'on fait passer du chlore sec dans de l'esprit pyro-acétique, la liqueur s'échauffe, il se forme beaucoup d'acide hydrochlorique, et elle prend une couleur vert jaunâtre ou jaune ;

cette réaction diminue bientôt et ne reprend que
lorsqu'on chauffe presque au point de l'ébullition,
pendant qu'on y fait passer le courant de chlore.

Nous ne pousserons pas plus loin l'étude de l'acétone,
cette substance étant encore sans usage.

DEUXIÈME PARTIE.

CHAPITRE PREMIER.

DU VINAIGRE, DE SES DIFFÉRENTES ESPÈCES, ET DE LEURS DIVERS MODES DE PRÉPARATION.

La découverte du vinaigre dut nécessairement ac-
compagner celle du vin ; la nature fit tous les frais de
sa fabrication ; un vase contenant du vin, qui fut mal
bouché ou qu'on laissa ouvert ou à moitié rempli, présenta une nouvelle liqueur odorante et d'une saveur
nouvelle qu'on ne tarda pas à appliquer à l'économie
domestique : telle est l'origine du vinaigre.

Mais lorsque la civilisation plus avancée donna une
nouvelle impulsion aux arts, la préparation du vinaigre devint un art particulier, ainsi que nous l'avons
démontré dans l'introduction de cet ouvrage. Cependant, tous les vinaigres n'étaient pas égaux en bonté,
ce que l'on attribuait à de prétendus secrets qu'avait
chaque fabricant, et qu'on appelait *Secrets des vinaigriers*. Rien de plus simple cependant que la fabrication du vinaigre, ainsi que nous l'avons démontré
dans le chapitre où nous avons traité de l'acide acétique. Tout le *secret* consiste à employer de bons vins,
c'est-à-dire des vins très-spiritueux, car le vinaigre est

d'autant plus fort , que le vin d'où il provient est plus riche en alcool. De là vient que les vinaigres fabriqués dans divers lieux ne sont pas d'une égale bonté. Ainsi, ceux qui proviendront des vins du Roussillon seront plus forts que ceux de Narbonne ; ceux-ci, plus que ceux de Montpellier ; ceux de Montpellier, plus que ceux d'Orléans ; ceux d'Orléans , beaucoup plus que ceux de Bordeaux , Surène , etc. Nous avons déjà exposé la théorie de la fermentation acétique : nous n'y reviendrons donc point; mais, nous ferons ici quelques applications des principes que nous avons posés.

On doit se rappeler d'abord que nous avons dit que les moûts les plus riches en matière sucrée étaient les plus longs à se vinifier complètement; mais aussi, qu'ils étaient les plus spiritueux ; tandis que ceux qui étaient peu riches en sucre, mais chargés de ferment, se changeaient plus vite en vin, et étaient moins alcooliques. Il est aisé d'établir ainsi la différence d'acidité du vinaigre que les vins produiront. En effet , les uns seront convertis promptement en un vinaigre faible, et les autres seront plus ou moins longs à l'être. Il est des vins du Roussillon et d'Espagne qui restent plusieurs mois débouchés sans s'acidifier. Nous en avons vu à Perpignan, avec M. Berthollet , une bouteille, à moitié pleine et débouchée depuis plus de trois mois , qui était délicieux. Pour convertir ces vins en vinaigres, il faut y ajouter plus ou moins d'eau chaude dans laquelle on a délayé de la levûre de bière. Dans les vins, au contraire, pauvres en matière sucrée, on peut y ajouter de la mélasse ou bien du sirop de raisin, ou de l'alcool, pour en obtenir un vinaigre qui sera d'autant plus fort qu'on y aura ajouté beaucoup plus de matière sucrée ou de l'eau-de-vie. Stahl fut un des premiers à attribuer la formation du vinaigre à la décomposition de l'alcool ; et Venel , Carthaeuser, Spielman, etc. , mirent à profit cette connaisance en conseillant d'ajouter de l'alcool au vin que l'on voulait acétifier , afin de le rendre plus fort. Depuis, plusieurs chimistes modernes , assez connus pour n'avoir pas besoin d'être cités, se sont approprié cette idée.

Vers la fin du dix-huitième siècle, la culture de la
vigne n'était pas aussi étendue qu'elle l'est de nos jours,
et la distillation du vin était encore dans son enfance.
Aussi en distillait-on fort peu : c'était presque toujours
des lies de vin ou des vins gâtés que l'on convertissait en eau-de-vie ou en vinaigre. On était imbu
de cette fausse idée qu'il fallait des vins gâtés
pour obtenir de bons vinaigres. Si les fabriques
d'Orléans l'emportaient sur celles de Paris, c'est que
ceux qui se trouvaient placés à leur tête n'ignoraient
point combien cette opinion était erronée ; ajoutons
à cela qu'ils étaient favorisés naturellement par la
bonté de leurs vins. A Paris, et dans divers autres
lieux, on achetait des vins qu'on choisissait d'autant
plus détériorés qu'on les obtenait à de plus bas prix.
Il existait encore un autre préjugé généralement répandu ; c'est qu'on croyait que les vins nouveaux donnaient beaucoup plus de vinaigre que les vins vieux.
Cette erreur est d'autant plus grande que nous avons
vu que les vins éprouvaient une fermentation secondaire plus ou moins longue. Nous avons vu à Perpignan des fabricans de vinaigre recueillir soigneusement le résidu de la distillation des vins nouveaux,
et en préparer du vinaigre, comme nous le ferons
connaître bientôt. Un autre fait, que nous avons déjà
annoncé, c'est que le vinaigre subit aussi une fermentation secondaire, et qu'il donne d'autant moins d'é-
ther acétique et d'autant plus d'acide, qu'il est plus
vieux, pourvu qu'on ait le soin de le tenir bien
bouché.

Il est un fait bien reconnu, c'est que le vinaigre est
la transformation de l'alcool en un acide, par la perte
d'une partie de ce carbone ; lequel vinaigre est de
l'acide acétique étendu plus ou moins d'eau, et contenant une matière colorante, un mucilage, du surtartrate de potasse, du sulfate de potasse, plus ou moins
d'éther acétique, etc.

En dépouillant le vinaigre de ces corps étrangers,
on le convertit en acide acétique très-fort. La bonne
fabrication du vinaigre repose donc sur quatre points
principaux :

1° Une température de 20 à 30 C°,
2° Une liqueur bien alcoolique ,
3° Une quantité de ferment suffisante (1) ,
4° La liqueur présentant une grande surface au contact de l'air, voilà tout le secret des vinaigriers. Avant de passer aux divers moyens employés pour la fabrication du vinaigre, tant rationnel qu'empyrique, nous croyons devoir entrer dans quelques détails sur les conditions propres à obtenir de bons vinaigres.

Des vins doux.

Nous avons déjà fait connaître que les vins doux ou liquoreux devaient cette saveur à une plus ou moins grande quantité de sucre qu'ils retiennent et qui ne subit la fermentation alcoolique qu'au bout d'un temps plus ou moins long (2) (mêmes plusieurs années) ; il est donc évident qu'un pareil vin ne pourrait guère convenir aux vinaigriers. Cependant, d'après l'analyse du moût que nous avons fait connaître, et le principe que nous avons émis sur l'influence des plus ou moins grandes quantités de ferment sur l'alcoolisation du vin et sur son acétification , il est aisé d'obvier à cet inconvénient. Lorsqu'on se propose donc d'acétifier un vin doux, on doit ajouter, dans une barrique à moitié pleine de vin , depuis un sixième jusqu'à un cinquième d'eau à cinquante degrés, dans laquelle on a préalablement délayé une suffisante quantité de levûre de bière. On la bouche ensuite et on

---

(1) On peut employer comme ferments les *lies des vins acides* que déposent les vinaigres , la *mère des vinaigriers*, la *levûre de bière*, le *levain aigri des boulangers*, le marc et les *rafles de raisin*, les *jeunes pousses de vigne*, les *débris des végétaux et animaux*, les *excrémens*. Nous faisons observer que ceux qui appartiennent aux substances animales, en se putréfiant, peuvent rendre le vinaigre de mauvaise qualité.

(2) La matière sucrée qui existe dans les vins doux n'est pas détruite par la distillation de ces vins ; j'en ai examiné le résidu et j'en ai extrait du sucre de raisin. Nous avons vu des vinaigriers recueillir cette *repasse*, pour en fabriquer du vinaigre.

la roule sur elle-même jusqu'à dix fois par jour, tant que dure l'opération; on n'y ajoute enfin de nouvelles portions de vin que lorsque l'acétification de celui de la barrique mère est avancée; encore même doit-on continuer à ajouter, au vin d'addition, la quantité précitée d'eau tiède et un peu de ferment. Quand le tonneau est aux trois quarts plein, on doit se dispenser de le rouler, mais on doit continuer à y injecter de l'air avec un bon soufflet, ainsi que nous l'avons déjà recommandé.

Des vins faibles.

Par un effet contraire à celui que produisent les vins doux, les vins faibles étant peu chargés d'alcool et de beaucoup de ferment et d'eau, la fermentation acétique est promptement terminée; mais le vinaigre obtenu est plus ou moins faible et peu susceptible d'être livré au commerce. On remédie à ce défaut en ajoutant à ce vin de la mélasse, du sucre, du sirop de raisin, ou de l'eau-de-vie, dans des proportions convenables (1).

Du ferment.

Nous avons déjà exposé la théorie de la fermentation acétique, et nous avons fait connaître l'influence qu'exerçaient les fermens sur sa marche; ainsi, point d'acétification sans ferment : les meilleurs que l'on peut employer sont : 1° cette matière qui se forme dans les vinaigres, et qui est connue sous le nom de mère; 2° la levûre de bière; 3° le levain; 4° les jeunes pousses des vignes, ses feuilles, les grappes et le marc de raisin aigri, etc. (2).

_____

(1) L'expérience a démontré que si l'on expose à une température basse un sirop faible et sans addition de levûre, il n'y aura qu'une fermentation acétique. Pour que la vineuse ait lieu, il faut que les proportions de matière sucrée, d'eau et de levûre, soient convenables, ainsi que la température du local.

(2) M. Demachy, dans son *Art du Vinaigrier*, pag. 21, parle

Préparation du ferment.

Comme le ferment joue le principal rôle pour établir la fermentation, il est bon d'en faire connaître la préparation, lorsqu'on ne peut point se procurer celui qui provient de l'écume qui s'élève de la bière ou des liqueurs faites avec le malt.

---

d'une méthode secrète pour faire le vinaigre, laquelle consiste à mêler des excrémens au vin. Voici comme il décrit cette dégoûtante fabrication : « Il y a long-temps que les ordonnances de la marine proscrivent aux capitaines de vaisseaux de ne se mettre en mer qu'avec une provision considérable de vinaigre, afin de laver avec cet acide les ponts, entre-ponts et les chambres, au moins deux fois par semaine; et il est certain que, si cette ordonnance prouve que de tout temps on a regardé le vinaigre comme le plus grand antiputride; la négligence dans son exécution démontre bien que la cupidité ne connaît point de barrière, puisqu'on s'expose de gaîté de cœur au scorbut, aux maladies putrides, enfin à des épidémies dont Brest, entre autres, se souviendra long-temps. Cette ordonnance, supposant une consommation considérable de vinaigre, surtout pour la provision d'une flotte qu'on équipait dans la guerre de 1756, dans ce port de mer, les entrepreneurs imaginèrent de convertir les pièces de vin à vinaigre en autant de lieux d'aisance où les ouvriers eurent ordre d'aller se soulager. En cinq à six jours le vin fut converti en un vinaigre exquis, et dont la pénétration était singulière. On peut évaluer à peu près à douze livres de matière excrémentielle par barrique de trois cents pintes, ce qui donne six gros par pinte. J'ai goûté de ce vinaigre : il ne se ressentait en aucune manière de la substance qui avait contribué à la fermentation. J'en ai moi-même fait deux pintes, et je l'ai trouvé d'une force peu commune. Je ne rougis plus d'avouer qu'ayant entendu, pour la première fois, rapporter ce procédé dans un cours public, je fus un des premiers à le trouver ridicule, etc. »

Quoi qu'en dise M. Demachy, je ne vois pas ce que les excrémens peuvent céder au vin pour en faire un *vinaigre exquis.* Si les excrémens sont un très-bon ferment, ce que je veux bien admettre, puisque l'expérience l'a confirmé, ils n'en ont pas moins l'inconvénient de céder au vinaigre quelques-uns de leurs principes constituans, qui, malgré l'opinion de M. Demachy, ne peuvent qu'en altérer la bonté et le rendre même nuisible. Nous n'avons donc exposé ce dégoûtant procédé qu'afin d'en proscrire l'emploi, et nous ne pensons pas qu'aucun fabricant s'empresse de l'adopter. Il suffirait qu'une telle pratique fût connue pour voir son établissement discrédité.

On prend de la farine qu'on mêle avec deux pintes d'eau jusqu'à consistance sirupeuse. On fait bouillir pendant demi-heure, et, lorsque la matière est presque refroidie, on y ajoute demi-livre de sucre et quatre cuillerées de bon ferment. On expose le tout à une douce chaleur, dans un vase de terre à ouverture étroite. Quand la fermentation est terminée, l'on a pour produit un ferment propre à en préparer de plus grandes quantités, ou bien à être employé pour établir la fermentation.

Autre moyen.

Détrempez dans six pintes d'eau deux poignées de farine de froment et d'orge, faites évaporer au tiers; après le refroidissement, ajoutez-y un mélange de deux gros de sel de tartre et un gros de crème de tartre en poudre. Il suffit d'abandonner la liqueur à elle-même pour obtenir un très-bon ferment, qu'on doit cependant laver pour lui enlever sa saveur alcaline.

Gâteaux de ferment.

En Amérique, on prépare pour toute l'année des gâteaux de ferment. Voici le procédé qu'en a publié M. Colbert : Après avoir broyé trois onces de houblon, on le fait bouillir pendant demi-heure dans huit pintes d'eau; on coule et on y détrempe trois livres et demie de farine de riz. Lorsque ce mélange est refroidi à 25°, on y ajoute une pinte de bon ferment; le lendemain, la fermentation se trouvant établie, on y incorpore sept livres de farine de blé d'Inde. On bat cette pâte, et on en fait des gâteaux d'un pouce d'épaisseur, que l'on fait sécher au soleil avec soin, et on les conserve dans un endroit bien sec. Ces gâteaux servent à déterminer la fermentation : quand on les destine à la confection du pain, on emploie deux de ces gâteaux, ayant environ trois

(72)

pouces de diamètre et l'épaisseur ci-dessus indiquée.

M. Colin a publié un Mémoire fort intéressant sur la fermentation du sucre (1), d'après laquelle il paraîtrait que la présence de l'azote serait nécessaire et suffisante pour produire la fermentation spiritueuse. M. Colin est parvenu à la faire naître avec le gluten frais et bien lavé, avec le levain de pâte de farine, avec de la viande de bœuf fraîche, avec le blanc d'œuf, le fromage à *la pie* bien égoutté, l'urine humaine, la colle de poisson, la fibrine pure, le serum, le caillot et la matière colorante du sang, ainsi qu'avec l'osmazone. Ce chimiste a également examiné les levûres de bière et de raisin; il les a trouvées composées de parties solubles et de parties insolubles. Ce sont les premières dans lesquelles réside principalement la vertu fermentescible; au lieu que la matière insoluble convertit l'oxigène de l'air en acide carbonique. Les levains, dit-il, n'exigent pas le concours de l'oxigène pour faire entrer le sucre en fermentation alcoolique; mais si leur partie soluble est séparée de celle qui est insoluble, aucune de ces parties isolées ne peut plus exciter à la fermentation sans la présence de l'oxigène, la partie soluble agit alors avec vivacité et au bout de quelques heures, l'autre avec lenteur et tardivement. Dans un Mémoire que je lus en 1822, à l'Académie royale des Sciences, sur la fermentation vineuse, et qui se trouve inséré dans les Annales de l'Industrie pour 1823, je démontrai également, par plusieurs expériences, que la présence de l'air n'était pas nécessaire pour développer la fermentation alcoolique.

Des mères du vinaigre.

Les vinaigriers sont surpris d'avoir souvent des mères qu'ils appellent paresseuses, parce qu'elles suspendent tout-à-coup leurs fonctions. On a fait re-

_____

(1) *Annales de Chimie et de Physique*, tome XXVIII et XXX.

marquer que cela n'est pas très-étonnant d'après la facilité avec laquelle cette stagnation peut être provoquée par un courant d'air froid dirigé sur un tonneau par des portes entr'ouvertes ou mal jointes ; ou bien encore si la fermentation se trouve trop avancée, que le mouvement soit presque achevé, et que l'on mette du vin dont la température soit beaucoup moins élevée que celle de la mère. Il n'en faudra pas davantage pour ralentir et même anéantir la fermentation. Afin de prévenir ce désagrément, il faut continuellement observer la marche de l'acétification, éviter l'impression froide de l'air ambiant, et avoir du vin de quelques jours dans la vinaigrerie. lorsque l'on veut tirer du vinaigre, pour ne pas mettre dans la mère un liquide à une température moins élevée que celui qu'elle contient ; il faut encore veiller continuellement à ce que l'acitification ne se ralentisse pas.

La mère du vinaigre, que l'on regarde vulgairement comme susceptible de favoriser et de développer l'acétification, ne sert donc à cet usage que par le vinaigre dont elle est pénétrée, ainsi que l'a fait remarquer M. Berzélius ; et, comme il l'indique aussi, quand cette substance a été bien lavée elle 'a plus d'action sur le vin pour développer l'acétification ; il est donc utile de déterminer la quantité de vinaigre que renferme la mère dont on fait usage.

La théorie de l'acétification laisse encore beaucoup à désirer et, sans doute, lorsqu'elle sera mieux exposée, la fabrication du vinaigre deviendra plus rationnelle ; nous ajouterons aux détails qui précèdent, la plupart extraits d'un concours à la Société de pharmacie de Paris, l'opinion suivante des commissaires, qui, d'ailleurs, n'ont pas trouvé la question résolue.

« Ce n'est pas le ferment qui détermine l'acétification de l'alcool, c'est le ferment agissant sur des corps sucrés et produisant la fermentation alcoolique ; mais pour que cette action ait lieu avec avantage, il faut, ainsi que l'a entrevu l'auteur du Mémoire n° 5, que la fermentation alcoolique, devenue insensible

7

par l'épuisement de la plus grande partie des matières qui lui servaient d'alimens, soit ranimée par l'élévation de la température et par les autres circonstances favorables dont on l'entoure. »

M. Berzélius admet que l'alcool ne s'acidifie pas seul, quelque étendu qu'il soit ; qu'il a besoin, pour éprouver cette transformation, de la présence d'un ferment, que l'acide acétique lui-même peut servir de ferment ou de moteur à cette transformation, que la substance mucilagineuse, nommée *mère du vinaigre*, est impropre par elle-même à l'acétification de l'alcool, et n'agit que par l'acide acétique qu'elle contient.

Enfin, quoique l'alcool soit le corps qui serve principalement d'aliment à la fermentation acide, M. Berzélius reconnaît que plusieurs autres matières sont susceptibles de subir l'acétification sans fermentation alcoolique préalable ; telle est la gomme et tel est même le sucre qui, sous l'influence de certains principes, peut se convertir directement en acide acétique.

M. Berzélius établit, ainsi qu'il suit, la théorie du résultat final de l'acétification. Une liqueur alcoolique dans laquelle la fermentation vineuse est terminée, peut subir la fermentation acide en absorbant l'oxigène de l'air qui, se combinant avec l'alcool, donne l'acide acétique. — Voici la théorie de cette opération : l'alcool $= O^2$, C^4, H^6, l'acide acétique $= O^3$, C^4, H^6 ; il en résulte que lorsqu'un atome d'alcool a cédé tout son hydrogène à l'air pour former de l'eau, et qu'on joint ce qui reste à 1 atome d'alcool non décomposé, on a O^2, C^4, H^6 auquel il ne manque qu'un atome d'oxigène pour former de l'acide acétique. Cet atome d'oxigène est absorbé en même temps, et l'on a de l'acide acétique. Dans cette opération, on obtient donc 1 atome d'acide acétique et 3 d'eau, avec 2 atomes d'alcool et 4 atomes d'oxigène.

De l'air.

La présence de l'air est indispensable pour l'acétification ; ainsi, plus la liqueur se trouve en contact
avec lui, plus tôt elle sera terminée. Il est aisé de reconnaître en ceci combien il est utile de chasser le gaz
acide carbonique qui se produit et qui, à cause de sa
pesanteur plus forte que celle de l'air, forme une
couche épaisse au-dessus de la liqueur qui intercepte
son contact avec lui. D'après cela, l'insufflation de
l'air dans les barriques et l'agitation du liquide, pour
en soumettre toutes les parties à son action, est fort
utile ; il vaut mieux aussi ne remplir les barriques
qu'aux deux tiers afin que la surface de la liqueur soit
plus grande. Quant à l'insufflation de l'air, elle doit
s'opérer au moyen d'un fort soufflet de boucher, mais
non par la bonde, parce qu'on ne saurait chasser
ainsi qu'une partie de l'acide carbonique, à raison de
sa pesanteur. Il vaut beaucoup mieux pratiquer des
ouvertures latérales à la barrique, un peu au-dessus
du niveau de la liqueur et y introduire le canon du
soufflet. L'air exerçant ainsi une pression de bas en
haut sur l'acide carbonique, le refoule et le force de
s'échapper par la bonde et les autres ouvertures latérales.

Température.

Une température de 20 à 30 C° paraît être la plus
convenable pour la transformation de l'alcool en acide
acétique. Il ne faut pas cependant conclure avec
MM. Demachy, Fourcroy, etc., qu'au-dessus elle ne
s'établit pas : ici, l'expérience l'emporte sur la théorie ;
car, ainsi que je l'ai déjà dit, on obtient de très-bon
vinaigre dans toutes les caves du midi de la France,
de l'Espagne, de l'Italie, etc., où la température est
constamment de 10 degrés + 0,

CHAPITRE II.

DIVERS MODES DE FABRICATION DU VINAIGRE.

Méthode BOERHAAVE.

Ce médecin-chimiste conseille de mettre, dans un local convenablement disposé, deux cuves en bois de chêne, placées verticalement sur des supports qui aient environ un pied d'élévation au-dessus du sol ; à la distance d'un pied du fond de chacune on pose une grille en bois, sur laquelle on étend un lit de jeunes branches de vignes avec leurs feuilles, nouvellement coupées et peu pressées entre elles. On finit de les remplir avec des rafles, en ayant soin de laisser un pied de vide à la partie supérieure. Ces dispositions faites, on remplit de vin l'une de ces cuves en entier, et l'autre à moitié. Vers le deuxième ou le troisième jour, suivant la température du lieu et la qualité du moût, la fermentation commence à s'établir dans la cuve à moitié pleine ; quand elle est bien en train, ce qui a lieu dans environ vingt-quatre heures, on la remplit avec du vin de la cuve pleine, et chaque jour on remplit tour à tour celle qui est demeurée, par cette soustraction, à moitié pleine, avec une partie du vin de celle qui l'est entièrement. Par ce moyen, on transvase journellement la moitié du contenu d'une cuve dans l'autre, et l'on met ainsi la liqueur vineuse en plus grand contact avec l'air jusqu'à ce que l'acétification ait eu lieu. En été, en France, en Italie ou en Espagne, la fermentation acétique première dure environ quinze jours. Quand il fait très-chaud et que cette fermentation est bien établie, pour éviter la déperdition d'une partie de l'alcool, on couvre la cuve à moitié pleine avec un couvercle mobile de bois de chêne. Quand la tempéra-

'ture n'est pas bien élevée, ou que le vin est très-riche
en alcool, sa conversion en vinaigre est plus ou moins
longue. Glauber avait déjà recommandé le transvase-
ment du vin d'une cuve dans l'autre; mais, il voulait
qu'il n'eût lieu que lorsque l'on sentait que le marc
s'était suffisamment échauffé dans la cuve à moitié
pleine.

Méthode flamande.

Cette méthode est, à proprement parler, celle que
Glauber (1) a proposée : elle diffère bien peu de celle
de Boerhaave, ainsi que l'on va en juger. On dispose,
sur des supports d'un pied et demi au-dessus du sol,
des barriques d'environ un muid de contenance chacune, dans lesquelles on place un double fond vo-
lant, au tiers de la hauteur des barriques. Sur ce
double fond, qui est percé d'un grand nombre de
trous, on met du marc et des lies de raisin, des plantes
âcres, telles que le raifort, la moutarde, la ro-
quette, etc.; on remplit ensuite ces tonneaux de vin.
Le lendemain, on le soutire, au moyen d'un robinet
placé à la partie inférieure du tonneau, dans une futaille vide, et on le verse de nouveau dans celle qui
est destinée à l'acétification : on répète cette opération deux fois par jour, jusqu'à ce que le vin soit
louche et bien acidifié; on le transvase alors dans un
autre tonneau pour le laisser déposer. Pour hâter sa
clarification, on y introduit des *râpés* (c'est ainsi
qu'on nomme les larges copeaux de hêtre) qui accé-
lèrent la fermentation et favorisent la séparation des
lies. Les vinaigriers donnent la préférence aux copeaux qui ont déjà été employés à clarifier le vin (2),

(1) *Opera chimica*, tom. I.

(2) Les marchands de cidre et de vin, ainsi que ceux d'eau-de-
vie en détail, clarifient ces liqueurs avec les copeaux de bois de
hêtre: nous nous bornerons à dire qu'en suivant cette méthode,
ces boissons acquièrent un goût de fût.

et surtout à ceux dont on a fait ce même emploi pour le vinaigre. Cette préférence n'est pas indifférente : ces *râpés* se trouvent imprégnés de vin ou d'alcool, unis au tartre ou à d'autres substances fermentescibles ; ils contribuent donc à favoriser l'acidification du vin, et, par suite, à la clarification du vinaigre : c'est, pour ainsi dire, un nouveau ferment qu'on y ajoute.

Méthode orléanaise.

Personne n'ignore que le vinaigre d'Orléans jouit, dans tout le nord de la France, d'une réputation méritée. Il était naturel de penser que ces fabricans possédaient un moyen de préparation supérieur à ceux des autres provinces de la France, et que ce moyen était un secret local. La théorie que nous avons exposée des fermentations vineuse et acétique, ainsi que la connaissance des principes constituans des moûts, des vins et du vinaigre, nous dispensent d'y croire. En effet, la bonté des vinaigres d'Orléans repose sur le bon choix des vins.

Nous avons déjà dit qu'ordinairement les fabricans de vinaigre achetaient, pour cette fabrication, les vins gâtés, parce qu'ils les obtenaient à plus bas prix. Ceux d'Orléans donnent la préférence aux bons vins ; il rejettent les vins montés ou soufrés, choisissent les plus clairs, et, lorsqu'ils ne le sont point suffisamment, ils en opèrent la clarification au moyen des râpés. Leur atelier est aussi des plus simples ; il se borne : 1º à un vaste cellier, dans lequel on dispose deux rangs de tonneaux dits à vinaigre, lesquels doivent être très-solides, bien cerclés en fer, et avoir au lieu de bondon, une ouverture d'un pouce et demi de diamètre sur celui des fonds qui doit être placé en haut ; 2º à quelques brocs très-légers, contenant environ dix pintes chacun. Lorsqu'on se propose d'établir une fabrique de vinaigre à Orléans, on commence par s'en procurer de très-bon ; on en remplit à moitié ces futailles, on y ajoute un broc de bon vin à chacune. Au bout de huit jours on rafraîchit le vinaigre, c'est-à-dire qu'on y ajoute dix autres pintes de vin, et l'on continue de même, tous les huit jours, jusqu'à ce que le tonneau soit presque entièrement plein. Il est bon de faire observer que, si l'on opère pendant les grandes chaleurs de l'été, on peut ajouter chaque fois deux brocs de vin, et que l'ouverture pratiquée au fond supérieur doit rester toujours ouverte, afin que l'accès de l'air y soit constant. Dès que tout le vin est ainsi acétifié, on soutire la moitié du vinaigre des barriques au moyen d'une trompe, et l'on recommence l'opération avec d'autre vin. Il est aisé de voir que cette méthode est extrêmement simple. Nous pensons qu'elle serait susceptible de quelques améliorations qui accéléreraient la conversion du vin en vinaigre. La première consiste à agrandir l'ouverture du fond et à la rendre deux fois plus grande ; la seconde , à pousser de l'air dans les tonneaux, au moyen d'un bon soufflet et par cette ouverture. L'on n'ignore point , ainsi que M. de Saussure l'a démontré , qu'il se forme pendant l'acétification une quantité d'acide carbonique égale à celle de l'oxigène de l'air absorbé : or , comme ce gaz acide est beaucoup plus pesant que l'air, il forme une atmosphère plus dense à la surface de la liqueur qui intercepte le contact de l'air et retarde par conséquent l'opération. Il est aisé de voir qu'en injectant de l'air dans le tonneau et l'y comprimant, on doit opérer le dégagement de ce même acide carbonique. Comme cette pratique n'offre rien de difficile ni de dispendieux, nous la recommandons à MM. les vinaigriers.

Vinaigre de ménage.

Nous avons déjà dit que la nature avait fait tous les premiers frais de la fabrication du vinaigre; car, outre que le vin mal bouché ou peu soigneusement conservé se convertit en vinaigre, l'on voit le marc de raisin, qui est à la partie supérieure des cuves en fermentation non couvertes, totalement acidifié. Le vinaigre qu'on en extrait par la presse sert aux besoins domestiques. Outre cela, les agriculteurs, les propriétaires des vignes, ainsi que tous ceux qui ont des caves, ont plusieurs barils d'environ quatre-vingts à cent litres, dans lesquels ils déposent les vins des lies qu'ils ont bien laissé déposer ; ils y ajoutent les restes des vins des bouteilles, celles qui ont tourné à l'aigre, en un mot tous les vins impropres à la boisson. Ils n'observent sur ce point aucune règle ; ils soutirent du vinaigre toutes les fois qu'ils en ont besoin, et, quoique leurs caves soient constamment à + 10°, le vinaigre ainsi obtenu est très-fort ; c'est le seul, avec celui du marc de raisin aigri, dont nous avons déjà parlé, dont on se serve en Espagne et dans tout le midi de la France, où il n'existe aucune fabrique de vinaigre. La raison en est simple ; on obtient ainsi du vinaigre plus qu'il n'en faut pour la consommation locale, puisqu'on en exporte dans les départemens voisins, surtout de celui de Narbonne et du Roussillon. D'ailleurs, on trouve beaucoup plus de profit à distiller les mauvais vins pour en extraire l'alcool que de les convertir en vinaigre, attendu que le prix en est bien inférieur à celui du vin, et par conséquent à celui de l'eau-de-vie. Dans certains ménages, on trouve des barils de vinaigre qui sont ainsi rafraîchis annuellement par un peu de vin, et qui ont vu plusieurs générations. Ces vinaigres ont perdu une grande partie de leur principe colorant, et sont devenus très-odorans et très-forts.

Méthode du Nord.

Le procédé suivi dans plusieurs villes du Nord est très-simple ; il consiste à faire construire des tonneaux longs dont la circonférence décroît jusqu'à chacune des extrémités, lesquelles forment une espèce de cône tronqué (1). Ces tonneaux ont une capacité qui est

---

(1) On donne à ces tonneaux le nom de flûtes.

depuis soixante jusqu'à cent pintes. On les place sur
deux poutres parallèles, qui sont unies ensemble par
de fortes traverses, et sont creusées de manière à décrire un quart de cercle (1). On place une de ces barriques sur chacun de ses appareils ; on la remplit aux
trois quarts avec deux parties du vin et une de vinaigre (2) ; on bouche la barrique, on la tire devers soi
de manière à la porter à l'une des extrémités de l'appareil, on la lâche avec force, et soudain elle roule
d'une extrémité à l'autre, et finit par se fixer à l'endroit le plus bas ; on la reprend ainsi plusieurs fois de
suite, et l'on répète cette opération trois ou quatre
fois chaque vingt-qautre heures, pendant cinq à six
jours. Au bout de ce temps, on laisse les flûtes en repos
pendant autant de temps, et l'on en extrait les deux
tiers du vinaigre, que l'on conserve dans de petits
barils.

Non-seulement nous ne partageons point l'opinion
de M. Demachy (3), qui pense que le mouvement seul
suffit pour convertir le vin en vinaigre, mais nous
croyons qu'il serait très-avantageux, avant de rouler
les tonneaux, de chasser l'acide carbonique qui recouvre la liqueur, en y injectant de l'air, ainsi que nous
l'avons déjà recommandé. Personne n'ignore qu'en
agitant fortement un vase, aux trois quarts plein d'un
liquide, on favorise le dégagement du gaz que peut
contenir ce liquide et celui de l'air contenu dans le vase, ainsi qu'on en a une preuve en débouchant ce vase,
et quelquefois par la force avec laquelle sa force expan-
sible chasse le bouchon ; c'est précisément ce qui arrive lorsqu'on roule la barrique aux trois quarts pleine.
Aussitôt qu'on enlève le bouchon, une partie de l'a-
cide carbonique sort avec force et est soudain remplacée par une égale quantité d'air.

(1) Cette espèce d'appareil a de six à huit pieds de longueur.
(2) Bien des gens y ajoutent des substances stimulantes, etc.
(3) *Art du Vinaigrier*, pag. 15.

Méthode espagnole.

En Espagne, comme dans le midi de la France, on extrait le vinaigre du marc de raisin acidifié, ou bien on réunit, dans les barils contenant du vinaigre, les restes des vins détériorés. Dans les ménages, on soutire le vinaigre des barils au fur et à mesure qu'on en a besoin, et l'on verse dans le baril une égale quantité d'eau chaude avec des poivrons, du poivre et autres ingrédiens stimulans qui donnent du piquant à ce vinaigre, quoiqu'il soit d'ailleurs très-affaibli.

Méthode parisienne.

La manière de fabriquer le vinaigre à Paris était une des plus défectueuses, attendu que les vinaigriers, au lieu d'employer de bons vins pour cette fabrication, n'achetaient que les plus détériorés ou les plus inférieurs, à cause du bas prix auquel ils les obtenaient. On employait des barriques à double fond, telles que nous les avons indiquées pour la méthode flamande ; sur ce double fond on mettait des substances âcres, et l'on y versait principalement du vin des lies. Aussitôt que le vin devenait trouble, les vinaigriers y ajoutaient une quantité de *pain des vinaigriers* (1) relative à la saveur plus ou moins forte du vinaigre. Quand la liqueur était bien éclaircie, ils soutiraient le vinaigre.

Depuis que la culture de la vigne s'est beaucoup propagée en France, et que l'on s'est attaché à fabriquer du vinaigre de bois, la préparation du vinaigre à Paris a considérablement diminué ; on n'y débite

(1) Le pain des vinaigriers est formé par le piment, le poivre-long, le blanc, la cubèbe et le gingembre; la dose était depuis une demi-once jusqu'à une once par pinte. Comme le vinaigre était très-sujet à s'altérer, on le débitait promptement. Il est aisé de voir que cet acide, ainsi préparé, doit nécessairement être très-irritant, échauffant, etc. En Allemagne on emploie aussi le pain des vinaigriers.

guère que celui qu'on y importe d'Orléans ou du Midi, ainsi que celui qui provient des fabriques d'acide pyroligneux.

Nous devons faire observer que le vinaigre produit par le vin des lies, quand il n'est pas concentré, est très-sujet à s'altérer ; cela est si vrai, que le dépôt qu'il forme dans les tonneaux qui servent à sa fabrication acquiert bientôt une si mauvaise odeur, que la police avait prescrit aux vinaigriers de ne les nettoyer que la nuit, et en employant une grande quantité d'eau.

Le procédé pour extraire le vin des lies consiste à les mettre dans des sacs, à les laisser écouler, et à les exposer à la compression graduée d'un pressoir ; on met ensuite ce vin dans un vase, et on le décante lorsqu'il s'est éclairci.

Méthode française perfectionnée.

Nous venons d'exposer les principaux procédés suivis pour la fabrication du vinaigre ; nous allons maintenant faire connaître les perfectionnemens dont nous les croyons susceptibles, en proposant une nouvelle méthode qui offre ce que chacune des autres peut avoir d'avantageux.

On doit choisir d'abord un vaste local, bien abrité, où l'on puisse loger commodément un grand nombre de barriques, lesquelles doivent être grandes et munies d'une bonde d'environ un pouce et demi de diamètre ; elles doivent être placées sur des poutres disposées comme dans la méthode du Nord, sans avoir besoin cependant que ces barriques soient plus longues que celles que l'on construit ordinairement (1). On les arrange séparément sur chacun des appareils, et on y introduit le quart de leur contenance de bon vinaigre (2) et autant de vin ; on bouche la bonde, au

(1) Il faut autant que possible employer des futailles qui aient déjà servi à contenir du vin ou de l'eau-de-vie.
(2) Si l'on veut acidifier du vin, et qu'on soit dépourvu de

moyen de son bondon, et on roule plusieurs fois par
jour la barrique en la poussant vers l'une des extrémités de l'appareil, que nous appellerons de repos, et on
la laisse retomber. Il faut avoir soin, chaque fois
qu'on fait cette opération, d'injecter auparavant de
l'air dans les barriques, par des ouvertures latérales,
comme nous l'avons déjà recommandé. Deux jours
après qu'elle est commencée, on y ajoute un broc de
vin, et l'on continue journellement cette addition
jusqu'à ce que les barriques soient aux quatre cin-
quièmes pleines; ce qui a lieu vers le huitième jour.
On laisse alors éclaircir la liqueur, et l'on soutire les
deux tiers du vinaigre, que l'on conserve dans de
petits barils. On ajoute alors d'autres petites parties
de vin dans les barriques, que nous désignerons par
le nom de mères, et l'on continue cette opération de
la même manière que nous l'avons exposé ci-dessus.
En général, il vaut mieux ne soutirer le vinaigre
que quelques jours plus tard, parce qu'il est alors
plus dépouillé de matières étrangères et beaucoup plus
fort.

*Procédé pour préparer en grand, d'une manière
économique, du fort vinaigre en quarante-
huit heures, par M. DINGLER.*

On prend de l'eau-de-vie à 18 ou 19° de Cartier
(preuve de Hollande); on a un atelier garni de tonneaux placés sur fond, d'une contenance de 5 à 6 hec-
tolitres, que l'on remplit de copeaux de bois de hêtre
préparé au vinaigre. Le matin de bonne heure on chauffe l'atelier jusqu'à 30 ou 32 R., ou de 37 à 40 C°; on verse alors dans chaque tonneau, au moyen d'un arrosoir garni de son pommeau, un mélange d'un litre de

vinaigre, pour commencer l'opération, on ne doit remplir la barrique de vin qu'à demi, et y ajouter un peu de levûre de bière ou
tout autre ferment ; on n'y doit verser de nouveau vin qu'à dater
du quatrième jour.

ferment, autant d'eau-de-vie, et dix-huit litres d'eau
à environ 25 C°. On ferme aussitôt le tonneau avec son
couvercle, et quand la température de l'atelier est
tombée à 26 R, on doit la reporter à 30 R, et l'y main-
tenir.

Le soir, c'est-à-dire douze heures après, on soutire le
liquide qui s'est rassemblé au fond des tonneaux ; on
l'y verse de nouveau au moyen de l'arrosoir précité
et l'on couvre les tonneaux. Le lendemain matin, après
avoir porté la température de l'atelier de 30 à 32 R,
on arrose les copeaux d'un nouveau mélange d'un
litre et demi d'eau-de-vie et d'autant de ferment ; on
soutire le liquide qui s'est réuni au fond, et on le
verse sur les copeaux au moyen de l'arrosoir. Le soir,
on renouvelle le soutirage et l'arrosage, et le lendemain matin, le vinaigre est tout formé ; on le soutire
et l'on recommence ainsi successivement de nouvelles
acétifications. L'admission de l'air dans le tonneau a
lieu au moyen d'une petite ouverture pratiquée dans
la bonde du tonneau, qui se trouve par conséquent
au milieu de sa hauteur.

Cet atelier doit être voûté, ou au moins bien cré-
pi, afin d'éviter les pertes du calorique. On peut le
chauffer au moyen d'un poêle placé dans son intérieur.
Les copeaux de hêtre doivent être pris d'un arbre
sain, et de préférence du hêtre rouge, réduit en bu-
ches d'environ deux pieds, qu'on fait bouillir pendant
deux heures dans l'eau, et infuser ensuite vingt-quatre heures dans ce liquide, afin de lessiver ce bois et
de le rendre plus facile à être réduit en copeaux minces, au moyen du rabot. Pour acétifier les copeaux,
on les tasse fortement, sans les fouler, dans les tonneaux ; on les arrose ensuite (chaque tonneau) avec
douze litres de bon vinaigre, au moyen de l'arrosoir
muni de son pommeau ; on met les couvercles et l'on
chauffe l'atelier à 30 ou 34 R. Quand la température
est tombée à 26, on le rapporte au degré précédent ;
au bout de douze heures, on soutire le liquide, on en
arrose les copeaux, et on répète ce travail 4 fois en
48 heures ; au bout de ce temps, les copeaux ont

8

absorbé presque tout le vinaigre, et se trouvent au point désiré. Si le vinaigre employé n'est pas assez fort, il arrive qu'au bout de vingt-quatre heures le liquide qu'on soutire n'est presque pas acide ; il faut alors le remplacer par de nouveau vinaigre. Pour abréger l'opération, on peut avant de les y soumettre, faire bouillir les copeaux dans du bon vinaigre.

Les copeaux, ainsi préparés, peuvent servir pendant trois ans à fabriquer du vinaigre sans avoir besoin de les sortir des tonneaux.

Il n'est besoin d'aucune addition de levûre de bière pour exciter la fermentation ; cette levûre peut bien à la vérité, la rendre plus active la première fois qu'on l'emploie, mais ensuite, elle deviendrait tout-à-fait nuisible.

CHAPITRE III.

VINAIGRES SANS VIN.

Vinaigre d'eau-de-vie.

On a long-temps révoqué en doute si l'alcool existait tout formé dans le vin, ou s'il était le produit de la distillation. Cette question, qui est maintenant résolue affirmativement, n'avait point été mise en doute par divers chimistes du moyen âge. En effet, Venel, Stahl, Spielman, etc., attribuèrent la formation du vinaigre à la décomposition de l'alcool du vin; aussi ce dernier, ainsi que Cartheuser, etc., a-t-il conseillé d'ajouter de l'eau-de-vie au vin pour obtenir un acide plus fort. Venel même a été plus loin ; il a reconnu le premier la formation de l'éther dans l'acétification du vin. On sent, dit-il, l'éther bien distinctement dans les endroits où l'on fait le vinaigre;

ainsi, dans cette opération, on fait véritablement de l'éther. Demachy, Struve, Bertrand, semblent croire qu'il ne fait qu'y contribuer conjointement avec le tartre ; c'est une erreur sur laquelle il nous sera facile de prononcer. La présence du tartre n'est nullement utile pour convertir le vin en vinaigre ; nous en avons une preuve par la conversion de l'alcool, de la bière, etc., en vinaigre ; et, si le vinaigre de bière n'est pas aussi fort que celui de vin, ce n'est point à l'absence du tartre qu'on doit l'attribuer, mais bien à ce que la bière est très-chargée d'acide carbonique et peu riche en alcool.

Ainsi, puisqu'il est bien démontré que c'est à la décomposition de l'alcool qu'est due la formation du vinaigre, il est donc bien évident que les vinaigriers devront rechercher les vins qui en sont le plus chargés. C'est pour cela que nous avons donné le tableau qu'ont dressé MM. Brande et Julia de Fontenelle des quantités d'alcool que contiennent la plupart des vins connus.

Vinaigre d'eau-de-vie d'Allemagne.

M. Mitscherlich a fait connaître que, dans beaucoup de villes d'Allemagne, on fabrique le vinaigre de la manière suivante :

Alcool à 54 centésimes. . . 1 partie
Eau. . . . . 9 id.

Ferment ou extrait de pommes de terre, dont la petite quantité est loin de pouvoir représenter l'acide acétique produit. On mêle et l'on fait couler lentement la liqueur, au moyen d'une corde de chanvre, dans des tonneaux fermés, et munis de tubes au moyen desquels on y entretient un courant d'air non interrompu. L'absorption de l'oxigène est ainsi tellement accélérée que la température s'élève rapidement de 10 à 30°; mais on la fixe à 20°, pour que l'opération réussisse mieux, en fermant une partie des tubes conducteurs de l'air.

Le vinaigre d'eau-de-vie est très-dur; quand on le

fabrique, on ajoute du sucre à la liqueur. Le sucre,
il est vrai, contient un mucilage qui dispose cet acide à
une putréfaction dont l'alcool non acétifié le garantit.

M. Colin-Mackensie (1) s'est livré à un travail
suivi sur cet objet : nous allons le faire connaître.

1° Sucre, alcool, eau et ferment.

Dix onces de sucre, autant d'alcool, cent quarante-
quatre d'eau, et une once et demie de ferment, entrent en fermentation le même jour; elle se termine
le douzième. Quatre onces du vinaigre qui en est le
produit saturent un gros de potasse (2).

2° Sucre, eau, alcool et ferment.

Dix onces de sucre, cinq d'alcool, soixante-
douze d'eau et six gros de ferment, entrent en fermentation le second jour et continuent pendant huit autres.
Une pinte de ce vinaigre donne dix gros d'alcool faible à la distillation.

Comme cette formation du vinaigre par l'alcool se
rattache intimement à celle du sucre, ou pour mieux
dire qu'elle en est dépendante, nous croyons ne pas
devoir les séparer.

Vinaigre de sucre.

1° Sucre, eau et ferment.

Si l'on prend dix onces de sucre, soixante et dix
d'eau et deux onces de ferment, et qu'on les unisse,
on voit la fermentation s'établir au bout de cinq à
six heures; elle continue pendant douze jours. Quatre
onces de ce vinaigre saturent un gros de potasse. Le

---

(1) One thousand experiments in chemistry.
(2) On reconnaît la force des vinaigres par la quantité de potasse ou de soude qu'ils saturent, comme nous le démontrerons
ailleurs.

docteur Ure assure qu'on peut faire un très-bon vinaigre avec une livre de sucre sur trois pintes d'eau.

2° Sucre en excès.

Au lieu des proportions précédentes, si l'on prend
quinze onces de sucre, soixante et dix d'eau et six
gros de ferment, la fermentation se développe le
jour même, et quatre onces du vinaigre obtenu saturent deux gros de potasse. Cet acide contient un huitième de sucre non acétifié.

3° Sucre en excès de ferment.

Ajoutez aux proportions de sucre et d'eau ci-dessus
indiquées, dix gros de ferment; la fermentation s'établit le premier jour, dure pendant dix autres, et
quatre onces de ce vinaigre saturent deux gros de potasse. Cette acide contient encore un seizième de sucre
non converti en acide acétique.

4° Proportion pour faire un bon vinaigre.

Une livre de sucre, une once de ferment et sept
livres d'eau; la fermentation dure douze jours, et le
vinaigre est très-fort, très-agréable, et se trouve sans
excès de sucre. Quatre onces saturent trois gros de
potasse.

5° Proportion pour faire un bon vinaigre avec le sucre et l'alcool.

Quatre onces de sucre, trois d'alcool, vingt-huit
d'eau et demi-once de ferment, donnent, après dix-
huit jours, un vinaigre dont quatre onces saturent
deux gros de potasse. Par la distillation, on en retire
environ la moitié de l'alcool employé, dont on doit
par conséquent diminuer les proportions. Les expériences auxquelles je me suis livré m'ont démontré que
l'alcool ne devait pas excéder le tiers du sucre em-

ployé. D'après les considérations que nous ferons connaître plus bas, voici les proportions que nous avons gardées :

Sucre.	6 livres.
Alcool.	2
Ferment.	» 12 onces.
Eau à 30 c°.	28

Ce vinaigre ne donnait que des traces d'alcool, et saturait deux gros et demi de potasse.

Vinaigre de sucre de M. Cadet-Gassicourt.

Ce chimiste conseille de faire fermenter ensemble 124 parties de sucre , 868 d'eau et 80 de levûre de bière ou de levain de boulanger , et de filtrer au bout d'un mois. M. Cadet assure que les vinaigres de première qualité , que les marchands vendent à des prix élevés, ne sont autre chose que des vinaigres ordinaires auxquels ils ont ajouté plus ou moins d'acide acétique et de l'alcool.

Lorsqu'on veut convertir en qualité supérieure le vinaigre d'Orléans , on doit y ajouter de 35 à 36 grammes (une once un gros) d'acide acétique , et 16 grammes (demi-once) d'alcool , par kilogramme.

Autre de M. Cadet-Gassicourt.

Sucre.	245
Gomme	61
Eau.	2145
Levûre, à la temp. de 20°	20

La fermentation commence le jour même , se termine dans environ 15 jours et donne un vinaigre très-fort, d'où l'alcool précipite 30,5 de gomme.

Autre du même.

Sucre. 3o6
Mucilage 12,25
Eau. 2145
Ferment. . . . de 20 à 22

Au bout de 22 jours la fermentation est terminée et l'on obtient un vinaigre très-fort.

Vinaigre d'amidon.

Si l'on prend sept onces de farine, et qu'après en avoir formé, par la coction, une bouillie claire avec cinquante-six onces d'eau, on y ajoute demi-once de levûre de bière, la quantité de vinaigre qui est produite, au bout d'un jour, peut saturer une once un gros de potasse.

Si l'on substitue l'amidon à la farine et qu'on laisse la liqueur fermenter pendant trente-cinq jours, le vinaigre qui en résulte peut saturer onze gros de potasse (1).

Il est cependant un autre procédé plus avantageux pour cette fabrication; l'on sait que l'on parvient à convertir l'amidon en matière sucrée, en en faisant bouillir deux kilogrammes avec huit kilogrammes d'eau aiguisée de 40 grammes d'acide sulfurique à 66°. On entretient l'ébullition pendant trente-six heures, dans une bassine de plomb ou d'argent, en agitant le mélange avec une spatule de bois, pendant la première heure de l'ébullition, après quoi on ne le remue que de temps en temps. L'on doit ajouter de l'eau chaude au fur et à mesure qu'elle s'évapore. Lorsque la liqueur a bouilli pendant quelques heures, on y mêle du marbre en poudre et du charbon; on clari-

(1) L'amidon délayé dans l'eau, a ec la levûre de bière, produit aussi à la longue du vinaigre qui, à la vérité, n'est pas très-fort.

fte ensuite au blanc d'œuf, et l'on passe à travers une
étamine en laine; on concentre la liqueur jusqu'à ce
qu'elle ait acquis une consistance presque sirupeuse,
et on la laisse refroidir lentement ; quand elle a dépo-
sé tout le sulfate de chaux possible , on passe de nouveau à la chausse , et l'on concentre plus ou moins le
sirop par l'évaporation, suivant que l'on veut obtenir
du sucre ou du sirop. Ce procédé est dû à M. Kirchoff.
M. de Saussure a fait connaître que 100 parties d'amidon, ainsi traitées, donnaient 110 de sucre d'amidon,
qui est un peu analogue à celui de raisin (1). Dans
cette opération l'air ne joue aucun rôle, et l'acide sulfurique n'est pas décomposé. M. de Saussure pense
que le sucre d'amidon n'est qu'une combinaison d'a-
midon avec l'hydrogène et l'oxigène, dans les proportions nécessaires pour faire de l'eau (2).

On peut, avec le sucre, faire de bon vinaigre en
suivant les procédés et les proportions que nous avons
donnés pour le sucre de cannes ; si l'on emploie le
sirop de ce sucre, on en mettra trois parties au lieu
de deux de sucre de cannes. Il est bon de faire observer que cette fermentation s'établit promptement,
et que le vinaigre n'a aucun mauvais goût.

On obtient également d'acide acétique et d'alcool
dans le cas suivant. On n'ignore point que lorsqu'on
veut extraire l'amidon des céréales, il faut commencer par décomposer le gluten par la fermentation.
Pour cela, après avoir séparé le son de la farine, on
le met dans de grandes cuves, avec suffisante quantité
d'eau unie à un peu d'eau sûre. Il s'opère bientôt une

(1) Le docteur Tuthill a retiré d'une livre d'amidon de pommes-
de-terre, ainsi traitées, une livre et un quart de sucre cristallisé
brunâtre, jouissant de propriétés intermédiaires entre ceux de
cannes et de raisin. Vid. la Chimie agricole de Davy, tom. I.
M. Volker a employé les pommes-de-terre à la fabrication du
vinaigre ; 100 livres lui ont donné 25 livres de sirop, avec lequel
on peut préparer un vinaigre aussi bon et moins cher que celui
de grains.

(2) Bibliothèque Britannique, Sciences et Arts, tom. LVI.

espèce de fermentation ; la plus grande partie du gluten est décomposée dans l'espace de quinze jours à
un mois, suivant que la température est plus ou
moins élevée. Après ce temps on enlève une couche
de moisissure qui recouvre une liqueur trouble et
gluante, qui est connue des amidonniers sous le nom
de *première eau sûre* ou *eau grasse*. Cette liqueur est
composée, d'après M. Vauquelin, d'eau, de vinaigre,
d'alcool, d'acétate d'ammoniaque, de phosphate de
chaux et de gluten. Le dépôt est l'amidon, qu'on lave
à grandes eaux.

On peut employer également, pour convertir en
sucre et par suite en vinaigre, l'amidon de blé, celui
d'orge, de pommes-de-terre, de bryone, etc.

Vinaigre de sucre ou de sirop de raisin.

Le sucre ou le sirop de raisin sont susceptibles de
donner, par la fermentation, un excellent vinaigre ;
les proportions qui m'ont le mieux réussi sont

Sucre de raisin.	8 livres.	
Alcool. . . .	3	8 onces.
Ferment. . . .	»	12
Eau. . . .	30	

La fermentation de ce mélange s'établit plus vite
que celui avec le sucre de cannes, et le vinaigre obtenu sature, sur quatre onces, deux gros et demi de
potasse.

Si l'on substitue le sirop de raisin, cuit à la consistance ordinaire, au sucre de ce même fruit, on emploiera vingt-cinq onces de sirop par livre de sucre.

Vinaigre de miel.

Le miel étendu d'une certaine quantité d'eau, et
soumis à la fermentation, avec l'addition d'un peu de
levûre, donne une liqueur vineuse très-agréable, connue sous le nom d'hydromel. Cette boisson, exposée

au contact de l'air, s'acidifie promptement. Lorsqu'on veut préparer le vinaigre de miel, on prend

Miel en consistance solide. 10 kilog.
Alcool. 3
Eau. 30
Ferment. . . . . . . »   4 hectog.

La fermentation s'établit d'abord ; il se produit de l'hydromel qui subit aussitôt la fermentation acétique, laquelle a lieu même sans le secours d'un ferment étranger; mais elle est beaucoup plus longue. Le vinaigre de miel, quelque temps après qu'il est fait, devient très-fort, et conserve toujours le goût de cette substance.

On peut également faire du vinaigre avec toutes les substances sucrées. J'en ai préparé de très-bon avec les sirops de poires et de coings, le suc des mûres, celui des carottes, etc.

Vinaigre de mélasse.

Il est bien reconnu que la mélasse ne saurait fermenter sans l'addition d'un ferment et d'une plus grande quantité d'eau. En conséquence, si l'on prend

Mélasse. . . . . 6 kilogr.
Eau. 18
Levûre de bière. . . »   2 hect.

et qu'on expose ce mélange à une température d'environ 25°, la fermentation alcoolique ne tarde pas à s'établir. Si on l'arrête au bout de sept à huit jours et qu'on distille la liqueur vineuse, on en obtient une eau-de-vie connue sous le nom de rhum. Si l'on abandonne au contraire cette liqueur à elle-même et avec le contact de l'air, elle ne tarde pas à se convertir en très-bon vinaigre.

Il est bon de faire observer que si l'on met un peu trop de mélasse, la liqueur alcoolique est très-longue à s'acidifier; elle se comporte alors comme les vins liquoreux. On peut remédier à cet inconvénient en y ajoutant du ferment et un peu d'eau chaude.

Dans les vins faibles ou les liqueurs vineuses peu chargées de matières sucrées, on peut les rendre propres à produire de bons vinaigres en y ajoutant depuis deux jusqu'à cinq livres de mélasse pour cent.

Vinaigre de bière.

On peut appliquer au vinaigre de bière ce que nous avons dit du vinaigre de vin, avec cette différence que la bière, par son exposition à l'air, se dépouille bien vite de son acide carbonique et ne tarde pas à s'acidifier. Cependant, pour que cette acidification soit plus prompte, on y ajoute un peu de levûre. Ce vinaigre est très-faible et d'un goût peu agréable. On peut le rendre beaucoup plus fort en ajoutant à la liqueur qui s'acétifie, trois centièmes de mélasse, ou bien quatre d'alcool à 25. A Gand, on fait du bon vinaigre de bière avec 920 kil. d'orge malté, 342 de froment, 245 de blé sarrasin; après les avoir réduits en farine, on les fait bouillir pendant trois heures dans vingt-sept tonneaux d'eau de rivière, et l'on en obtient dix-huit de bonne bière pour vinaigre; par une autre décoction, il se produit un liquide qui fermente plus facilement, et que l'on mêle au premier. Le brassin total produit environ 2800 litres.

Vinaigre de cidre.

Personne n'ignore que le cidre est un vin mousseux que l'on prépare en faisant fermenter le suc des pommes écrasées sous une forte meule. Ce suc de pommes est plus ou moins riche en matière sucrée, suivant la qualité et la maturité des pommes, ainsi que suivant les contrées, les saisons, les sites et les terroirs. Le cidre obtenu varie en principes alcooliques suivant ces circonstances. En France, M. Dubuc aîné s'est occupé de cette fabrication : il a divisé les pommes qu'on y destine en trois classes.

Pommes précoces, dites de première fleur.

M. Dubuc range dans cette classe les pommes tendres ou hâtives, connues dans la haute Normandie sous les noms de *pomme d'orange* (1), de *doux-livesq*, de *beurré*, de *girard*, de *blanc-mollet*, de *gros-bois*, etc. On les récolte généralement vers la mi-septembre. Le suc qu'elles donnent ne marque que de 4 à 5 degrés; il est très-acidule, fermente bien, se clarifie, se conserve peu de temps, et ne donne qu'un quinzième de son volume d'eau-de-vie.

SECONDE CLASSE.

Pommes intermédiaires, dites de seconde fleur.

Ces pommes ne se cueillent que vers le milieu d'octobre; elles sont désignées sous les noms de *rouge-brière*, *fresquin-blanc*, *douce-morelle*, *gros-bois*, *doux-rellé*, *saint-philbert*, *blangy*, etc. On ne brasse qu'un mois après la cueillette. Le moût moins acidule que celui des précédentes, et marque environ 7 degrés. Le cidre qu'il donne est très-agréable au goût, se conserve jusqu'à trois ans, et donne près d'un dixième en volume d'eau-de-vie.

TROISIÈME CLASSE.

Pommes tardives, dites de troisième fleur.

Ces pommes sont les plus estimées pour cette opération; on les désigne collectivement sous les noms de pommes dures ou tardives. Cette classe comprend

(1) Sa couleur est d'un beau jaune rougeâtre.

les pommes de *peau-de-vache*, la *rouge-dure*, la *bé-dane*, la *marieconfrie* ou de *roquet*, de *long-bois*, de *bouteille*, la *germanie*, etc. On ne les cueille que vers la fin de novembre, après qu'elles ont éprouvé les premières gelées blanches. On les entasse sous des hangars, où elles s'échauffent, suent et y mûrissent, ce que l'on reconnaît à la couleur jaunâtre qu'elles contractent. Le moût qu'elles donnent marque alors de 9 à 12 degrés (1). Les cidres qui en proviennent sont, en général, supérieurs en qualité, mais moins agréables au goût que celui des pommes intermédiaires. Lorsqu'il est sans mélange d'eau, il se conserve jusqu'à six ans, et donne de un dixième à un huitième de son volume d'eau-de-vie à 20 degrés.

Lorsqu'on veut préparer le cidre, on écrase bien les pommes sous la meule, et on les soumet ensuite à la presse; on prend le marc, on y ajoute de l'eau environ le tiers du poids des pommes; on le repasse à la meule et ensuite au pressoir (2); on mêle les deux liqueurs, et la fermentation s'établit plus promptement et à une température inférieure à celle du moût de raisin. Cette fermentation est d'autant plus rapide que la quantité de principe sucré est moindre, et celle du ferment plus forte; car, ainsi que les vins liquoreux provenant des moûts de raisin trop chargés de principe sucré, il arrive que lorsque les pommes sont trop mûres, ou qu'elles sont de première qualité, et que le site et les saisons lui sont favorables, le cidre qu'elles donnent est très-riche en principe sucré, et se conserve très-long-temps en cet état avant que tout ce sucre soit alcoolisé. C'est ce cidre qu'on appelle de garde (3).

Nous ne décrirons point ici la théorie de la fermen-

(1) A l'exception des vins de Roussillon et d'une partie du département de l'Aude, le moût des autres vins ne marque guère au-delà.

(2) On ajoute du tiers au quart d'eau pour ce qu'on appelle *petit cidre* ou *cidre de ménage*; mais pour celui du commerce, on n'y en met qu'une petite quantité

(3) En principe général, pour obtenir de bonnes boissons des

tation du suc des pommes ; elle se rattache intimement à celle du moût du raisin. Il est à regretter que ce suc, ainsi que le cidre, n'aient point encore été soumis à l'analyse chimique. Tout ce que l'on sait, c'est que ce suc, outre l'eau, le ferment et le sucre, contient beaucoup d'acide malique et de mucilage ; j'y ai reconnu des traces d'azote.

D'après ce que nous venons d'exposer sur les pommes, la densité de leur suc et le degré comparatif d'alcoolisation des cidres, il est bien évident qu'on doit en obtenir des vinaigres plus ou moins forts, suivant qu'on aura employé de ceux de la première, seconde ou troisième fleur. Les premiers se convertissent promptement en vinaigre et sans addition de ferment ; les seconds sont moins disposés à cette conversion ; cependant ils la subissent, en moins de douze jours, par l'addition du ferment. Il n'en est pas de même de ceux de troisième fleur, surtout s'ils n'ont point été préparés avec addition d'eau. Ces cidres sont très-doux, et très-longs à subir la fermentation vineuse, et par conséquent acétique ; comme les vins doux, on doit y ajouter de l'eau chaude, et suffisante quantité de ferment. Quant aux procédés pour la conversion du cidre en vinaigre, on peut suivre ceux que nous avons indiqués pour le vin.

Nous avons parlé du marc des pommes que l'on écrase et pressure pendant deux fois ; après ce temps, on le fait servir d'engrais. Nous croyons qu'il conviendrait mieux aux intérêts des propriétaires de reprendre ce marc, de le soumettre de nouveau à l'action de la meule, d'y ajouter suffisante quantité d'eau à 5o°, et de le soumettre à la presse. Cette liqueur pourrait être ajoutée à de nouveau marc ainsi préparé ; et, lorsqu'elle marquerait de 10 à 12 à l'a-

---

fruits à pépins, il est de rigueur de les employer bien assortis, et surtout ni trop verts ni trop mûrs; car il est prouvé qu'on fait rarement d'excellent cidre avec une seule espèce de pommes. *Vid.* M. Dubuc, *Mémoire sur les Cidres et le Poiré*, inséré dans ceux de l'Académie royale des Sciences de Rouen.

réomètre, on pourrait en préparer un très-bon vinaigre, en y ajoutant le quart de son poids de ce marc
aigri. Il suffirait aussi de recueillir tout le marc qui
n'a été soumis que deux fois à la presse, et de le délayer dans une cuve avec un peu d'eau chaude, pour
obtenir en peu de temps un très-bon vinaigre. Le
marc pressuré pour la troisième fois n'en est pas
moins susceptible de servir d'engrais.

Vinaigre de poiré.

Tout ce que nous venons de dire du vinaigre de
cidre est applicable à celui de poiré. La fabrication
de ces deux boissons est la même ; et les poires qui
produisent le poiré sont divisées et cueillies à diverses époques comme les pommes. Leur moût a une
densité à peu près égale, mais il donne une liqueur
moins colorée que le cidre et plus prompte à se clarifier. Ce moût ni cette liqueur vineuse n'ont point
encore été examinés chimiquement.

Vinaigre de groseilles.

On prend des groseilles bien mûres, on les écrase
et on y ajoute trois fois leur poids d'eau ; on remue,
et, après vingt-quatre heures de repos, on passe et
on met dans la liqueur un huitième de cassonade
rousse. Lorsque la fermentation est terminée, on obtient
un vinaigre assez fort d'une saveur et d'une odeur
très-agréables.

Vinaigre de framboises.

On opère de la même manière, avec cette différence que l'on emploie des framboises au lieu de groseilles.

Vinaigre de primevère.

Dissolvez dans quinze pintes d'eau bouillante six
livres de sucre brut , écumez et ajoutez à la liqueur

une poignée de primevère, avec la quantité de ferment nécessaire.

Vinaigre de malt d'Angleterre, ou drèche.

On donne le nom de malt à l'orge saccharifié par la germination. Voici la manière de le préparer : On le laisse infuser dans de l'eau, pendant deux ou trois jours, et lorsqu'il est gonflé et ramolli, on fait écouler l'eau et on dépose cet orge sur un plancher, de manière à former une couche d'environ deux pieds d'épaisseur. L'orge s'échauffe bientôt, et la germination s'opère ; on l'arrête en rendant cette couche beaucoup moins épaisse et retournant cette céréale pendant deux jours. On met l'orge en tas, et, lorsqu'il s'est un peu échauffé, ce qui a lieu dans environ trente heures, on l'expose dans une étuve à une chaleur graduelle que l'on porte jusqu'à 80°. C'est en cet état qu'il est connu sous le nom de *malt*, et les petits germes qui se détachent, sous celui de *touraillons* (1). Lorsqu'on veut obtenir le moût ou sirop de malt, on le broie au moulin, on le met dans une cuve munie d'un double fond, on y verse dessus de l'eau chaude à environ 60 c° (2), et on remue ce mélange. Après quelques temps d'infusion on décante cette eau, qui est connue en Angleterre sous la dénomination de moût doux ou sucré (*sweet wort*). Par de nouvelles infusion on obtient des moûts plus faibles qu'on mèle ordinairement avec le premier. On fait bouillir alors le moût avec du houblon, jusqu'à consistance convenable, si l'on veut faire de la bière ; ou bien on l'évapore seul jusqu'à consistance sirupeuse plus ou moins forte. Avec ce sirop on peut préparer un excellent

(1) Les qualités de malt varient suivant qu'il a été plus ou moins trempé, égoutté, germé, séché et chauffé à l'étuve. *Vid. Dict. de Chim.* du docteur Ure.
(2) Il est bon de faire observer qu'on ne doit point employer de l'eau bouillante, parce qu'on réduirait le malt en pâte, et qu'alors l'eau ne s'écoulerait point.

vinaigre. Voici la méthode que l'on suit en Angleterre; je vais rapporter celle que donne Andrew Ure.

Moût de malt, . 400 litres (1).

Quand sa température est réduite à 24 c. on ajoute :

Levûre de bière, . . 16 litres.

Un jour et demi après, on introduit cette liqueur dans des tonneaux dont on couvre légèrement les bondes, et que l'on expose, pendant l'été, à l'action des rayons solaires, et pendant l'hiver, à celle d'un poêle. Au bout de trois mois, on obtient un bon vinaigre pour la fabrication de l'acétate de plomb. Il est bien évident que cette opération serait beaucoup moins longue en suivant les divers moyens que nous avons exposés pour celui qu'on prépare avec le vin. Le vinaigre domestique, que les Anglais font avec le malt, est produit par un procédé, à peu de chose près analogue à celui de Boerhaave.

Vinaigre d'aile.

L'aile est une espèce de bière d'une consistance plus sirupeuse, d'un goût plus sucré, parce qu'elle n'a pas subi une fermentation assez longue pour avoir alcoolisé tout le sucre; elle contient aussi une plus grande proportion de mucilage. Voici la recette qu'en donne M. Mackensie :

Malt. . . . 35,25 litres.
Houblon . . 2 livres.
Sucre. . . . 5

L'aile, après avoir éprouvé une nouvelle fermentation, et par l'addition d'environ cinq litres de levûre de bière par 100 litres de liqueur, donne un très-bon vinaigre.

On peut aussi, avec le *porter*, la *petite bière*, la *twopenny*, etc., faire des vinaigres plus ou moins forts.

---

(1) Ce moût est extrait dans moins de deux heures dans une cuve-matière avec de l'eau chaude de un *boll* de malt.

Vinaigre de chiffons.

Nous devons à M. Braconnot un travail très-inté-
ressant sur l'action de l'acide sulfurique sur le ligneux (1) et sur toutes les substances qui lui doivent
leur existence, telles que les bois, le chanvre, les
écorces, la paille, les toiles, etc. Ce chimiste a démontré que cet acide les convertissait en une matière
gommeuse et en un sucre qui avait beaucoup d'ana-
logie avec celui du raisin. Pour opérer cette conversion
on prend, par exemple, 24 grammes de vieux chiffons de toile bien sèche et coupée en petits morceaux,
on les remue dans un mortier de verre en y versant
peu à peu 34 grammes d'acide sulfurique concentré,
et en remuant constamment. Au bout d'un quart
d'heure, on broie bien le mélange, la toile disparaît
sans émission gazeuse, et forme une masse mucilagineuse, homogène, peu colorée, tenace, poisseuse,
et presque entièrement soluble dans l'eau. En faisant
bouillir cette matière mucilagineuse avec de l'eau,
pendant dix heures, elle se trouve presque complètement convertie en un sucre analogue à celui du raisin,
qu'on extrait en saturant l'acide contenu dans la liqueur par la craie, filtrant et évaporant la liqueur
jusqu'à forte consistance sirupeuse. Dans un jour, la
cristallisation commence à s'opérer, et quelques jours
après tout le reste est pris en masse. Pour l'obtenir
pur, on le presse entre plusieurs vieux linges, on le
redissout dans l'eau, on y ajoute un peu de charbon
animal, on filtre et on le fait de nouveau évaporer
et cristalliser. Le sucre ainsi obtenu est très-blanc.
Vingt grammes de chiffons produisent, d'après M.
Braconnot, 25,3 de substance sucrée.

Ce sucre dissous dans l'eau chaude, avec l'addition
d'un ferment, donne une liqueur alcoolique qui se
transforme bientôt en vinaigre.

---

(1) Le ligneux est ce qui constitue la fibre végétale.

TROISIÈME PARTIE.

VINAIGRE OBTENU PAR LA DISTILLATION ET LA CARBONISATION DU BOIS.

On trouve dans les écrits de quelques anciens philosophes et chimistes tels que Paracelse, Van Helmont, Glaubert, Stahl, etc., à travers une foule d'erreurs, la plupart de tradition, la source de plusieurs découvertes, et nous ne craignons pas de dire de découvertes ressuscitées de l'oubli où les siècles les avaient plongées. Ainsi, l'on voit dans Aristote qu'une outre enflée est plus pesante que lorsqu'elle est vide : *utrem inflatum magis quàm vacuum pondus habere.* Ainsi, Démocrite a annoncé que l'air contenait un *principe vital*, qu'Hippocrate a nommé *pabulum vitæ,* lequel, dit-il, se fixe dans le corps par la respiration ; ainsi Glauber fit connaitre le premier que l'acide que l'on retire du bois par la distillation est semblable au vinaigre : *acidum aceto vini simillimum.* Ces données de Glauber non-seulement ne reçurent aucune application, mais furent même perdues pour la science ; ce ne fut qu'environ trois siècles après, et vers 1785, qu'elles commencèrent à porter quelque fruit en Bourgogne. Depuis cette époque ce nouveau genre d'industrie s'est perfectionné et l'on a établi sur divers points, plusieurs fabriques d'acide pyroligneux ou vinaigre de bois impur que l'on amène ensuite à son état de pureté. Nous allons faire connaitre la méthode usitée en Angleterre telle qu'on la trouve dans le traité de chimie de Gray.

Les premiers travaux réguliers qui ont été exécutés sur la préparation de ce produit sont dus à M. J.-B. Mollerat, directeur des établissemens de Creusot, qui présenta, le 11 janvier 1808, à l'Institut, un mémoire dans lequel il annonce qu'il a formé à Pollerey, près de Nuits, et conjointement avec ses frères, un établissement où ils carbonisent le bois très en grand, dans des appareils fermés, et qu'ils obtiennent pour produits, des goudrons, des vinaigres, du carbonate de soude cristallisés, des acétates d'alumine, de cuivre, de soude, etc. M. Vauquelin, tant en son nom qu'en celui de MM. Berthollet et Fourcroy, en fit un rapport très-favorable à l'Académie royale des Sciences. Depuis cette époque, il s'est établi d'autres fabriques de ce genre à Choisy.

Comme la distillation du bois ne se borne pas à un seul produit, nous allons commencer par la faire connaître, et successivement ces mêmes produits.

Avant tous nous devons dire que les *bois durs*, tels que le chêne, le frêne, le bouleau, l'olivier, l'amandier et le hêtre, méritent la préférence et que le pin, le sapin et le bois blanc ne doivent point être employé à cet usage.

Distillation de bois.

L'appareil dans lequel on l'opère ordinairement est formé d'une série de cylindres en fonte, ayant 6 pieds de longueur sur environ 4 pieds de diamètre. Ces cylindres sont disposés horizontalement par paires dans une maçonnerie, de telle façon que la flamme d'un seul foyer puisse se promener autour d'eux. Les extrémités de ces cylindres ressortent un peu au dehors de la maçonnerie, l'une d'elles est fermée très-solidement par un disque de fonte du milieu duquel part un tuyau de fer de 6 pouces de diamètre qui entre à angle droit dans le tuyau réfrigérent principal dont le diamètre est de 9 à 14 pouces suivant le nombre de cylindres. L'autre base du cylindre est ce qu'on nomme la bouche de la retorte ; elle est fermée par un disque de fer fixé à sa place par des clavettes et recouvert d'argile sur les bords. La quantité de bois qu'on introduit dans un pareil cylindre, ou, si l'on veut, sa charge, est d'environ 9 quintaux; on entretient le feu pendant un jour entier et on laisse le fourneau se refroidir pendant la nuit. Le matin on ouvre la porte, l'on retire le charbon et l'on y introduit une autre charge de bois. Ce procédé était généralement suivi en Angleterrre. Voici ceux que l'on suit en France.

Distillation du bois à Choisy.

L'appareil que nous allons décrire est un de ceux qui sont employés dans les fabriques de Choisy. La plupart de ces appareils ont éprouvé de légers changemens. Mais, comme ils partent tous d'un même principe, ces variations ne changent rien à la théorie et fort peu à la pratique de cette opération. Voici la description du principal de ces appareils.

On introduit dans de grands vases A fig. 1re, circulaires ou carrés, fabriqués en tôle rivée, le bois à distiller qui doit être sec et pas trop jeune; à la partie supérieure et latérale de ces cylindres est adapté un tube horizontal également en tôle, de 3 à 4 décimètres de longueur, auquel s'adapte un tuyau en cuivre. A la partie supérieure de ce vase s'adapte un couvercle en tôle B, fig. 2, que l'on y fixe par des clavettes quand le bois y a été introduit. Alors on l'enlève au moyen d'une grue pivotante C, et on le place dans un fourneau D, fig. 3, ayant une forme relative à celle de ce vase. On recouvre ensuite l'ouverture de ce fourneau avec un tourteau en maçonnerie E, fig. 4. Le tout étant ainsi disposé, l'on donne une chaude au moyen de quelque combustible. L'humidité du bois commence par se dissiper; mais quand la vapeur de transparence devient fuligineuse, alors on ajoute une allonge au tube horizontal, laquelle entre dans un autre tuyau qui suit le même degré d'inclinaison et qui commence l'appareil condensateur. Les moyens de condensation varient suivant les fabriques ; dans quelques-unes, le refroidissement s'opère au moyen de l'air ; pour cela on fait parcourir à la vapeur une longue suite de cylindres, quelquefois même dans les tonneaux adaptés les uns aux autres ; mais, lorsqu'on peut se procurer facilement de l'eau, c'est à ce dernier moyen qu'on donne la préférence. L'appareil le plus simple, à cet effet, consiste en deux cylindres *e*, *f*, fig. 3, qui s'enveloppent réciproquement et qui laissent entr'eux un espace suffisant pour qu'une assez grande quantité d'eau puisse y venir refroidir les vapeurs. Ce double cylindre est adapté au vase distillatoire et un peu incliné. A ce premier appareil en est ajusté un second et souvent un troisième, tout-à-fait semblables, lesquels, pour ménager l'espace, reviennent sur eux-mêmes et sont disposés en zigzag et inclinés ; à l'extrémité *g g* des cylindres conducteurs s'élève un tube perpendiculaire, dont la longueur doit être un peu plus considérable que le point le plus élevé de ce même sytème. Au point *h* se trouve placé un tube très-court recourbé vers le sol et qui sert de trop plein. L'eau arrive d'un réservoir, par le tube perpendiculaire *g* dans la partie inférieure du dernier cylindre *ef* et remplit tout l'espace qui existe entre les cylindres.

Lorsque l'appareil est en activité, la vapeur en se condensant, échauffe l'eau ; alors celle-ci devenant plus légère s'élève dans la partie supérieure des cylindres et s'écoule par le trop plein *h*. L'appareil de condensation se termine par un conduit en briques *i* couvert ou enfoui dans le sol. A l'extrémité de cette espèce de gouttière *k* est un tuyau courbé qui verse les produits liquides dans une première citerne. Quand elle est pleine, elle se décharge au moyen d'un trop plein dans un autre réservoir plus grand. Le tube qui termine la gouttière, plonge dans le liquide et intercepte ainsi la communication avec l'appareil. Le gaz qui se dégage est ramené par les tubes *l l*, d'un des cotés du conduit au-dessous du cendrier du four ; ce tuyau est muni d'un robinet *m* à quelque distance avant du four, afin de pouvoir régler le jet du gaz et interrompre à volonté la communication avec l'intérieur de l'appareil. La partie du tuyau qui se trouve dans le foyer s'élève de plusieurs pouces et se termine en arrosoir n, ce qui rend la distribution du gaz plus uniforme et garantit le tuyau de cendres, etc. La température pour opérer la carbonisation n'est pas d'abord considérable ; cependant vers la fin de l'opération elle augmente jusqu'à faire rougir les vases. Quant à sa durée elle est relative à la quantité de bois à carboniser ; elle est de 8 heures pour un demi-décastère ; on reconnaît que la carbonisation est terminée à la couleur de la flamme du gaz qui est d'abord d'un rouge jaunâtre, ensuite bleue, lorsqu'il se dégage plus d'oxide de carbone que d'hydrogène carboné; sur la fin elle devient blanche. Il est encore un moyen de la reconnaître, c'est le refroidissement des premiers tuyaux , ceux qui ne sont point entourés d'eau. On projette à leur surface quelques gouttes de ce liquide ; quand elle se vaporise sans bruit c'est une preuve que l'opération est terminée. Alors on délute l'alonge , on la fait rentrer dans le premier tuyau, avec lequel elle s'engaine , on bouche de suite les orifices avec des plaques en tôle, recouvertes de terre à four délayée. Le tourteau qui sert de couvercle au four est enlevé au moyen de la grue pivotante, ensuite le vase contenant le charbon , et on le remplace aussitôt par autre chargé de bois , afin que l'opération puisse être continuée de suite.

On obtient d'un demi-décatère de bois , après 8 heures de carbonisation, d'après M. Gray, environ sept voies et demie de charbon de 130 livres chacune et d'après M. Mollerat on a pour produit de 700 livres de bois , environ 25 gallons d'acide pyroligneux , contenant de l'esprit de bois ou près de 250 livres et de 50 à 60 livres de goudron ; nous allons examiner ces divers produits.

Charbon provenant de la distillation du bois.

Le charbon ainsi obtenu est beaucoup plus beau que par les procédés ordinaires ; il est exempt de fumerons et est de bien meilleure qualité, puisque

M. Mollerat assure qu'il évapore un dixième d'eau de
plus que le charbon des forêts. Par ce procédé, suivant ce même chimiste, on obtient deux fois autant
de charbon que par les procédés ordinaires; et la
consommation du bois, dans les foyers de l'appareil,
n'est que la huitième partie de celui qu'on veut carboniser. Nous croyons qu'il y a un peu d'exagération
dans ce compte. Dans les forêts, il est vrai, on n'obtient que 17 à 18 pour cent de charbon; mais il est
rare que, dans la carbonisation à vaisseaux clos, ou,
si l'on veut, dans la distillation du bois, cette quantité aille au-delà de 28 à 30. Cette différence dans la
quantité du produit tient à l'action qu'exerce l'air
lors de la combustion du bois avec son contact, qui
en convertit une partie en acide carbonique, etc.
Cela est si vrai, que M. Foucault, en se bornant à
recouvrir les fourneaux ordinaires des charbonniers
d'une cloison en planches ayant une ouverture supérieure, et une latérale recouverte en toile et servant
d'entrée à l'ouvrier, retire environ 23 pour cent de
très-bon charbon. Cette cloison est préservée de la
combustion par l'acide pyroligneux qui en baigne
l'intérieur.

Goudron provenant de la distillation du bois.

Ce goudron ainsi obtenu, retient une grande quantité d'acide acétique, qui le rend impropre à ses
usages et est un produit perdu. On l'en dépouille en
partie, en le lavant bien avec l'eau et l'épaississant
par la chaleur. Malgré cela, il retient encore assez
d'acide pour être attaqué par l'eau. M. Mollerat,
d'après des essais faits au canal de Bourgogne, dit
que le goudron, uni à un cinquième en poids de résine, est aussi bon que les autres goudrons.
100 livres de bon bois en donnent de 7 à 8 parties.

Esprit ou alcool de bois.

Les produits nombreux qui se forment par la dis

Fig. 1 a

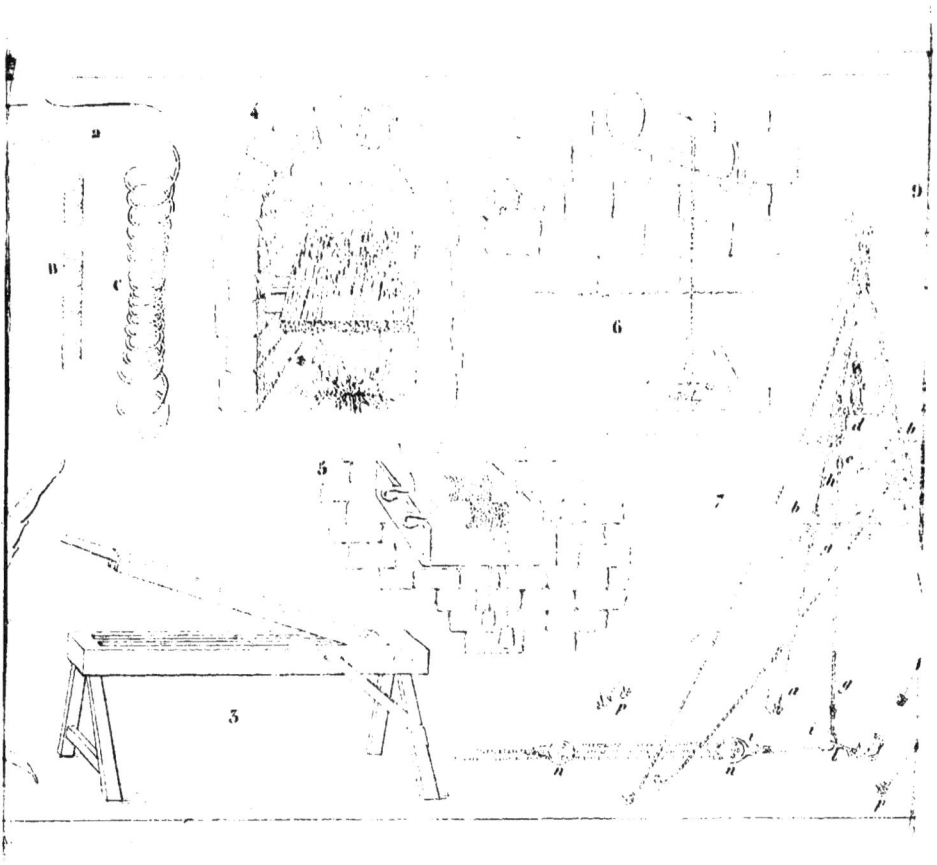

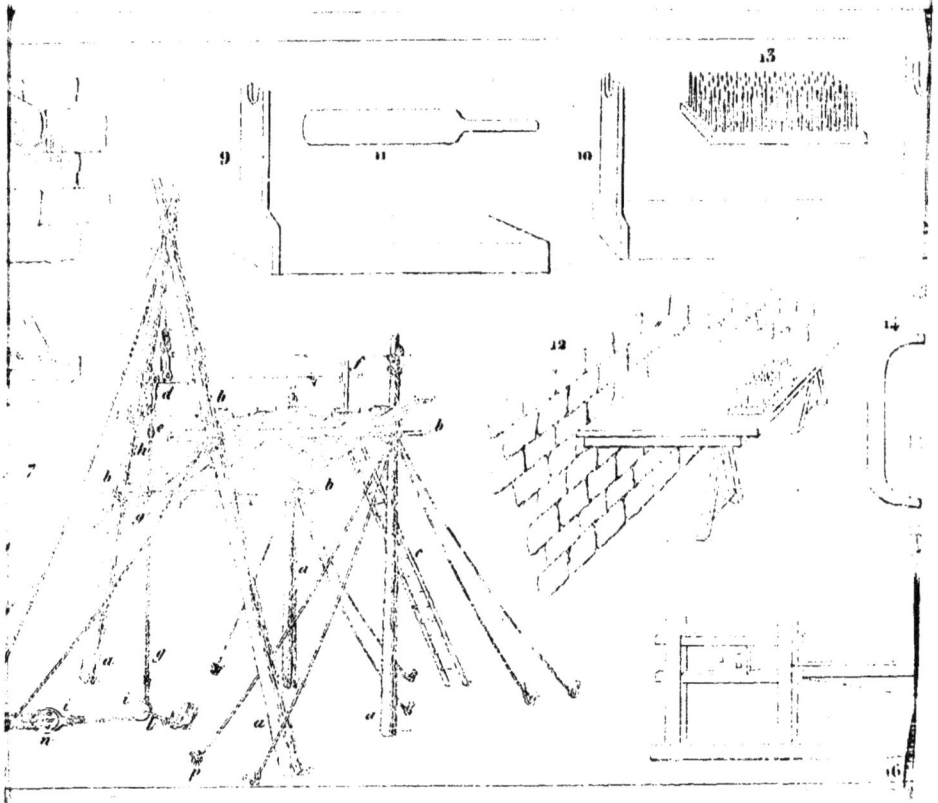

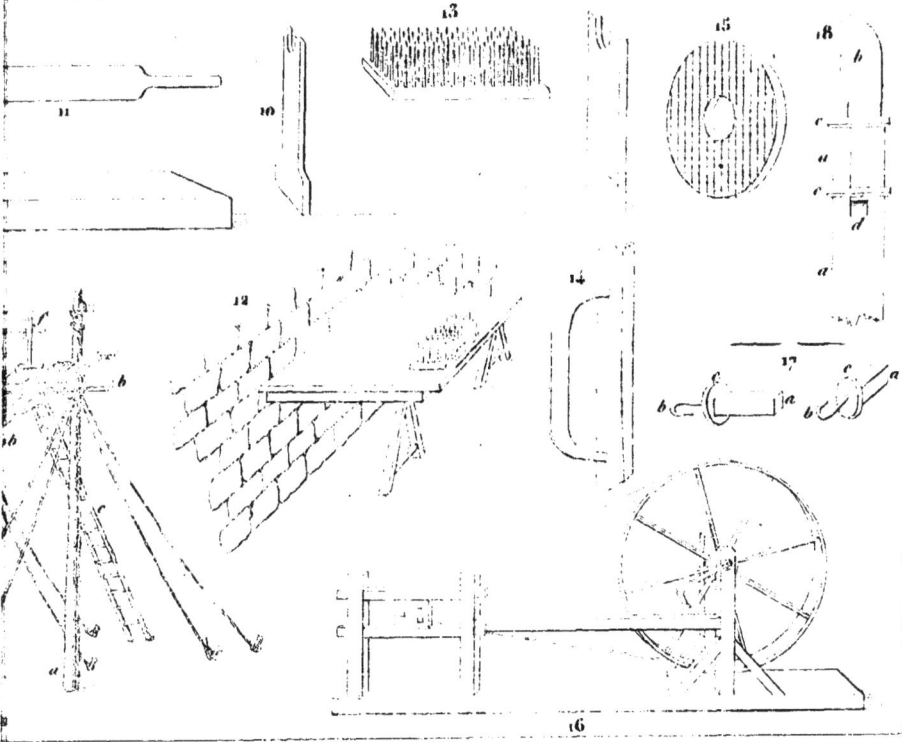

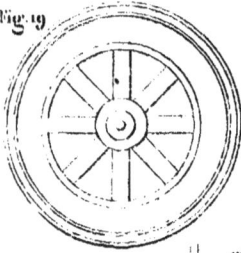

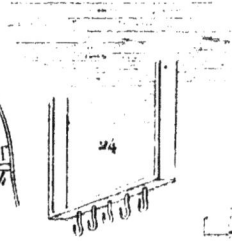

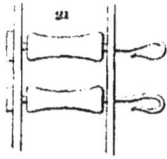
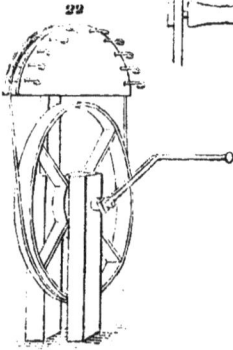
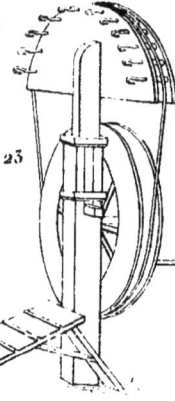
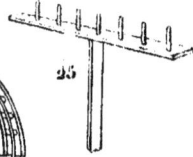
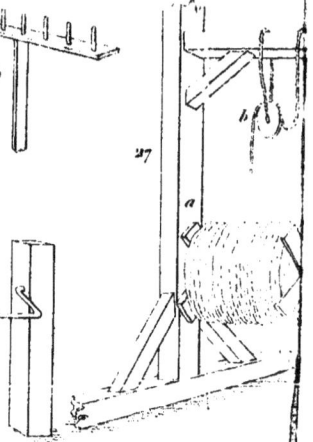

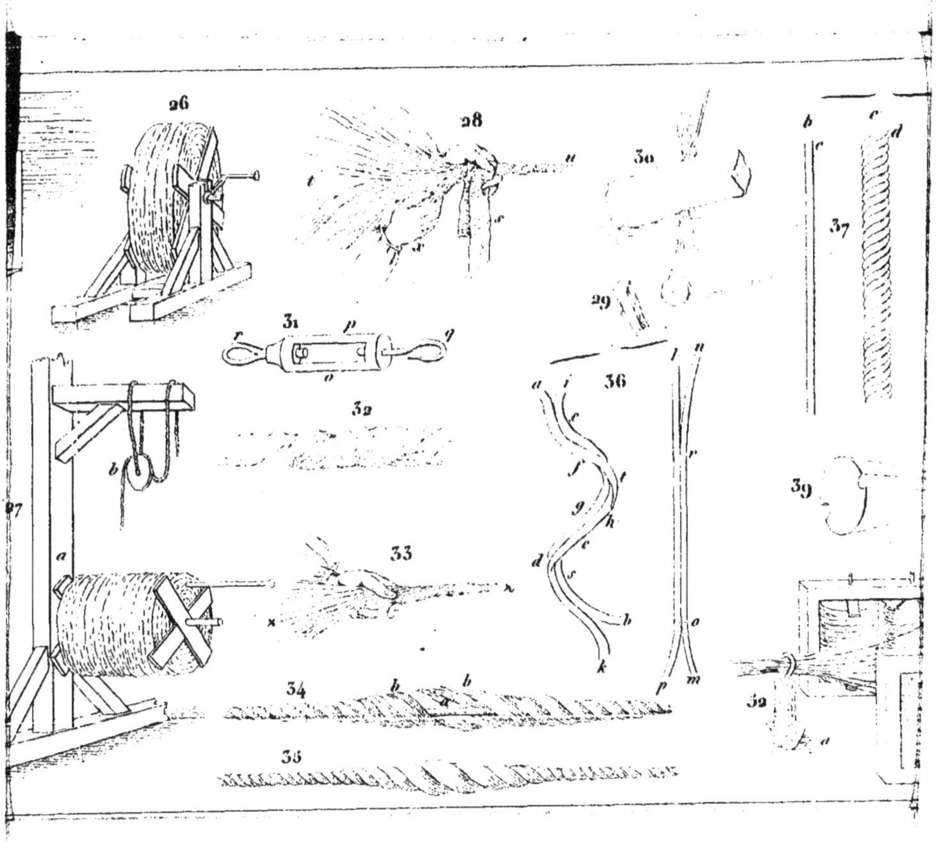
26
28
30
37
29
31
36
32
39
27
33
34
35

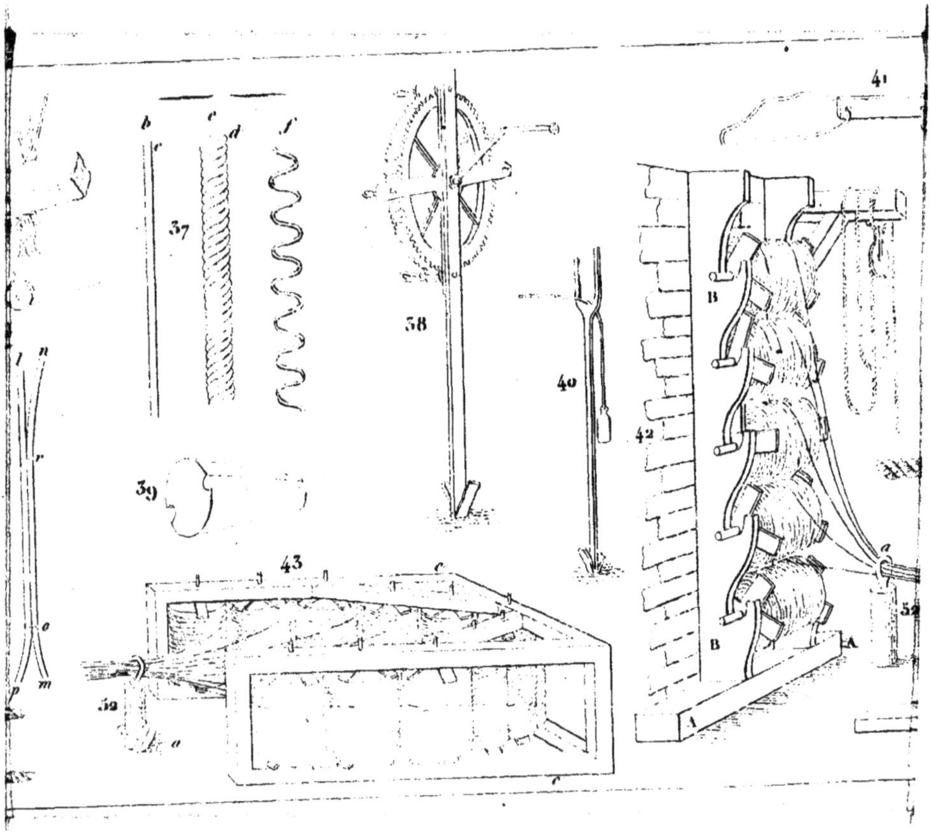
37
38
39
40
41
42
43
52

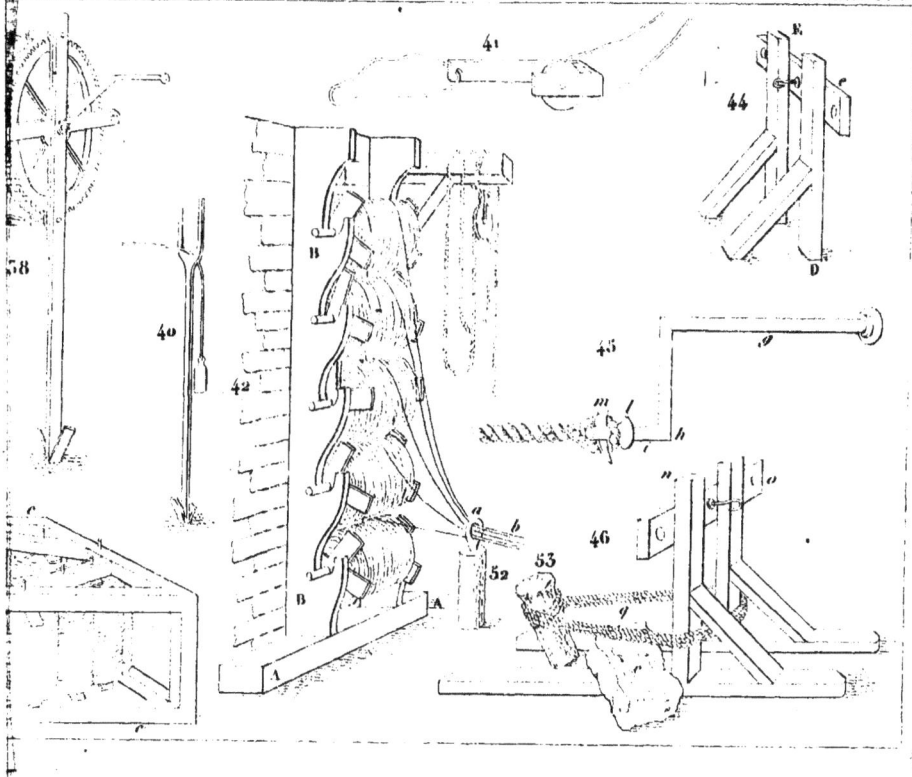

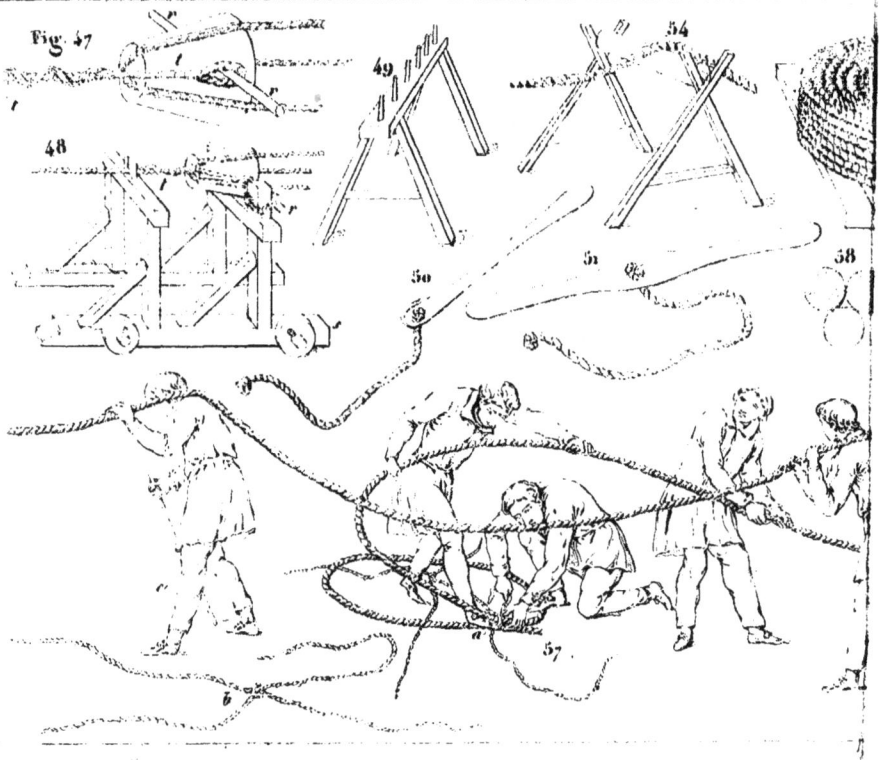

Fig. 47

48

49

54

50

51

58

57

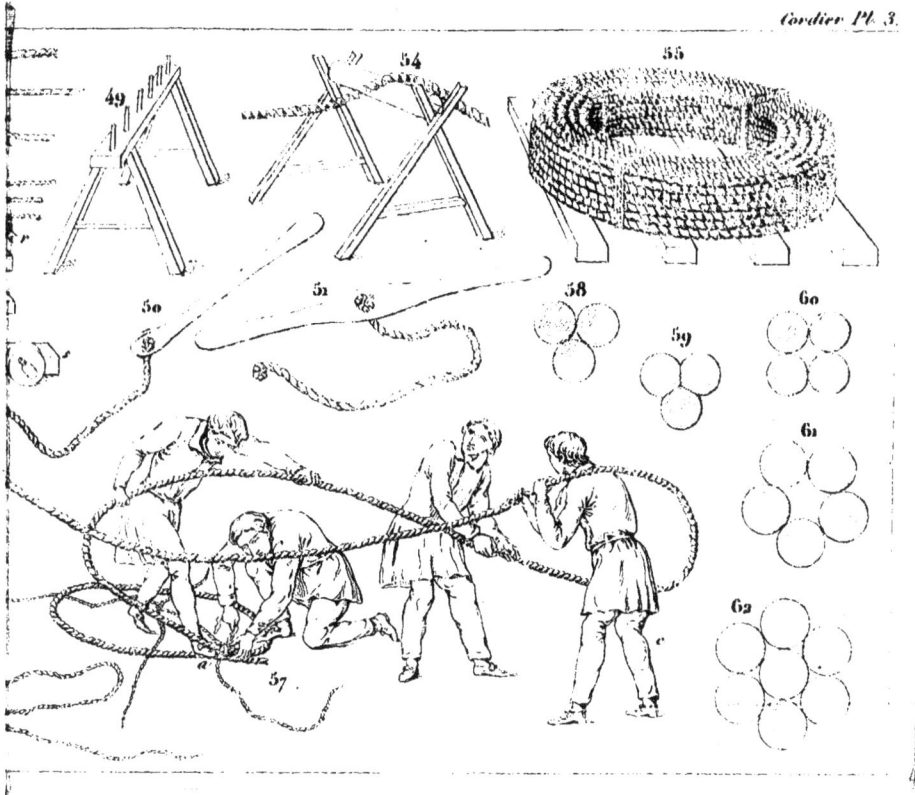

49
54
55
50
51
58
59
60
61
62
57

4

tillation du bois sont, depuis quelques années, l'objet
d'un grand nombre de recherches. MM. Dumas et
Peligot se sont plus particulièrement occupés de celui
qu'on a successivement désigné sous le nom d'*esprit
de bois*, *bi-hydrate de méthylène*, etc. C'est à ce corps
qu'ils ont reconnu les caractères d'un véritable alcool
isomorphe avec l'alcool ordinaire.

L'esprit de bois existe en solution dans la partie
aqueuse des produits de la distillation du bois. Celle-
ci, ayant été séparée du goudron non dissous, est
soumise à la distillation afin d'en extraire, au moins
en partie, le goudron qu'elle tient en dissolution.
C'est dans les premiers produits de cette distillation
qu'il faut chercher l'esprit de bois. On met donc à
part les 10 premiers litres qui proviennent de la
distillation de 100 livres de liqueur et l'on soumet ce
produit à des rectifications répétées, comme si l'on
voulait concentrer de l'eau-de-vie. Comme le point
d'ébullition de l'esprit de bois est très-bas, ces rectifications peuvent s'opérer au bain-marie, et l'on peut
ainsi le dépouiller de la presque totalité des substances
étrangères.

L'esprit ou l'alcool de bois pur est un liquide très-
fluide, incolore, d'une odeur particulière, et qui est,
à la fois, alcoolique, aromatique et se rapproche de
celle de l'éther acétique ; il brûle avec une flamme
semblable à celle de l'alcool ordinaire ; il bout à 66°,5
sous la pression de 0,701 ; son poids spécifique est de
798 à 20 cent. ; la densité de sa vapeur est de 1,120.

Chaque volume d'esprit ou alcool de bois renferme :

1 vol. de carbone,
2 vol. d'hydrogène,
1/2 vol. d'oxigène,

10

Acide pyroligneux.

Tel est le nom qu'on a donné aux produits liquides obtenus par la distillation du bois, lesquels, d'après les recherches de M. Colin, sont un mélange d'acide acétique, d'huile empyreumatique, d'*esprit pyro-acétique*, que M. Dumas a nommé *acétone* d'alcool ou *esprit de bois*. A l'article acétone, nous avons fait connaître les propriétés de l'esprit pyroacétique. Nous allons donc nous occuper ici de l'extraction de l'acide acétique pur de l'acide pyroligneux.

L'acide pyroligneux est d'un jaune rougeâtre, et plus ou moins étendu d'eau suivant le degré de siccité du bois; pour être du vinaigre, ou mieux de l'acide acétique pur, il doit être débarrassé de toutes ces substances étrangères. En cet état, il est cependant employé pour préparer l'acétate de fer dont on fait maintenant un si grand usage dans la teinture pour la chapellerie. On l'applique aussi à la conservation des viandes, comme nous le dirons ailleurs.

MM. Colin et Berzélius se sont occupés de la perfection de cet acide. Le procédé du premier ne nous paraît pas applicable aux arts à cause de son prix élevé : nous allons faire connaître celui du second. Quant à celui de M. Stolze, nous nous bornerons à dire qu'il consiste à traiter le vinaigre avec de l'acide sulfurique, du manganèse et de l'hydrochlorate de soude, et à le distiller ensuite sur ces substances.

M. Berzélius a fait, comme nous venons de le dire, des recherches sur la purification de l'acide pyroligneux, qu'il a communiquées à l'Académie royale des Sciences de Stockholm. Il est parvenu à le dépouiller entièrement de son huile empyreumatique, et de ces mêmes goût et odeur, en se bornant à le mêler avec un peu de ce charbon animal qu'on obtient pour résidu de la fabrication du bleu de Prusse, lors de l'extraction de l'hydrocyanate ferruré de potasse. Cet acide, ainsi traité et filtré, est incolore et inodore. M. Berzélius y a ajouté une quantité d'eau sans y développer cette odeur; enfin, il a conservé de cet acide, ainsi dépouillé, pendant cinq mois, dans un vase ouvert, sans que le moindre indice d'odeur empyreumatique se soit manifesté. Il serait très-important d'étudier jusqu'à quel point le charbon animal retiré des os jouit de la même propriété: ce serait une grande amélioration à faire subir à cette opération.

De l'acétate de soude et de la conversion de l'acide pyroligneux en acide acétique.

Dans quelques fabriques on distille d'abord l'acide pyroligneux pour en séparer la plus grande partie du goudron et de l'huile empyreumatique qu'il contient. Dans le plus grand nombre on le sature à froid par le carbonate calcaire, en ayant soin de bien enlever l'écume noirâtre qui se forme; on fait bouillir ensuite la liqueur, et on en complète la saturation au moyen de la chaux délitée. On décompose ensuite cet acétate de chaux par le sulfate de soude, et l'on obtient du sulfate de chaux insoluble et de l'acétate de soude soluble. Quand la liqueur s'est éclaircie, on la décante, et, par l'évaporation à forte pellicule, elle se prend, par le refroidissement, en masse ou cristaux salis par le goudron. On fait éprouver à ces cristaux la fusion ignée pour volatiliser et charbonner le goudron; on le redissout alors dans l'eau, on filtre, et l'on obtient par l'évaporation un acétate de soude presque pur. Je dis presque pur, parce que l'expérience a démontré qu'il y avait une partie d'acétate de chaux qui échappait à la double décomposition.

Lorsqu'on veut retirer l'acide acétique de ce sel, on le dissout dans une quantité donnée d'eau, et on y ajoute suffisante quantité d'acide sulfurique qui s'unit

À la soude de l'acétate, et met l'acide acétique à nu, et d'autant plus concentré, qu'on a dissous ce sel dans une moindre quantité d'eau. Le poids spécifique de celui des fabriques de Choisy est de 1,057 ; il sature environ 0,3 de sous-carbonate de soude sec; on le reçoit dans des vases en argent. Quant aux autres opérations, on fait celles qui ont lieu avant la cristallisation, dans des vaisseaux en fonte ou en tôle, et les autres dans des vases de cuivre bien étamé, de verre ou de grès.

Lorsqu'on a décomposé l'acétate de soude par l'acide sulfurique, le sulfate de soude cristallise presque entièrement ; on doit donc décanter l'acide acétique qui n'est pas bien pur, puisqu'il contient plus ou moins de sulfate de soude, et le distiller dans des cornues de verre, de grès ou d'argent. L'acide acétique ainsi obtenu est incolore, très-pur et plus ou moins concentré ; il est en tout semblable au vinaigre radical. Pendant cette distillation, il se forme un produit particulier, transparent, d'une odeur vive et éthérée, d'une saveur forte et comme poivrée; évaporé sur la main, il développe une odeur térébinthinacée ; par sa distillation avec l'hydrochlorate de chaux, sa densité est de 0,828, et il bout à 65°, 5 c°. L'alcool s'unit à ce liquide en toutes proportions. Son analyse, faite au moyen de l'oxide de cuivre et comparée à celle de l'alcool et de l'esprit pyro-acétique, donne :

Carbone. . . 44,53
Oxigène. . . 46,31
Hydrogène. . 9,16

On pourrait conclure de ces faits qu'il existe au moins deux fluides végétaux simples autres que l'alcool, et jouissant, comme lui, de la propriété de donner, avec l'acide acétique, des produits éthérés; ces deux fluides ont été désignés par les noms d'esprit *pyro-acétique* et d'esprit *pyro-xilique*. *Vid.* les Ann. de l'Indust. nat, et étrang., fév., 1825,

M. Mollerat présenta quatre qualités de vinaigre à l'Institut.

Le premier, dit *vinaigre simple*, était incolore, très-clair, transparent, odeur acétique bien prononcée, et marquait 2 degrés à l'aréomètre pour les sels à 12 c°.

Le second, *vinaigre aromatique*, ne différait du précédent que parce qu'il avait été aromatisé au moyen de l'estragon.

Le troisième, *vinaigre vineux*, avait la même densité des précédens; il avait une odeur éthérée qu'il devait à l'alcool qu'on y avait ajouté.

Le quatrième, *vinaigre fort*. Cette qualité avait une odeur très-vive et une saveur acide très-f..rte. Il marquait 10 degrés 1/2 à l'aréomètre. C'est avec cette qualité et l'addition de l'eau pure que l'on fait les vinaigres de table qu'on livre au commerce.

Sous-carbonate de soude préparé avec l'acide pyroligneux.

On sature l'acide pyroligneux de chaux; on enlève l'huile empyreumatique et le goudron qui surnagent, et l'on décompose l'acétate de chaux qui en résulte, par le sulfate de soude. Le sulfate de chaux se précipite, et l'on fait cristalliser l'acétate de soude en évaporant la liqueur jusqu'à forte pellicule. Ce sel, desséché et calciné, sur la sole d'un fourneau à réverbère, est décomposé et converti en sous-carbonate de soude, qu'il suffit de lessiver et de faire évaporer convenablement pour l'obtenir en cristaux très-purs,

*Méthode anglaise pour la préparation du vi-
naigre de bois de la grande fabrique de
Glascow.*

L'appareil anglais consiste en une série de cylindres de fonte, placés horizontalement sur un massif
de fourneaux, construits en briques, et de telle façon
que la flamme puisse les entourer. Ces cylindres dé-
passent le fourneau de chaque côté. On adapte solidement à l'une des extrémités de ces cylindres un
disque de fonte du milieu duquel sort un tube en fer,
ayant six pouces de diamètre et entrant, à angle
droit, dans un autre tube dit de *réfrigération*, lequel
a jusqu'à 14 pouces de diamètre, suivant le nombre
des cylindres.

L'autre extrémité du cylindre, qui est connue sous
le nom de bouche, est formée par un disque de fer
fixé en place par des coins, et entouré d'un lut d'argile. La charge de chacun de ces cylindres est ordinairement de 400 kil. de bois durs, comme le chêne,
le frène, le hêtre, etc., en excluant les bois tendres,
tels que le sapin. Quand le feu des fourneaux est allumé, on l'entretient ainsi pendant tout le jour; on
laisse refroidir l'appareil la nuit, et le lendemain on
en tire le charbon par les bouches qui servent aussi à
le recharger.

La quantité d'acide pyroligneux retiré de 400 kil.
de bois est de 130 kil., et son poids spécifique est de
1,025; le charbon n'excède pas 20 kil. pour 100;
et cependant M. le comte de Rumford évalue le
poids à plus de 40 kil. pour 100 (1). D'après ce calcul,
il y aurait, dans la fabrique de vinaigre de bois de
Glascow, près de la moitié du bois distillé réduit en
substances gazeuses. On rectifie l'acide pyroligneux

(1) D'après cet exposé, il est évident que les procédés anglais
sont bien inférieurs à ceux qui sont usités en France.

en le distillant dans un alambic de cuivre, où il laisse pour résidu environ 0,2 d'une matière goudronneuse. L'acide obtenu est brun, transparent, d'une odeur empyreumatique et d'un poids spécifique de 1,013. On redistille ce vinaigre, on le sature par la chaux, on évapore à siccité cet acétate calcaire, et on le calcine suffisamment pour brûler ou volatiliser le goudron. On prend alors 100 parties de cet acétate de chaux, on emploie 60 parties d'acide sulfurique à 66 que l'on étend de 3 à 5 parties d'eau, suivant le degré de concentration qu'on veut lui donner. Après un jour de digestion, on filtre le vinaigre pour le séparer du sulfate de chaux, et pour l'avoir dans un plus grand état de pureté, on le distille. Si l'on a ajouté 5 parties d'eau à l'acide sulfurique, le vinaigre obtenu peut être appliqué à l'usage journalier.

NOUVEAU PROCÉDÉ

Pour convertir l'acide pyroligneux en acide acétique,

Par M. C. PAJOT-DESCHARMES.

Ce procédé se compose des trois opérations suivantes : 1° l'épuration de l'acide pyroligneux ; 2° l'extraction et la distillation de l'acide acétique ; 3° sa rectification.

1° Épuration de l'acide pyroligneux brut.

Soit une quantité donnée d'acide pyroligneux tel que l'offre la condensation de ses vapeurs dans les tonnes qui les ont recueillies au sortir des fourneaux ou vases clos, montés pour la carbonisation du bois ;

nous le supposerons à 4 deg. de Baumé, terme moyen
obtenu des barriques formant la série appliquée au
système de Woolf, employé pour retenir cet acide.
Avec de la bonne chaux fusée à l'air ou éteinte avec
le moins d'eau possible (ce dernier moyen est plus
prompt), brassez fortement ce mélange ; laissez déposer ; décantez ou soutirez la liqueur éclaircie ; éva-
porez-la jusqu'à forte pellicule, dans une première
chaudière du fourneau dont il sera parlé plus tard, à
laquelle une seconde, à la suite, sert de préparatoire.
Faites dessécher le résidu sur une plaque de fonte
unie et à rebords ; ayez soin de bien remuer la matière afin qu'elle ne s'attache point à la plaque.
Lorsqu'elle est à peu près sèche, divisez-la bien pour
qu'elle se pelotonne le moins possible ; continuez de
chauffer jusqu'à ce que toute l'huile empyreumatique
soit exhalée ou brûlée, de manière que la masse ne
présente plus qu'un corps charbonné tant à son extérieur qu'à son intérieur. Afin que ce but soit parfaitement atteint, la division de cette masse carbonisée
ne doit offrir que des grains gros tout au plus comme
des pois, qu'on aura la grande attention de ne point
laisser rougir, non-seulement parce qu'il serait difficile de les éteindre et d'empêcher que leur incandescence ne se communiquât, mais encore parce que
cette même incandescence occasionerait la perte de
l'acide. La matière, dûment carbonisée, est retirée
de dessus la plaque, puis mise à refroidir.

Écrasez cette matière au moyen d'un maillet en
bois ; placez-la dans des tonneaux, et procédez à son
lavage en y versant six fois son poids d'eau claire ;
brassez le mélange pendant cinq minutes, moitié du
temps consacré au brassage ci-dessus de la chaux
avec l'acide brut ; laissez en repos, décantez ou soutirez la liqueur devenue claire ; faites-la évaporer
jusqu'à forte pellicule dans deux chaudières semblables à celles énoncées et dépendantes du fourneau
déjà mentionné ; desséchez-la aussi sur une plaque
de métal ; remuez et divisez la masse en très-petits
fragmens ; continuez de chauffer, mais avec modéra-

tion, afin qu'il ne s'exhale pas d'acide, et jusqu'à ce que la matière n'offre plus que des grains unis et blancs tant en dehors qu'en dedans ; dans cet état, enlevez-la et laissez-la refroidir dans un lieu séparé de celui qui a reçu la matière noire.

On notera 1° que, communément, les premières eaux sorties des tonnes à saturation marquent 10 degrés au pèse-liqueur Baumé, et que c'est à 20 degrés que la pellicule dont il a été parlé se montre ;

2° Que les écumes qui surnagent, par suite du mélange et du brassage, sont lavées avec les marcs une seconde et même une troisième fois, s'il est nécessaire, pour les amener à 0. Lorsque ces eaux sont éclaircies, on les ajoute à celles de la chaudière préparatoire ;

3° Que la proportion de chaux mêlée à 27 veltes d'acide brut et à 4 degrés, est d'environ 22 à 25 livres ;

4° Que l'extinction de celle-ci par l'eau demande de cette dernière près de 33 livres ;

5° Que les premières eaux de lavage de la matière carbonisée marquent, pour l'ordinaire, de 4 à 5 degrés (même pèse-liqueur) ; que leur réduction ne passe sur la plaque qu'après la formation de la pellicule, laquelle ne parait qu'à 25 ou 26 degrés ;

6° Que la masse spongieuse de débris charbonneux, qui fait une espèce de chapeau à l'acétate calcaire liquide, est lavée séparément une seconde et une troisième fois s'il en est besoin, avec la quantité d'eau suffisante pour amener celle-ci à 0. Ces eaux faibles sont aussi ajoutées à celle de la préparatoire affectée à la réduction des eaux de lavage de la matière noire.

Les charbons, séchés, sont jetés dans le foyer, ou conservés, soit pour la décoloration, soit pour engrais ;

7° Que, d'après mes expériences, l'acide pyroli-

gueux, soit avant, soit après sa saturation, peut être
décoloré par le noir animal.

2° Extraction ou distillation de l'acide acétique.

On prend une partie de la matière blanche ci-dessus obtenue, qui est un acétate de chaux ; on verse
ensuite à part, dans un vase de plomb, les deux tiers
de son poids d'acide sulfurique à 66 degrés, que l'on
a soin d'étendre de moitié de son poids d'eau ; cette
mixtion faite, on met la matière blanche dans la cucurbite d'un appareil distillatoire, et par dessus cet
acide sulfurique. On dispose l'appareil pour la distillation, qui commence aussitôt, et on lute avec de
l'argile fientée mêlée d'étoupes ; cette opération peut
avoir lieu dans des vaisseaux de verre, de grès, de
porcelaine, et de différens métaux, tels que le cuivre
et la fonte, couverts d'un enduit vitreux ; mieux encore serait l'emploi de l'argent ou du platine.

L'opération est beaucoup plus rapide lorsque les
appareils sont en grès ou en porcelaine ; leurs cucur-
bites peuvent recevoir l'application du feu nu, pourvu
que leur fond extérieur soit enduit de l'apprêt argi-
leux qui a été indiqué et que le feu lui-même soit mé-
nagé en commençant ; avec le verre on distille au
bain de sable.

Avec des appareils composés des métaux désignés,
la distillation est prompte ; leur service exige moins
de soin, et on n'appréhende pas d'y verser de suite
toute la liqueur sulfurique ; il n'en est pas de même
pour les autres vaisseaux ; c'est à diverses reprises, et
par la tubulure de la cornue qu'on verse l'acide, en
ayant soin, après chaque versement, de remuer, par
cette même tubulure, la matière avec un long et fort
tube de verre massif. Cette matière bien imbibée et
la tubulure fermée, la distillation commence d'abord
par l'effet seul de la chaleur que produit la réaction
de l'acide : cette chaleur s'entretient d'elle-même

pendant un certain temps; on ne fait du feu que lorsqu'on s'aperçoit qu'elle fléchit; on veille, au surplus,
à ce que la distillation ait lieu sans interruption ; le
dégagement des dernières parties de l'acide acétique
ne pouvant s'effectuer que par un certain coup de
feu, l'opérateur ne devra pas le négliger. Il lui sera
facile de reconnaître la fin de la distillation par le refroidissement de la voûte de la cornue ou de son bec,
ou du chapiteau dont on aurait couvert la cucurbite.

Il est à observer 1° que plusieurs moyens peuvent
être employés pour la condensation de l'acide acétique dégagé par l'action de celui sulfurique sur l'a-
cétate calcaire. On se sert ou du réfrigérant de Gad-
da, construit tout simplement en bois, ou d'un ba-
quet plein d'eau, traversé par un tube de verre en
forme d'alonge, communiquant d'un bout au bec de
la cornue ou du chapiteau et de l'autre au récipient,
ou bien aussi d'un vase en bois ou en grès rempli
d'eau dans lequel plongerait un récipient communiquant avec une alonge de la cornue ou du chapiteau
de l'appareil ;

2° Que, dans le cas où il se dégagerait soit de l'a-
cide sulfureux, produit par quelques parcelles de
charbon échappées au lavage, soit du gaz hydrogène
dû à quelques parties de fer renfermées dans la chaux,
on aura soin d'ouvrir de temps en temps la tubulure
du récipient ou d'y adapter un tube creux de verre
par lequel s'exhalera de suite l'un ou l'autre de ces
gaz, ou le gaz hydrogène sulfuré qui se serait formé.
Ces gaz, qui sont susceptibles d'être renvoyés au
foyer de l'appareil pour y être brûlés, ne se dévelop-
pent qu'au commencement de l'opération, et leur
dégagement n'est pas de longue durée;

3° Comme il importe que l'atelier où cette opération s'effectue ne soit pas infecté par l'un ou l'autre
gaz délétère, il sera bon que les appareils distillatoires soient placés sous une hotte de cheminée qui les
emportera au dehors.

3° *Rectification.*

Quelque soin que l'on ait pris dans la distillation de l'acide acétique, il est possible, ainsi qu'on vient de le voir, qu'il se soit produit un peu d'acide sulfureux comme aussi de gaz hydrogène sulfuré, dont l'acide acétique distillé pourrait se trouver plus ou moins imprégné, et, en outre, d'une couleur tirant légèrement sur le jaune : dans ce cas, voici comment il convient de le purifier :

1° On enlève l'odeur avec une petite portion d'oxide noir de manganèse, que l'on jette dans l'acide, et avec lequel celui-ci est agité un instant dans le vase qui le contient; le contact de l'acide avec le manganèse suffit pour faire disparaître aussitôt toute mauvaise odeur; on remarque même que, si la dose d'oxide est excédante, l'acide acétique contracte une odeur agréable tirant sur celle de l'alcool.

Le manganèse mêlé à l'acide sulfureux, ayant converti ce dernier en acide sulfurique, celui-ci agit de suite sur les parties métalliques dont se compose ce minéral et forme avec elles différens sels dont il faut purger l'acide acétique; dans ce but on fait usage de l'acétate ou du carbonate de baryte. Le sulfate de baryte, formé à l'instant du mélange, se précipite, on le laisse se déposer ou on soutire l'acide acétique, dont il ne reste plus qu'à enlever la couleur plus ou moins jaunâtre dont il peut être imprégné; cette disparition doit avoir lieu, comme on sait, par le prussiate. Le fer, précipité sous la couleur bleue qui lui devient alors particulière, laisse incolore l'acide, que l'on soutire après son éclaircissement, à moins qu'on ne lui fasse subir la filtration de même qu'au dépôt coloré du fer et au précipité barytique, afin de ne rien perdre de l'acide acétique, qui, dès ce moment, est propre à être employé soit pour la toilette ou la table, soit dans les arts. On peut, au surplus, si l'on veut être parfaitement tranquille sur sa pureté, procéder à sa distillation; je ferai observer cependant qu'à moins de motifs particuliers, on peut très-bien et sans inconvénient se dispenser de cette distillation lorsqu'on a suivi les diverses précautions et manipulations indiquées.

J'avais proposé, en 1818, à M. de Joannis, de mettre à profit les acides pyroligneux de sa carbonisation du bois à vase clos, formée à Bercy, en pratiquant la méthode que je viens de décrire; mais différens obstacles s'opposèrent à l'exécution de ce projet. Toutefois, les essais qui furent soumis à cette époque, soit à M. de Joannis, soit à M. de Porcher, chef de division de navigation, à la préfecture de police, ainsi qu'à M. Roard de Clichy, qui, par sa lettre du 6 décembre 1818, me demandait 1,000 kilog. conformes à l'échantillon que je lui avais adressé, prouvèrent suffisamment la bonté et la richesse de l'acide acétique, obtenu d'après le procédé que je viens de décrire.

Description de deux fourneaux, dont l'un peut suppléer l'autre, pour l'exécution du procédé qui vient d'être détaillé.

De ces deux fourneaux, que je nommerai *généraux*, par rapport aux diverses opérations auxquelles ils sont appropriés, l'un est chauffé par un feu spécial et isolé, et l'autre par le calorique perdu des vases employés pour la carbonisation du bois; le premier est celui dont je vais m'occuper.

Ce fourneau, élevé de 3 pieds au-dessus du rez-de-chaussée, a 6 pieds de largeur sur 11 pieds de longueur; à l'une de ses extrémités se trouve un foyer unique ou double à volonté; à l'autre, près de la cheminée, est placée, de chaque côté, une chaudière destinée à la distillation. Au-dessus du foyer, sont

1

disposées deux plaques de fonte à rebords, pour la dessiccation des matières; entre ces plaques et les chaudières à distillation, on place quatre autres chaudières, dont deux sur chaque rang; elles sont destinées à l'évaporation, les unes des eaux de saturation, les autres des eaux de lavage. Près de la bordure du massif de ce fourneau, et dans les quatre entre-deux d'une chaudière à l'autre, sont placées autant de petites chaudières pour la rectification, toutes, grandes et petites, en fonte; les deux grandes de chaque rangée, près du foyer ou des plaques qui le couvraient, sont employées, selon leur destination, pour l'évaporation des eaux jusqu'à pellicule. Les deux suivantes, qui reçoivent les eaux froides et les échauffent avant qu'elles ne soient versées dans la première, nommée *réduisante*, se nomment *préparantes*.

On commence par verser les eaux à réduire par les deux premières chaudières de chaque rangée préparante et réduisante; la préparante entretient seule ensuite la réduisante, jusqu'à ce que les eaux de celle-ci soient assez concentrées pour offrir à leur surface une forte pellicule, ce qui indique le moment de les transvaser sur la plaque voisine, qui leur est affectée. On passe alors l'eau de la préparante dans la réduisante actuellement vide, et on remplit la préparante de nouvelle eau. Pendant la dessiccation des eaux versées sur la plaque, les eaux des réduisantes atteignent leur degré de concentration, et aussitôt que les matières, suffisamment séchées sur les plaques, sont enlevées, elles viennent les y remplacer (1). Il résulte, comme l'on voit, de cette succession de main-d'œu-

(1) L'ébullition des eaux de la première chaudière, ou de la *réduisante*, a lieu d'une heure et demie à deux heures après son remplissage d'eau froide; la plus forte chaleur de la seconde, ou de la *préparante*, s'élève à 70 degrés; la dessiccation sur les plaques des eaux à pellicules demande environ quatre heures.

vre, une rotation continuelle de produits obtenus, soit en matière noire, soit en matière blanche; il en est de même de la distillation de cette dernière matière à l'aide de deux chaudières près de la cheminée, et aussi de la rectification par les quatre petites, intercalées entre les grandes. De cette disposition, il suit que, dans un travail régulier et constant, tout marche à la fois et d'accord, avec promptitude et économie, sans qu'il s'en soit exhalé aucune odeur désagréable dans l'atelier, attendu la hotte de cheminée établie au-dessus de ce fourneau.

Dans le cas où la nécessité aurait exigé la chauffe séparée d'une chaudière, chacune d'elles avait sous son fond un petit foyer particulier, qui était margé dans le travail général.

D'un autre côté, s'il n'était besoin que de chauffer une seule rangée des chaudières, le foyer se prête à cette division, facilitée d'ailleurs par la disposition des registres, séparant au besoin chaque rangée de chaudières. (Voir le plan et la coupe de ce fourneau, fig. 5 et 6).

Le propriétaire de l'établissement dans lequel j'avais construit ce fourneau avait beaucoup d'acide brut et sans emploi; voulant le concentrer, il témoigna le désir de consacrer à ce travail, une partie des chaudières de ce fourneau; je me vis alors, pour ne pas arrêter la série des opérations, obligé de faire élever le petit four, fig. 7 et 8, qui fut destiné à la distillation et rectification; les deux grandes chaudières étaient appliquées au premier travail, et les quatre petites au second; une hotte couvrait aussi ce petit fourneau pour porter les vapeurs exhalées au dehors.

Après avoir donné la description de notre premier fourneau, et fait connaître tous les services auxquels il est appliqué, il convient de rendre compte de ses produits. Il suffira de dire que tous les travaux qui ont été détaillés, relatifs à six barriques d'acide brut à 27 veltes chacune, étaient confectionnés dans l'es-

pace de quatre jours ; on obtenait par chaque barrique de 13 et demi à 14 kilog, d'acide acétique pur à
neuf degrés ; quant à sa valeur, prix de fabrique, elle
s'élevait à 75 centimes le kilog., soit 80 centimes
crainte d'erreur.

Second fourneau général. Dans la vue de profiter
du calorique perdu par chacun des vases clos destiné
à la carbonisation du bois, et afin d'en obtenir les pareils avantages qu'offrait le premier fourneau général,
que j'ai décrit ci-dessus, j'ai donné une forme particulière aux couvercles de chacun desdits vases ; il est
construit de telle sorte qu'il peut supporter trois
grandes chaudières de fonte, ou autant de capsules
en fonte-tôle, pour ne pas nuire à la conduite du feu
dans chacun desdits vases ; j'ai laissé dans l'entre-
deux de ces chaudières un petit vide que l'on ferme
au besoin avec un bouchon en tôle, et que l'on enlève lorsqu'il est nécessaire, pour examiner et diriger
la marche de la carbonisation ; à cet effet, on fait
entrer par ces vides, regards ou ouvertures, des outils
convenables pendant l'action du feu. Les trois chaudières dont il a été parlé sont bonnes à être évaporées ; deux reçoivent les eaux de saturation, et la
troisième celles de lavage. Lorsqu'il s'agit d'arrêter
le feu, le bois étant reconnu suffisamment et à propos
carbonisé, on enlève les trois chaudières pour leur en
substituer trois nouvelles ou trois capsules de tôle,
dans lesquelles on place les appareils distillatoires ; à
l'égard des trois petites ouvertures destinées à s'assurer de la marche du feu, on en enlève les bouchons,
que l'on remplace par autant de petites marmites ou
de capsules de tôle, propres à contenir autant d'appareils de rectification.

D'après la confection de ce couvercle, il est facile
de voir qu'en profitant convenablement du calorique
qui s'échappe de chaque vase on exécute trois principales opérations du procédé ; il reste celle particulière à la dessiccation des matières, non moins essentielle à produire. A cette fin, j'ai établi, sur un pian

longement de chacun des deux tuyaux qui amènent les vapeurs chaudes des vases clos aux tonnes de condensation, une plaque de fonte à rebords, laquelle est suffisamment échauffée par ces mêmes vapeurs circulantes.

On remarquera qu'un fourneau à carboniser le bois, suivant le nouveau système, étant trois jours au grand feu, et de trois à quatre à refroidir, on a dû profiter des trois premiers jours pour la réduction des eaux, et des deux, trois et quatre jours suivants pour la distillation.

Afin d'accélérer l'évaporation, j'ai établi sur le couvercle d'un autre vase clos de la charbonnerie et disposé en conséquence une chaudière d'évaporation en cuivre de 4 pieds de diamètre sur 8 pouces de profondeur; ce métal avait été préféré à la fonte, à cause du poids de celle-ci sur un si grand diamètre, et aussi par rapport au danger de sa casse.

Toutefois il est bon de dire que M. le préfet de police n'ayant point permis aux fabricans de charbon à vase clos, qui depuis 1820 ont monté des ateliers de charbonnerie, d'épurer leur acide brut, je me suis vu obligé, pour faire l'expérience de ces derniers fourneaux chez M. Péron, entrepreneur de la charbonnerie des *carrières Charenton*, d'en solliciter la permission; elle me fut accordée sous la condition que les vapeurs exhalées par suite de mon expérience n'incommoderaient point le voisinage. Je me vis en conséquence forcé de couvrir mes évaporatoires d'une espèce de dôme en tôle avec pente sur l'élévation de son pourtour, afin de pouvoir surveiller le travail. Un conduit attenant à ce dôme renvoyait les vapeurs dans le fourneau à carboniser; quant à celles exhalées de dessus les plaques, elles étaient dirigées dans les tonnes de condensation. J'observerai que pour faciliter l'enlèvement et le placement des unes et des autres chaudières, on se servait d'un petit treuil portatif. Comme il ne peut être indifférent de connaître le travail de ce dernier fourneau sous le rapport du calorique perdu dont il profitait, je dirai que des trois grandes chaudières de fonte, deux sont destinées à réduire les eaux de saturation évaporées par la chaudière de cuivre, et que la troisième réduit les eaux de lavage évaporées d'avance par une autre chaudière de cuivre; que le résultat de ces opérations, y compris celles de matières noire et blanche, comme aussi celle de la distillation et de la rectification, est la conversion de neuf barriques d'acide brut de 27 veltes chacune à 4 degrés, en acide acétique pur, marquant 9 degrés, et de 13 à 14 kilog. par barrique, dans l'espace de six jours que comprend chaque fourneau à carboniser, du moment de son allumage à celui de son refroidissement. Il n'est pas inutile de dire que le produit de chaque fourneau à carboniser, en acide pyroligneux brut, est de 26 barriques de 27 veltes chacune à 4 degrés.

Afin que l'on ait une idée de l'intensité du calorique, lorsque le fourneau à carboniser est en plein feu, il est bon de dire que ce même fourneau, dévêtu de son couvercle, marque, dans son intérieur et à un pied de sa surface extérieure, 80 degrés R.

D'un autre côté, on saura que, dans l'été, le refroidissement des fourneaux est plus lent, puisqu'il demande souvent quatre jours, tandis que, dans l'hiver, il n'exige le plus ordinairement que trois jours; ce dernier temps est égal pour la carbonisation du bois dans l'une et l'autre saison.

En conséquence de l'organisation particulière de ce second fourneau général, il est aisé de concevoir de quel avantage elle serait si elle était établie dans une charbonnière à vases clos, puisque la dépense pour la conversion de l'acide brut en acide acétique ne comprendrait plus celle de la chauffe, qui est très-importante, mais seulement celle des matières premières indispensables, qui ont été indiquées.

Quoi qu'il en soit, afin que les différens entrepreneurs de charbonneries qui fabriquent dans un système opposé à celui de la suffocation ou des forêts
puissent utiliser tôt ou tard ces nouveaux moyens,
j'ai cru devoir les publier.

EXPLICATION DES FIGURES.

Fig. 5. *Plan du fourneau général chauffé par un feu
particulier; il a été pris sur la ligne du fond des
grandes chaudières.*

A, chaudière censée réduisante des eaux saturées ;
B, chaudière préparante desdites eaux ; C, plaque
affectée à la chaudière A ; D, chaudière censée réduisante des eaux de lavage de la matière carbonisée ;
E, préparante desdites eaux ; F, plaque affectée à
la réduisante D ; G, G, chaudières destinées à l'extraction ou distillation de l'acide acétique ; H, cheminée commune ; I, registre de cette cheminée ;
K K K K, petites chaudières destinées à la rectification.

Fig. 6. *Coupe dudit plan.*

Les mêmes lettres, dans ces deux figures, signifient
la même chose.

L, L, voûte qui supporte le massif au-dessus duquel sont placées les chaudières ; M, M, M, passage
de la fumée autour des chaudières ; N, N, N, support
du fond des chaudières ; O, cendrier ; P, grille du
foyer ; Q, foyer ; R, barres sur lesquelles sont posées
les plaques ; S, rang de tuiles sur lesquelles sont as-
sises les plaques pour modérer, à l'égard de ces
dernières, le coup de feu ; T, pilier qui divise la

flamme et la dirige sous chaque rangée des chaudières; U, plaque de fonte.

Fig. 7. *Plan du petit fourneau particulier, chauffé
par un feu séparé.*

A, A, emplacement des chaudières ou capsules
pour la distillation; B, B, B, B, petites chaudières
pour rectifier; C, C, entrée des tisards des deux
grandes chaudières; ces entrées pourraient aussi être
formées en D, D; E, E, entrée des tisards des petites
chaudières à rectifier; F F, communication des chaudières de distillation à celles de rectification; G,
cheminée commune; H, languette de séparation des
deux conduits de chaleur; I, plate-forme pour supporter les réfrigérens des appareils distillatoires.

Fig. 8. *Coupe du fourneau ci-dessus.*

Les mêmes lettres signifient les mêmes choses dans
les deux figures.

K, relai pour placer à volonté la porte des tisards;
L, chaudière ou cucurbite surmontée de sa cornue M;
M, voûte pour mettre le combustible.

Fig. 9. *Plan du châssis formant couvercle du fourneau
à carboniser le bois.*

A, A, A, place des chaudières à évaporer ou à distiller; B, B, B, ouverture ou regard pour le gouverne-
ment du feu sous le couvercle; ces regards, ainsi
qu'on l'a vu dans la description, sont aussi destinés
à recevoir, lors du refroidissement, des chaudières ou

capsules de rectification. Hormis les ouvertures dans
lesquelles doivent être reçues les diverses chaudières,
tout le reste de la surface dudit couvercle est caché
par des tôles ; C, C, C, anneaux ou poignées pour enlever ou placer le couvercle ; D, cheminée pour l'allumage du fourneau.

Fig. 10. *Vue de profil (sur la ligne a, b, du plan)
dudit couvercle ou châssis garni de grandes et petites
chaudières.*

Les mêmes lettres signifient la même chose dans
cette figure et la précédente.

E E, liaison du cadre d'une chaudière à l'autre ;
F, F, coupe du cercle intérieur de la portion per-
manente du couvercle d'un fourneau de carbonisation ; G, G, G, G, appuis du châssis qui porte les
chaudières sur ledit cercle antérieur ; H, l'un des
deux tuyaux qui amènent les vapeurs du fourneau à
carboniser dans les tonnes de condensation.

Après avoir exposé divers modes de fabrication
du vinaigre de bois, nous croyons devoir faire connaître les frais d'établissement d'une semblable
vinaigrerie, tant en France que dans l'étranger.
Nous allons extraire ces documens du Bulletin des
Sciences technologi, es, de l'ouvrage de M. de Chabrol
sur le département de la Seine, de celui de M.
Hermstadt sur la fabrication de l'acide pyroligneux, etc.

FRAIS D'ÉTABLISSEMENT

D'une fabrique de vinaigre de bois et des produits qui en dépendent.

Les calculs suivans, sur la quantité d'acétate de plomb que peut produire l'acide acétique tiré d'un moule de bois, sont basés sur un travail de quatre mois; chaque moule a donné 7 kil. de ce sel. Le moule est une mesure de Bourgogne représentant 64 pieds cubes de bois, c'est-à-dire un cube de 4 pieds de côté. Les autres bases dérivent de la même source; mais elles sont prises sur un tableau où s'inscrivent jour par jour la consommation et la production. Par exemple, il entre exactement 56 pour 100 de plomb dans l'acétate, et il faut, pour 100 du même sel, 56 d'acide sulfurique.

Pour travailler utilement, il convient d'opérer sur 2,500 à 3,000 moules, hêtre (à distiller). En partant de cette donnée, les bâtimens nécessaires à cette fabrication consistent en

1° Un bâtiment pour la distillation du bois, de
6 à 7,000 f.

2° Id. pour rectifier l'acide
pyroligneux, de. .12 à 15,000

3° Id. pour l'oxide de plomb
et le sulfate de
cuivre. . . . . 5 à 6,000

4° Id. pour vinaigre de table,
acétate de soude, de
plomb, de cuivre et
vert de Schéele. . 15 à 16,000

de 38 à 44,000 f.

Report. 38 à 44,000 f.

5° Un hangar pour magasin à charbon, etc. . . . 4 à 5,000

Maximum, total. . . 49,000

Pour les appareils.

1° pour la distillation du bois. . . . 22,000 f.
2° pour la purification de l'acide pyroli-
    gneux. 16,000
3° pour les acétates de soude, plomb et
    cuivre. 11,000
4° pour le sulfate de cuivre. 5,500
5° pour le vinaigre de table. 2,500
6° pour le vert de Schèele. 4,000

L'atelier tout monté coûterait de 100,000 à
110,000 fr.; il consommera et produira ce qui est
spécifié ci-après :

1° Dépenses.

		francs.	francs.
75,000 fagots.	à 8 le °/₀		6,000
2,500 moules, hêtres.	18		45,000
70,000 kil. d'acide sulfurique.	à 40 f.les°/₀k.	28,000	
8,000 hectolitres, houille. . .	2		16,000
87,500 kilog. de plomb. . . .	75		65,625
9,000 kilog. de cuivre. . .	à 265		23,850
9,000 kilog. de soufre. . . .	30		2,700
7,200 kilog. d'arsénic. . . .	110		7,920
			195,095

	francs.	francs.
Report.		195,095
45,000 kilog. de sulfate de soude.	20 les °/° kil.	9,000
200 pièces de chaux. . . .	6	1,200
50 cordages.	40	2,000
Éclairage des ateliers. . .		3,000
60 manœuvres.	540 l'an.	32,400
12 charpentiers, maçons, forgerons, poêliers, tonneliers, etc. . .	800 l'an.	9,600
Entretien de l'atelier, réparations, etc.		20,000
Total.		272,295

2° *Produits.*

	francs.	francs.
156,600 kilog. d'acétate de plomb. . . .	à 160 les °/° kil.	249,600
18,000 kilog. de vinaigre de table.	2	36,000
12,000 kilog. de verdet. .	3	36,000
12,000 kil. de vert de Schéele	4	48,000
800 tonn. charbon de bois.	3.25	26,000
2,500 grosse braise. . . .	2	5,000
800 mesures de cendres. .	1 50 c.	1,200
500 tonn. sulfate de chaux. .	2	600
Total.		402,400

Nous allons joindre ici les tableaux que M. de Chabrol a publiés dans son ouvrage sur le département de la Seine, sur la fabrication de l'acide pyroligneux et des acétates de fer et de soude. Ces ta-

bleaux nous donneront une idée approximative de
la nature de ces établissemens, et des bénéfices que
l'on peut espérer d'en recueillir, en supposant qu'aucun événement imprévu ne vienne augmenter les
frais d'exploitation, ni diminuer la valeur des produits.

Fabrication de l'acide pyroligneux

ÉTABLISSEMENS.				DÉPENSE ANNUELLE DE FABRICA...						Total général de la dépense annuelle de fabrication.	RECETTE. PRODUITS FABRIQUÉS.				Valeur totale des produits.	Bénéfice résultant de la comparaison du montant de la dépense totale avec celui de la valeur totale des produits.
Situation des établissemens.	Nombre des établissemens.	VALEUR Foncière ou capital de location, à 30,000 fr. par établissement.	Mobilière des établissemens à 15,000 f. par établissement.	MAIN-D'ŒUV Nombre des ouvriers.	Prix moyen de la journée de travail.	Matières premières. Bois de menuis.	FRAIS GÉNÉRAUX Entretien, réparations, éclairage, frais de bureau, à 6,000 fr. par établissement.	Transport des matières et des divers produits.	...	... fr.	Acide pyroligneux. hectol.	Goudron. hectol.	Charbon. hectol.	Poussier de charbon. sacs.	fr.	fr. Soit : 1° à l'égard de la valeur totale des produits, à 16,46 p.°/. 2° à l'égard du montant des fonds accessoires à l'exploitation de ce genre d'industrie, et que l'on évalue à 500,000 f. 72,57 p.°/.
Choisy. Chenevières Port-à-l'Anglais.	1 1 1	francs. fr. 150,000 45,000		15	2	dévas-tères. 12,50					13,500	3,000	46,000 ou vaies 23,000	4,000		
Total.	3	195,000									Au prix moyen de 2 fr. 5orent l'hecto-litre.	Au prix moyen de 3 fr. l'hecto-litre.	Au prix moyen de 7 fr. 20 cent. la voie.	Au prix moyen de 1 fr. 5orent le sac.		
Intérêts de la valeur foncière et mobilière des établissemens à raison de 6 pour 100 l'an.				Salaire total des ouvriers, à raison de 330 jours de travail.	Au prix moyen de 75 fr. le décas-tère.				5,780	3,4...	33,750	15,000	165,600	6,000		
11,700 f.				9,900 f.		93,750	18,000	11,000	3...	184 062	210,350 fr.				220,350	36,285
11,700 f.				9,900 f.		93,750			68,7...							

Fabrication de l'acide pyroligneux

ÉTABLISSEMENS.			DÉPENSE ANNUELLE DE FABRICA...							RECETTE.					Bénéfice résultant de la comparaison du montant de la dépense totale avec celui de la valeur totale des produits.
	VALEUR		MAIN-D'ŒUVRE		FRAIS GÉNÉRAUX					PRODUITS FABRIQUÉS.					
Situation des établisse-mens.	Nombre des établissemens.	Foncière ou capital de location, à 5o,ooo fr. par établissement.	Mobilière des établissemens à 15,ooo f. par établissement.	Nombre des ouvriers.	Prix moyen de la journée de travail.	Matières premières. Bois de menuise.	Entretien, réparations, éclairage, frais de bureau, 6,ooo fr. par établissement.	Transport des matières et des divers produits.	Commission sur le...	Total général de la dépense annuelle de fabrication.	Acide pyroligneux.	Goudron.	Charbon.	Poussier de charbon.	Valeur totale des produits.	Soit : 1° à l'égard de la valeur totale des produits, à 16,46 p.°/o, 2° à l'égard du montant des fonds accessoires à l'exploitation de ce genre d'industrie, et que l'on évalue à 5oo,ooo f. 72,57 p.°/o
		francs.	fr.		fr.	décas-tères.	fr.	fr.	fr.	fr.	hectol.	hectol.	hectol.	sacs.	fr.	fr.
Choisy. Chenevières Pont-à-l'An-glais.	1 1 1	15o,ooo	45,ooo	15	2	12,5o					13,5oo	3,ooo	46,ooo un voies 23,ooo	4,ooo		
Total.	3	195,ooo									Au prix moyen de 2 fr. 5o rent l'hectoli-tre.	Au prix moyen de 5 fr. l'hecto-litre.	Au prix moyen de 7 fr. 20 cent. la voie.	Au prix moyen de 1 fr. 5o cent le sac.		
Intérêts de la valeur foncière et mobilière des établissemens à raison de 6 pour 1oo l'an.				Salaire to-tal des ou-vriers, à rai-son de 35o fr. cours de tra-vail.	Au prix moyen de 75 fr. le décas-tère.						33,75o	15,ooo	165.6oo	6,ooo		
		11,7oo f.		9,9oo f.	93,75o	18,ooo	11,ooo			184 o62			22o,35o fr.		22o,35o	36,283
		11,7oo f.		9,9oo f.	93,75o			68,7...								

Emploi de l'acide pyroligneux pour la fabrication des acétates de fer et de soude.

ÉTABLISSEMENS.	DÉPENSE DE FABRICATION.								RECETTE.			Bénéfice résultant de la comparaison du montant de la dépense totale avec la valeur totale des produits fabriqués.
	MAIN-D'ŒUVRE.		MATIÈRES Premières.				Accessoires généraux, soins de la fabrication, etc.	Total de la dépense annuelle de fabrication.	PRODUITS FABRIQUÉS.		Valeur totale des produits fabriqués.	
Pour mémoire seulement.	Nombre des ouvriers.	Prix moyen de la journée du travail.	Acide pyroligneux.	Sulfate de soude.	Craie.	Ferraille de tôle, tournure de fer.	Éclairage, ustensiles, frais divers, etc., à 4,000 fr. par établissement.		Acétate de soude.	Acétate de fer à 12°.		Suit: 1° A l'égard de la valeur totale des produits, à 18,50 pour cent; 2° A l'égard du montant des bois nécessaires à l'exploitation de cette branche d'industrie, et que l'on évalue à 50,000 francs 73,66 p. cent.
		fr.	hectol.	kilogr.	kilogr.	kilogr.		fr.	fr.	kilogr.	kilogr.	fr.	fr.
Les trois fabriques d'acide pyroligneux	18	2	13,500	202,000	150,000	16,000	40			250,000	160,000		
	Salaire total des ouvriers, à raison de 330 jours de travail par an.	Au prix moyen de 2 fr. 50 cent l'hectolitre.	Au prix moyen de 40 fr. les 100 kil.	Au prix moyen de 6 fr. les 100 kil.	Au prix moyen de 24 fr. les 100 kil.	Au prix moyen de 50 la valeur				Au prix moyen de 75 f. les 100 kilogr.	Au prix moyen de 12 f. 50 cent. les 100 kilogr.		
	11,880 fr.	33,750 f	80,800 f	900 fr.	3,840 f	20,00				180,000	20,000 f		
	11,880	119,290 fr.				20,00		12,000 fr.	163,170	200,000 f.		200,000	36,830

Emploi de l'acide pyroligneux pour la fabrication des acétates de fer et de soude.

ÉTABLISSEMENS.	DÉPENSE DE FABRICATION.								RECETTE.			Bénéfice résultant de la comparaison du montant de la dépense totale avec la valeur totale des produits fabriqués.
	MAIN-D'ŒUVRE.		MATIÈRES				Frais généraux, savoir la fabrication Éclairage, usé, ustensiles, divers, etc., à 6,000 fr. par établissement.	Total de la dépense annuelle de fabrication.	PRODUITS FABRIQUÉS.		Valeur totale des produits fabriqués.	
			Premières.									
Pour mémoire seulement.	Nombre des ouvriers.	Prix moyen de la journée de travail.	Acide pyroligneux.	Sulfate de soude.	Craie.	Ferraille de vieille tournure de fer.			Acétate de soude.	Acétate de fer à 15°		Suit: 1° A l'égard de la valeur totale des produits, à 18,40 pour cent; 2° A l'égard du montant des bois nécessaires à l'exploitation de cette branche d'industrie, et que l'on évalue à 50,000 francs, 73,66 p. cent.
		fr.	hectol.	kilogr.	kilogr.	kilogr.	voi	fr.	fr.	kilogr.	kilogr.	fr.	fr.
Les trois fabriques d'acide pyroligneux	18	2	13,500	102,000	150,000	16,000	40			150,000	160,000		
	Salaire total des ouvriers, à raison de 330 jours de travail par an.	Au prix moyen de 2 fr. 50 cent l'hectolitre.	Au prix moyen de 40 fr. les 100 kil.	Au prix moyen de 6 fr. les 100 kil.	Au prix moyen de 24 fr. les 100 kil.	Au p moy de 5 la v			Au prix moyen de 75 l. les 100 kilogr.	Au prix moyen de 12 f. 50 cent. les 100 kilogr.		
	11,880 fr.	33,750 f	80,800 f	900 fr.	3,840 f.	10,0			180,000	20,000 f		
	11,880	119,290 fr.				20,0	12,000 fr.	163,170	200,000 f.		200,000	36,830

OBSERVATIONS.

Matières premières.

Le bois dit de menuise se tire principalement du département de la Nièvre.

Produits chimiques.

Le goudron est vendu aux marchands du sel destiné aux fabriques de soude.

Le charbon est employé aux travaux chimiques et économiques. Il est plus léger et dure moins au feu que celui que l'on obtient par les procédés ordinaires; mais il a, sur ce dernier, l'avantage d'être parfaitement brûlé, de s'allumer plus promptement, de contenir moins d'acide carbonique, et d'être exempt de fumerons.

L'acide pyroligneux est employé soit à la fabrication du vinaigre, soit à celles des acétates de fer ou de soude, dans la fabrique même.

L'acétate de soude, décomposé par le feu, donne le sous-carbonate de soude, et, par l'acide sulfurique, l'acide acétique, avec lequel on prépare, dans les mêmes établissemens, les acétates d'alumine, de cuivre et de plomb.

L'acétate de fer, dit bouillon-noir, fabriqué avec l'acide pyroligneux, est liquide et marque 15° à l'aréomètre de Baumé; il est employé pour la teinture en noir, et surtout pour les chapeaux en feutre.

Ces diverses préparations augmentent les dépenses et les produits des fabriques des acides pyroligneux dans des proportions suffisantes pour élever à 300,000 francs le montant de toutes fabrications.

Nous allons maintenant exposer un compte comparatif des fabriques d'Allemagne; nous l'extrairons d'une notice très-intéressante que M. G*** a donné du travail de M. Hermstadt sur ce sujet.

*Expériences sur la fabrication de l'acide pyro-
ligneux, sur son épuration et sa conversion en
acide acétique, par Hermstadt.*

L'appareil dont se sert l'auteur est une espèce d'a-
lambic en fonte, avec un chapiteau en cuivre, étamé
intérieurement, et qui débouche dans un réfrigérant
de Geddasch; il brûle de la tourbe, chauffe d'abord
modérément, augmente peu à peu la chaleur, et la
pousse jusqu'au rouge, afin de chasser tout le goudron, et de n'obtenir pour résidu que du charbon
pur.

« Voici, dit-il, les résultats comparés de plusieurs
années; j'ai cherché à établir là-dessus un calcul qui
puisse servir de terme de comparaison à de plus grandes quantités.

» Vingt-quatre livres de hêtre blanc (la livre de 32
onces) ont produit :

1° En 1820 ,

	liv.	onc.
Acide pyroligneux.	13	24
Goudron. . . .	2	20
Charbon. . . .	6	16
Déchet par les gaz.	1	4
Total	24	

2° En 1821 ,

	liv.	onc.
Acide pyroligneux.	14	4
Goudron. . . .	1	24
Charbon. . . .	6	8
Déchet par les gaz.	1	28
Total	24	64

3° En 1822,

Acide pyroligneux.	14 liv.	8 onc.
Goudron. . . .	1	20
Charbon. . . .	5	24
Déchet par les gaz.	2	12
Total	24	00

4° En 1823,

Acide pyroligueux.	13 liv.	30 onc.
Goudron. . . .	1	30
Charbon. . . .	5	28
Déchet par les gaz.	2	8
Total	24	00

« Quatre distillations, faites pendant quatre années de suite, avec quatre espèces différentes de hêtre blanc ont donné pour 96 livres de bois (la livre de 32 onces),

Acide pyroligneux.	56 liv.	2 onc.
Goudron. . . .	7	30
Charbon. . . .	24	12
Déchet par les gaz.	7	20
Total	96	00

» Combustible employé pour ces quatre distillations, 1/32 de toise de tourbe, laquelle, estimée à 15 thalers, le tas, coûte 2 1/2 groschen; d'après quoi l'on peut établir le calcul suivant:

» Selon Hartig, la mesure de bois de Berlin est de 400 toises, et la toise de 108 pieds cubes; les intervalles comportent 1/4 du volume: aiusi l'espace compris par la mesure de bois sera (108 × 4,5) — 121,5 = 364, 5 pieds cubiques. Le pied cubique de Brandebourg, en bois de hêtre, pèse 57 livres; ainsi le poids absolu de la mesure du bois ci-dessus est de 364,5 × 57 = 20776, 5 livres. 96 livres de ce bois fournissant 56 li-

rres d'acide pyroligneux brut, une mesure fournira
11, 119 5/8 quarts de Berlin, ce quart pesant 3
livres.

« La dépense sera :

Une mesure de hêtre coût.	25 rthlr.	o gr.	o pf.
Tourbe, 6 1/4 toises à 5 rthlr.	31	6	0
Détérioration des outils compensée.	4	12	o
Total.	60	18	o

En estimant seulement le quart de cet acide
vendu à 8 pf., les 4,039 7/8 quarts donnent un produit de . . . . 112 rthlr. 5 gr. 3 pf.
Déduisant . . . . . 60 18 o

Reste un bénéfice net de . 51 11 3

« Quant au charbon produit par les 96 livres de
bois, il pesait 24 livres 12 onces; ce qui ferait 5,275
livres pour une mesure de bois pesant 20, 776, 5 : en
comptant la mesure de charbon à 75 livres poids, cela
fait 70 mesures, qui, à 6 groschen la mesure, font 17
rthlr., qui, ajoutés aux 51 rthlr. 11 gr. 3 pf., de
compte, n'étant jusqu'à présent reconnu propre à aucun emploi déterminé.

« J'emploie le procédé suivant pour épurer l'acide
pyroligneux brut et le mettre à l'état d'acide acétique.
D'abord on le filtre en poussier de charbon ; je le distille de nouveau dans un alambic en cuivre, à chapiteau étamé et à réfrigérant ; le liquide acquiert par
cette distillation une couleur d'un jaune clair, et, pour
ne pas perdre le résidu, on le joint à une autre distillation de bois. On ajoute ensuite à cet acide suffisamment de chaux pour qu'il soit entièrement neutralisé ;
il s'en sépare encore une légère couche d'huile. On
filtre le liquide neutralisé, et on y joint du sulfate
de soude ou sel de Glauber, jusqu'à ce que l'acétate
de chaux soit entièrement décomposé, c'est-à-dire
jusqu'à ce qu'une dissolution de sel de Glauber ne

trouble plus le liquide : on laisse reposer, on décante, et on fait évaporer dans une chaudière de fer. Le résidu est mis ensuite dans une chaudière plate, et traité par le feu jusqu'à ce qu'il soit réduit à un état carbonacé, qu'il ne donne plus de fumée, et que, mis dans l'eau, il offre une dissolution limpide. On lessive cette masse à l'eau froide, et le liquide filtré est soumis à l'évaporation jusqu'à ce que 56 livres d'acide brut ou 18 2/3 quarts soient réduit à 13 quarts. On ajoute 8 onces de manganèse pulvérisé ; on distille dans une cornue jusqu'à siccité, et on obtient 12 quarts d'acide acétique fort et pur, que l'on peut étendre, pour l'usage ordinaire, de 4 quarts d'eau. Le résidu, qui reste dans la cornue, est du sulfate de soude, ou de potasse, mêlé avec du sulfate de manganèse.

» On peut donc, pour une mesure de bois de hêtre, déduire les résultats suivans :

» 4,039 7/8 quarts d'acide pyroligneux brut coûtent en bois, en combustible et en détérioration d'instrumens, 60 rthlr. 12 gr. ; il reste donc encore 43 rthlr. 6 gr. pour ces 4,039 7/8 quarts d'acide brut. Il faut ajouter à cette somme, pour l'épuration de ces 4,039 7/8 quarts :

	rthlr.	gr.	pf.
Tourbe pour rectifier l'acide.	15	0	0
Charbon pour épurer. . .	3	0	0
Chaux pour saturer. . . .	1	12	0
Combustibles pour évaporer et filtrer la masse. . . .	5	0	0
Acide sulfurique pour décomposer 165 liv., à 2 1/2 gr. .	17	4	6
Manganèse.	3	0	0
Pour la distillation. . . .	5	0	0
Instrumens et leur détérioration.	10	0	0
	59	16	6
A ajouter. . . .	43	6	0
En tout, ...	102	22	6

« On obtient de là 2,597 quarts d'acide acétique fort ; ce qui met le quart de Berlin à 11 1/3 pfenning. En l'étendant avec 1/3 d'eau, pour le rendre potable, le quart ne coûte plus que 7 2/3 pfenning.

« La tonne de vinaigre de drèche, à 100 quarts de Berlin , coûte 4 rthlt. courant , et par conséquent le quart 11 1/2 pfenning. Mais communément le vinaigre de bois contient une fois autant d'acide que le vinaigre de drèche ; ainsi, si la tonne du premier se vend 4 rthlr., le fabricant gagne 1 rthlr. 4 gr. sur chaque tonne.

« Ainsi la possibilité de tirer de l'acide acétique pur de l'acide pyroligneux, et l'utilité de ce procédé sous le rapport des frais de fabrication, sont incontestablement démontrées.

« Les résultats de mes expériences avec du chêne et du hêtre présentent très-peu de différence ; mais ces résultats seraient bien plus avantageux si l'on coordonnait la fabrication du vinaigre avec celle du goudron. »

QUATRIÈME PARTIE.

CONCENTRATION DE L'ACIDE ACÉTIQUE.

Nous avons déjà dit que le vinaigre était de l'acide acétique plus ou moins étendu d'eau et contenant quelques substances étrangères. Or, il est évident qu'on obtiendra un vinaigre d'autant plus concentré qu'on lui aura enlevé une plus grande quantité d'eau.

Il est plusieurs moyens de concentrer le vinaigre :
1° Par la distillation et l'évaporation ;
2° Par la gelée ;
3° Par la machine pneumatique ;
4° Par le charbon ;
5° En l'unissant aux bases salifiables et les décomposant par les acides.

1° Vinaigre distillé.

L'acide acétique étant moins volatil que l'eau, il suffit de l'exposer à l'action du calorique pour le dépouiller d'une portion de celle-ci ; mais comme l'eau entraîne toujours avec elle un peu d'acide acétique, en pure perte, l'on a recours à la distillation ; les premières portions sont très-faibles et le résidu, suivant la remarque de Stahl, est un vinaigre très-fort. On doit arrêter la distillation dès que le résidu a acquis la consistance de la lie de vin. Si l'on compose le condensateur de trois vases dans lesquels on porte le refroidissement des vapeurs dans l'un à 100, dans l'autre à 50, et dans le dernier à 15, on obtient de l'acide acétique à divers degrés de concentration. Nous devons faire observer que le vinaigre distillé n'est pas, comme on l'a cru, dans un état de pureté parfaite ; il retient toujours des substances organiques, très-souvent même de l'ammoniaque.

Vinaigre concentré par la gelée.

C'est ici l'effet contraire de l'opération précédente ; par l'une l'on emploie l'action du calorique ; par celle-ci celle du froid L'expérience a constaté que l'eau se congelant à une température bien au-dessus de celle qu'exige le vinaigre, il est bien évident qu'en exposant celui-ci à divers degrés de froid, on doit le dépouiller d'une plus ou moins grande partie de son eau et en opérer ainsi la concentration. Stahl, à qui la chimie doit tant d'excellentes observations et de si brillantes erreurs, est un des premiers chimistes qui ont recommandé ce moyen, qui fut bientôt après l'objet des recherches de Geoffroy. Ainsi, quand on veut concentrer du vinaigre par ce moyen, on le met dans un vase à très large ouverture et on l'expose, en hiver, à une température de quelques degrés au-dessous de zéro. Si l'on fait cette opération le soir, on y trouve, le lendemain, des cristaux ou glaçons comme neigeux, qu'on enlève soigneusement. On expose de nouveau le vinaigre à la gelée et l'on réitère cette opération en recourant même à un froid plus intense, pour en séparer autant d'eau qu'il est possible. L'on finit, d'après Stahl, par le réduire à environ un huitième de son volume. En cet état, le vinaigre n'est pas encore parvenu à son dernier degré de concentration, puisque lorsqu'il se trouve à 1,063 et à 3 c°, il se prend en une masse cristalline. Stahl (Opuscul. chimiques) a remarqué que, pendant cette congélation de l'eau, il se précipitait de la crème de tartre (surtartrate de potasse); et Lowitz s'est assuré qu'à la température de 13°— 0, l'acide lui-même se congèle ainsi que l'eau (Thomson, Syst. chimie, tom. 3).

13

D'après cette observation on 'ne doit pas soumettre le vinaigre à concentrer à cette température, puisque l'opération ne produirait aucun bon résultat.

Concentration du vinaigre par la machine pneumatique.

M. Dumas a proposé de concentrer l'acide acétique au moyen de la machine pneumatique, en y mettant une capsule avec de l'acide sulfurique concentré. En faisant le vide, la pression atmosphérique venant à cesser, l'eau se vaporise, et cette vapeur est absorbée par l'acide sulfurique. Mais ce moyen, bon pour des expériences de laboratoire, ne saurait convenir au commerce, tant à cause de son prix que du temps qu'il exige, et des petites quantités qu'on peut en obtenir ainsi.

Concentration du vinaigre par le charbon.

L'on prend du charbon de bois en poudre fine qu'on réduit en pâte avec du vinaigre ordinaire, et l'on procède à la distillation. L'eau commence d'abord à passer ; il faut ensuite une température plus élevée pour opérer la distillation de l'acide acétique. Lowitz, à qui nous devons cette connaissance, assure qu'en répétant cette expérience on pouvait obtenir le vinaigre en cristaux.

Concentration du vinaigre par la distillation des acétates.

Nous avons déjà fait connaître l'action qu'exerce le calorique sur les acétates ; nous avons dit que chez les uns cet acide subissait une décomposition plus ou moins grande, tandis que chez d'autres le sel etait décomposé, et le vinaigre ou acide acétique passait à la distillation dans un état de concentration. De ce nombre est l'acétate de cuivre, qui sert à préparer ce qu'on nomme le vinaigre radical.

Vinaigre radical.

C'est sous ce nom que l'on connaissait jadis le vinaigre pur et concentré qu'on préparait dans les pharmacies de la manière suivante :

On remplit, aux deux tiers, d'acétate de cuivre neutre réduit en poudre, une cornue en grès, à laquelle on adapte un ballon muni d'une alonge ; ce ballon porte un tube long et droit à sa tubulure. On place la cornue dans un fourneau de réverbère, l'on chauffe peu à peu et la décomposition ne tarde pas à s'opérer. L'acide acétique se partage en deux parties ; l'une d'elles s'unit à l'oxigène de l'oxide de cuivre et forme du gaz acide carbonique, du gaz hydrogène carboné, de l'eau et de l'acétone. La plus grande partie de l'acide acétique passe à la distillation avec l'eau produite et se condense dans le ballon avec l'esprit pyro-acétique. On doit avoir soin de refroidir le ballon en l'entourant de linges mouillés. Le résidu, qu'on trouve dans la cornue, est un mélange d'un peu de charbon, de protoxide de cuivre et de cuivre très-divisé. On reconnaît que l'opération est terminée lorsque la cornue étant portée au rouge obscur, il ne s'en dégage plus de vapeurs.

Il faut faire attention de bien conduire le feu, car s'il était trop fort la décomposition serait trop prompte et tout l'acide ne se condenserait pas dans le ballon ; s'il ne l'était pas assez, vers la fin, une partie de l'acétate de cuivre ne serait pas décomposée, ce qui serait en pure perte.

L'acide acétique ainsi obtenu a une légère couleur verte qu'il doit à un peu d'acétate qu'il a entraîné, et dont on le débarrasse en le distillant dans une cornue de verre, jusqu'à ce qu'il ne reste presque plus rien

dans la cornue (1). C'est ce vinaigre, ainsi préparé
dans les pharmacies, qui est décrit dans les dispen-
saires sous le nom de vinaigre radical. MM. Derosnes
se sont livrés à des recherches fort intéressantes sur
la théorie de cette décomposition. Nous allons les faire
connaître. au kil. 315 gr. d'acétate de cuivre leur ont
donné :

9 kilogr. 943 gr. d'acide coloré en vert.
6   792 de cuivre.
3   580 de substances gazeuses chargées d'un
             peu d'acide acétique.
_____

20 kil.   315 gram.

Ces chimistes ont recueilli cette quantité d'acide à
quatre époques différentes de la distillation, en chan-
geant chaque fois de récipient.

Le premier acide qu'ils ont obtenu était d'une odeur
faible et était un peu coloré ; il pesait 2 kil. 754 gr.,
et marquait à l'aréomètre 9°,5—0.

Le deuxième était d'une odeur bien plus forte, et
plus coloré. Son poids était de 3 kil. 074 gr. ; il marquait à l'aréomètre 10°,5—0.

Le troisième, odeur plus vive et empyreumatique,
couleur plus forte ; il pesait 3 kil. 855 gr., et marquait
4°,5—0. Il contenait de l'acide pyro-acétique et beaucoup plus d'acide acétique que les deux premiers.

Le quatrième enfin avait une couleur ambrée et
une odeur d'acide faible ; il ne contenait point d'oxide
de cuivre, pesait 0 kil. 260 gr., marquait 0,5 degré
—0, était plus léger que l'eau, contenait moins d'a-
cide que les trois autres, mais en revanche une grande
quantité d'esprit pyro-acétique. MM. Derosnes ont distillé les deux derniers produits à une douce chaleur et
en ont séparé la plus grande partie de l'esprit pyro-
acétique ; l'acide marquait alors de 6 à 7 — 0.

_____

(1) Pendant l'opération, il se dépose, parfois dans le col de la
cornue, de petits cristaux blancs, que MM. Vauquelin et Vogel
ont reconnu être de l'acétate de cuivre. Ces cristaux, mis en contact
avec l'eau, acquièrent la couleur bleue qui caractérise ce sel.

Procédé de M. Pérès.

Comme l'acétate de cuivre est à un prix beaucoup plus élevé que le vert-de-gris et le vinaigre, M. Pérès a proposé, comme moyen d'économie, de prendre du vert-de-gris, de le réduire en poudre et de l'arroser tous les jours avec du bon vinaigre, jusqu'à ce que l'oxide de cuivre soit converti en acétate. Si l'on a opéré sur demi-kilogramme de vert de-gris, on distille le produit avec un kilog. d'acide sulfurique concentré et à une douce chaleur, et l'on obtient par ce moyen plus d'acide acétique que par la méthode ordinaire.

Le résidu, qui se trouve dans la cornue, lavé et évaporé, donne de très-beaux cristaux de sulfate de cuivre ; d'où il s'ensuit qu'en opérant ainsi il n'y a rien de perdu.

Il serait encore plus économique de faire dissoudre dans le vinaigre le résidu cuivreux obtenu par la préparation du vinaigre radical, en distillant l'acétate de cuivre sans addition.

On peut aussi obtenir l'acide acétique pur, en distillant également l'acétate de plomb, avec l'acide sulfurique, ou tout autre acétate. Il est bon de faire observer que si l'on emploie l'acétate de plomb, le produit contient un peu de ce sel, dont on le débarrasse, en y ajoutant quelques gouttes d'acide sulfurique et le redistillant.

Procédé de M. Lartigue.

M. Lartigue a donné un procédé pour retirer l'acide acétique de l'acétate de plomb. Ce procédé consiste à décomposer ce sel par l'acide sulfurique, étendu d'un peu d'eau, à y ajouter le lendemain de l'oxide de manganèse, à séparer la liqueur qui surnage le sulfate de plomb, à la débarrasser de l'excès d'acide sulfurique par l'acétate de plomb jusqu'à ce qu'il ne se fasse plus de précipité, à filtrer la liqueur et à la distiller.

Procédé de M. Baups.

La méthode de M. Baups consiste à distiller ensemble 16 parties d'acétate de plomb cristallisé, 1 partie de peroxide de manganèse et 9 d'acide sulfurique concentré.

Procédé de Lowitz.

Distillez un mélange de trois parties d'acétate de potasse sur quatre d'acide sulfurique ; l'acide qui passe à la distillation contient de l'acide sulfurique dont on le débarrasse en le redistillant avec de l'acétate de barite. L'acide que l'on obtient est si concentré qu'il cristallise dans le récipient. Cette expérience m'a également réussi au moyen de l'acétate de chaux.

Acide acétique obtenu par la décomposition des acétates et la distillation.

L'acide sulfurique ayant beaucoup plus d'affinité avec les bases salifiables que n'en a l'acide acétique, il est bien évident qu'en faisant agir cet acide sur ce sel, il doit le mettre à nu et s'emparer de leur base, c'est aussi ce qui a lieu ; telle est aussi la méthode que l'on suit pour obtenir l'acide acétique très-pur et très-concentré. Il est très-évident que cet acide possédera ces qualités dans un degré d'autant plus fort que l'acétate est plus ou moins privé d'eau et l'acide sulfurique plus pur et plus concentré. Aussi fait-on bouillir l'acide sulfurique du commerce destiné à cette opération, afin de le dépouiller de l'acide nitreux et de l'eau qu'il pourrait contenir. Quant à l'acétate, on donne la préférence à celui de soude qu'on obtient pur en le faisant cristalliser deux ou trois fois. Pour le priver d'une grande partie de son eau de cristallisation, on le réduit en poudre et on le chauffe dans une bassine, en le remuant constamment avec une spatule de fer, en évitant soigneusement qu'il entre en fusion. Quand il est bien dépouillé de son eau, on le passe à travers un tamis de soie. Voici maintenant le *modus faciendi* ; on prend

Acétate de soude en poudre desséché.   5   kil.
Acide sulfurique concentré , comme
nous l'avons dit, et refroidi jusqu'à
5o° environ. . . . .   9,7 id.

On introduit ce sel dans une cornue munie d'une alonge et d'un récipient à trois pointes, afin de pouvoir diviser les produits et séparer les plus concentrés. On verse l'acide dans la cornue et l'on ferme la tubulure. Il s'opère une réaction très-vive , la masse s'échauffe, l'acide sulfurique s'unit à la soude de l'acétate ; l'acide acétique est mis à nu et passé à la distillation. Quand un huitième de cet acide est passé , la distillation s'arrête ; il faut alors chauffer un peu la cornue et régler la chaleur afin d'éviter les soubresauts. Malgré les précautions, il passe toujours un peu d'acide sulfurique, et il se projette un peu de sulfate de soude. Quand toute la masse est en fusion, l'opération est finie. On doit rectifier les produits sur un léger excès d'acétate de soude anhydre pour le dépouiller de l'acide sulfurique. On divise les produits de cette seconde distillation en deux et l'on en retire ordinairement 2 kilogrammes d'acide acétique rectifié. D'après le poids de l'acétate de soude employé, celui de l'acide acétique concentré eût dû n'être que de 1,86o ; cela prouve qu'il est uni a 0,14o d'eau et même davantage ; car, pendant ces deux distillations il y a quelques pertes. Ainsi, cet acide contient , terme moyen, 20 pour 100 d'eau.

Si l'on veut avoir l'acide dans le plus grand état de concentration, on met à part le premier tiers de la rectification et les deux autres tiers, qui sont beaucoup plus concentrés sont soumis à la congélation et égouttés avec soin. En liquéfiant cet acide, le congelant et l'égouttant de nouveau, il est alors à son maximum de concentration. M. Dumon dit qu'il ne l'a jamais obtenu au-delà de 17 pour le point de fusion et de 120 à 120,5 pour celui d'ébullition. M. Sébille-Auger indique 22 pour le premier et 119 pour le second. Nous croyons qu'on lira avec plaisir les procédés qu'il indique pour obtenir l'acide acétique cristallisable. On y verra quelques répétitions de ce que nous venons d'exposer.

Préparation économique de l'acide acétique cristallisable,

Par M. Sébille-Auger.

Presque tous les acétates purs et anhydres donnent de l'acide acétique cristallisable. L'acétate d'argent en produit de très-pur par la distillation sèche, qui contient 70 d'acide réel et 30 d'eau. Mais le prix trop élevé de ce sel ne permet pas de s'en servir.

Le verdet donne de l'acide, contenant rarement plus de 55° d'acide réel ; 2 parties de verdet ne donnent qu'une partie d'acide réel qui revient à 6 fr. la livre.

L'acétate de soude traité par l'acide sulfurique, donne l'acide le plus pur ; c'est le meilleur procédé pour l'obtenir.

On prépare de l'acide sulfurique assez pur en le portant à l'ébullition pendant quelques instans; il peut retenir encore un peu d'acide nitrique. On fait cristalliser à plusieurs reprises l'acétate de soude, et on le dessèche dans une chaudière de fonte, en prenant garde qu'il ne fonde ; on le pile, on achève de le dessécher, on le passe au tamis de crin, et on l'introduit dans une cornue bien sèche, en n'opérant pas sur plus de 3 kil. qui exigent 9 kil. 7 d'acide sulfurique concentré. Dans ce cas, la cornue doit être de 6 litres au moins. En employant moins d'acide, on décomposerait imparfaitement l'acétate et on obtiendrait de l'acide sulfurique et de l'esprit pyro-acétique.

On place la cornue au feu sur un triangle de fer où on la fixe ; une alonge droite, à laquelle on fixe un ballon tubulé à pointe, que l'on fixe de la même manière. On assujettit le tout avec du papier, le lut de farine de lin et de colle de pâte pouvant donner à l'acide une odeur désagréable.

La pointe du ballon traverse une planche assez élevée pour que l'on puisse faire entrer cette pointe dans des flacons de 1 à 2 livres, qu'on peut changer à volonté. Il n'est point nécessaire de refroidir avec de l'eau.

Le fourneau doit avoir 10 à 12 centimètres de diamètre de plus que la cornue, et l'envelopper jusqu'au col, et il n'est pas nécessaire d'employer un dôme ; on doit même préserver le col de la chaleur par une plaque de tôle ; le fond de la cornue doit être de 6 à 8 centimètres au-dessus des charbons.

L'appareil étant disposé, on verse l'acide dans la cornue : la réaction s'opère sur-le-champ ; il se dégage beaucoup de chaleur, et, si l'acide sulfurique contient de l'acide nitrique, il se dégage beaucoup de vapeurs rouges qui n'ont pas d'inconvénient, parce qu'elles ne se condensent pas avec l'acide acétique. Environ 1/8 de l'acide acétique se distille sans feu ; quand l'opération se ralentit, on chauffe peu à peu, en évitant de produire des soubresauts (1).

Quand toute la masse est fondue, l'opération est terminée. On essaie de temps en temps s'il ne passe pas d'acide sulfurique. L'opération dure 4 à 5 heures.

Il est très-difficile qu'il ne passe pas un peu d'acide sulfurique et même de sulfate de soude. On fait sortir tout de suite le sulfate acide de la cornue, dont il faut bien chauffer le col pour qu'elle ne casse pas.

Pour rectifier l'acide acétique, on y ajoute assez d'acétate de soude, pour saturer l'acide sulfurique, et

(1) Peut-être obtiendrait-on de meilleurs résultats encore, et plus facilement, en augmentant la concentration de l'acide sulfurique par une addition de quelques centièmes d'acide dit de *Nordhausen.*   P.

on distille avec les précautions indiquées précédemment : à la fin de l'opération, il y a beaucoup de soubresauts (1).

Les premiers produits sont les plus faibles. Quand la densité est moindre de 1,0766, ou 110, 3 à un bon aréomètre pour 16° c. de température, l'acide qui passe est cristallisable de 4 à 5° c. Quand la densité est à 1,0622 ou 80, 6 à l'aréomètre, l'acide est à son maximum de force, et sa densité ne varie plus. Le produit rectifié est ordinairement de 2 kilog. d'acide, d'une richesse moyenne de 0,80 ; on ne pourrait obtenir au plus que 1 kilog. 860 d'acide pur.

L'acide acétique cristallise en lames minces à la température de 13° c. ; on peut l'abaisser au-dessous de ce point, sans qu'il se solidifie, mais alors le plus léger mouvement le fait cristalliser avec dégagement de chaleur ; les cristaux séchés sur du papier joseph, fondent à 22°. Il paraît que l'acide cristallisé et refondu ne peut cristalliser qu'à une température plus basse que précédemment, et il bout à 119° centigr. et distille rapidement quelquefois sans bouillir ; liquide il s'enflamme et brûle comme l'alcool ; il a beaucoup d'affinité pour l'eau, dont il contient une proportion qu'on ne peut lui enlever qu'en le combinant avec une base ; le chlorure de calcium ne lui en enlève pas. Le sulfate de soude anhydre dissout à chaud dans l'acide acétique riche, à moins de 0,20 lui prend de l'eau et cristallise, tandis que ce sulfate cristallisé dissout à chaud dans l'acide acétique à 0,85 de richesse, lui cède son eau et se précipite anhydre.

On peut employer le sulfate de soude pour amener à une richesse de 0,20 du vinaigre ou des acides pyroligneux qui ne contiennent que 0,05 à 0,06 ; mais il faut les distiller pour séparer le sulfate de soude.

Il faut tâcher d'obtenir cet acide en une seule distillation, car à chacune il s'en décompose un peu qui donne au produit une couleur empyreumatique.

(1) On diminuerait sans doute cet inconvénient en laissant dans le liquide un fil de platine contourné en spirale.   P₁

L'acide cristallisable revient à 8 francs la livre ; il a été vendu 48 francs ; et plus tard, on l'a donné à 12, prix trop peu élevé pour les chances de l'opération.

Si on ne veut pas obtenir de l'acide d'une pureté parfaite, on peut le préparer en grande quantité et à peu de frais avec de l'acide pyroligneux purifié, d'une richesse de 0,40 obtenu par la décomposition de l'acétate de soude à froid par l'acide sulfurique.

On se sert de l'alambic en cuivre muni d'un tuyau d'argent et d'un condensateur de même métal ; on le charge d'acide purifié de sulfate de soude par une première distillation, on en sépare la première moitié du produit qui est trop faible ; on continue la distillation presque à siccité, et on fait de même deux autres distillations ; puis on démonte l'appareil que l'on nettoie et qu'on recharge avec la totalité ou une partie des derniers produits des trois distillations, dont la richesse moyenne est déjà de 0,55 et d'une densité de 10,656 ou 12°, 2 ; on distille en fractionnant les produits, dont la densité monte jusqu'à 10,766 ou 11°,3 à 16' centig. de température. Arrivé à ce terme, elle décroît, tandis que la force de l'acide augmente ; on change les récipiens, et les produits sont d'autant plus facilement cristallisables que leur densité est moindre. Cet acide ne revient pas en fabrique à 1 franc la livre.

Le même appareil peut donner en grand de l'éther acétique. Voici le procédé décrit par M. Sébille, par le moyen duquel il en a obtenu économiquement de très-pur.

On introduit dans l'alambic 30 kilog. d'acétate de soude pur, desséché et tamisé, et 43 litres d'alcool à 35° ; on mêle bien, et on verse dessus 9 kilog. d'acide sulfurique concentré et blanc, et on agite avec soin ; on place le couvercle, auquel on adapte un tube à 3 branches pour introduire 18 autres kil. d'acide. Il se dégage beaucoup de chaleur, et l'éther se produit sans feu et coule d'abord en filet ; quand il ne coule plus que par gouttes, on échauffe en distillant presque à siccité, on obtient 56 kil. d'éther impur à 19° Gartier, que l'on distille avec 8 kil. d'acide sulfurique; on distille les 48 kil. 5 d'éther à 24 Cartier, auquel on ajoute environ 1 kil. de chaux éteinte; après quelque temps on décante et on redistille les 47 kil. de liquide obtenu en séparant les premières portions qui sont jaunes et louches et ne pèsent que 25 Cartier; la densité augmente jusqu'à 0,27°, et on continue la distillation jusqu'à ce que le liquide passe brun et acide. On obtient 4 kil. d'éther à 26 Cartier, ou 0,900, qui ne contient qu'une faible quantité d'eau et d'alcool; si on voulait l'avoir très-pur, il faudrait le distiller avec 1 ou 2 kil. d'acide acétique concentré, le laver, le rectifier sur le chlorure de calcium.

L'éther acétique, obtenu comme nous venons de le dire, ne revient qu'à 6 fr. le kilog.

Acide acétique cristallisable, autre procédé.

M. Despretz a lu à la Société philomatique le procédé suivant, que des fabricans d'acide acétique tiennent secret.

On fait dessécher l'acétate de plomb; ce sel se liquéfie; on remue jusqu'à ce qu'il soit à l'état pulvérulent, degré de dessiccation qui détermine l'évaporation d'un peu de cet acide.

On prend alors cet acétate et on le distille à la cornue avec de l'acide sulfurique concentré. Le produit, que l'on obtient ainsi, est de l'acide acétique immédiatement cristallisable.

CINQUIÈME PARTIE.

DÉCOLORATION, CONSERVATION ET MOYENS
PROPRES A RECONNAITRE LES DEGRÉS DE
PURETÉ ET DE CONCENTRATION DES VI-
NAIGRES.

Décoloration partielle des vinaigres.

Dans le midi de la France, en Espagne et divers
autres lieux, on ne prépare guère que des vinaigres
rouges. On les décolore, ou *mieux* on convertit cette
couleur rouge en une couleur ambrée, en ajoutant au
vinaigre un vingt-cinquième de son poids de lait chaud,
agitant bien la liqueur et la filtrant au bout de quelques jours. Le lait, en se coagulant, entraîne la plus
grande partie de la matière colorante.

On obtient les mêmes résultats en délayant dans
40 kilogrammes de vinaigre rouge un kilogramme de
levain de boulanger, agitant de temps en temps le
mélange, et filtrant au bout de quelques jours.

Décoloration totale des vinaigres.

Un grand nombre d'expériences ont démontré le pouvoir décolorant du charbon animal. Lorsqu'on veut
décolorer complètement du vinaigre rouge ou jaune,
il suffit de l'agiter avec du charbon animal, et de le
filtrer au bout de quelques heures. Il est bon de faire
observer que, le charbon animal contenant du phosphate de chaux, l'acide acétique en dissout une partie, qui se dépose bientôt, en partie, en cristaux. On

14

obvie à cet inconvénient en opérant cette décoloration avec du charbon animal dépouillé de ce phosphate au moyen de l'acide sulfurique étendu d'eau.

Autre.

On prend 50 grammes de charbon animal qu'on lave bien à l'eau bouillante et ensuite à l'eau froide, on l'agite ensuite avec un litre de bon vinaigre rouge de deux heures en deux heures, sans cela le charbon se dépose et cesse d'agir. Au bout de 3 jours la décoloration est complète; on laisse alors déposer et l'on décante ou l'on filtre.

Du degré de concentration des vinaigres, et des moyens propres à le reconnaître.

Les vinaigres obtenus soit par la fermentation acétique, soit par la carbonisation du bois, ont un degré de force qui est relatif à la quantité de matière sucrée contenue dans la liqueur en fermentation, ou bien à la quantité d'eau dont est étendu l'acide sulfurique que l'on fait agir sur l'acétate de soude. Le moyen de reconnaître ce degré de force serait très-aisé, si la densité de l'acide acétique augmentait ou décroissait par la soustraction ou l'addition de l'eau. M. Mollerat (1), qui s'est livré à une série d'expériences très-curieuses sur ce sujet, a démontré que la densité de l'acide acétique n'était pas une preuve de sa force. Ainsi, deux qualités d'acide acétique numérotées 1 et 2 marquaient également 9 à l'aréomètre pour les sels de Baumé, à la température de 12° 5 + 0 R., et leur poids spécifique était de 106,30. Cependant, malgré leur similitude,

No 1 était composé de 0,87125 d'acide acétique;
0,12875 d'eau.
_____
1,00000

(1) *Observations sur l'acide acétique; Annales de Chimie,* tome LXVIII.

Cent parties saturaient 250 parties de sous-carbonate de soude cristallisé. Cet acide cristallisait entre 10 et 11 + o R., et fondait difficilement même à 18° : c'est le plus pur que M. Mollerat ait pu obtenir.

$$N° 2 \text{ était formé de } 0,41275 \text{ d'acide},$$
$$\text{et } 0,58725 \text{ d'eau}.$$
$$\overline{}$$
$$1,00000$$

Cent parties ne saturaient que 118 parties de sous-carbonate de soude cristallisé. Cet acide ne cristallisait pas à plusieurs degrés au-dessous de o.

Il est aisé de voir qu'en soumettant l'acide acétique à l'examen par l'aréomètre, les n.ᵒˢ 1 et 2 marqueront la même force, quoique le dernier soit un composé de cent parties du n.ᵒ 1 sur 112,2 d'eau (1). Si cette quantité d'eau est moindre , la densité de cet acide augmente ; à son *maximum* , elle est de 1,080 ; il contient alors un peu plus du tiers d'eau en poids. *Voy.* les propriétés de l'acide acétique , pages 56 et 61.

Pour rendre ces notions plus claires , nous allons retracer le tableau des mélanges , fait par M. Mollerat.

---

(1) Cette similitude de densité , quoiqu'il y ait une grande quantité d'une liqueur beaucoup plus dense que l'autre , nous paraît dépendre de ce que ces deux liqueurs , en s'unissant , acquièrent divers degrés de dilatation , desquels dépendent les variations de densité.

Des expériences faites sur 110 grammes d'acide acétique n° 1, marquant à l'aréomètre 9° + 0 R.; poids spécifique 106,30 ; sa richesse étant la saturation de 230 sous-carbonate de soude cristallisé sur 100 d'acide.

	Eau ajoutée.		Aréomètre.		Poids spécifique.
1.	10 gram.		10,6.		107,42
2.	12		11 .		107,20
3.	10		11,5.		107,91
4.	10,5		10,9.		107,63
5.	12,0		10,6.		107,42
6.	11,5		10,4.		107,28
7.	51		9,4.		106,58
8.	11		9 .		106,37
9.	37		9 .		106,30

Chaque addition d'eau, dans le mélange, élève la température; à chaque fois, on la laisse redescendre à 12° 5.

M. Mollerat s'est convaincu que :

1° L'ascension de l'aréomètre indique la force de l'acide acétique, jusqu'à ce que le mélange soit formé de

Acide acétique. 0,67,25614
Eau 0,32,74386

Ce terme est marqué sur l'aréomètre par 11°, 5 à la température de 12,5 + R., et le poids spécifique 10,791.

2° La force de ce même acide depuis 11,5 se reconnaît par l'abaissement régulier de l'aréomètre dans le mélange.

En Angleterre on fait usage d'un acétomètre en verre, d'après Farenheit. Cet instrument se compose d'une boule d'environ trois pouces de diamètre, au-dessous de laquelle on en trouve une autre petite lestée par du mercure ou du plomb. La première boule est surmontée d'un tube en verre de trois pouces de long, contenant une bande de papier sur le milieu de laquelle est tracée une ligne transversale. Cette ligne est surmontée d'une petite coupe pour recevoir les poids. Les expériences qui ont servi à la construction de cet acétomètre se rapprochent beaucoup de celles de M. Mollerat.

L'acétomètre de MM. Taylor a pour base les degrés de force d'un acide de preuve, appelé par ce manufacturier nᵒ 24.

Poids spécifiques.		Acide réel en 100 parties.
1,0085.	. . . . . .	5
1,0170.	. . . . . .	10
1,0257.	. . . . . .	15
1,0320.	. . . . . .	20
1,0470.	. . . . . .	30
1,0580.	. . . . . .	40

Acétomètre des marchands de vinaigre de Paris.

Cet instrument se compose de deux boules : l'inférieure, qui est la plus petite, est lestée avec le mercure; la supérieure est cylindrique, elle a environ un pouce et demi de longueur sur deux de circonférence. Elle est surmontée d'un tube très-délié d'environ trois pouces et demi de longueur. Ce pèse-vinaigre se compose seulement des 4 premiers degrés du pèse-acide; le 0 en haut de la tige indique l'eau; le chiffre 1, un degré du pèse-acide; il est de même des 2ᵉ, 3ᵉ et 4ᵉ chiffres.

Ces quatre degrés, avons-nous dit, sont chacun divisés en dixièmes (qui, par conséquent, sont des dixièmes de degrés du pèse-acide); ainsi, par exemple, s'il enfonce dans le vinaigre jusqu'à 2 (en encre rouge) plus 5, on dira : ce vinaigre pèse 2 degrés 5 dixièmes. Or, comme les vinaigres de table diffèrent peu par leur concentration, cet instrument, tout défectueux qu'il est, sert aux marchands comme d'un moyen approximatif. J'ai examiné un grand nombre de vinaigros du commerce, et j'ai trouvé qu'ils marquaient, terme moyen, 2 degrés 5 à ce pèse-vinaigre, ce qui équivaut à 3 degrés du pèse-sels de Baumé. J'avais terminé cet examen, lorsque je voulus m'assurer s'ils ne contenaient pas d'acide sulfurique; je suis forcé d'avouer que j'en ai rencontré dans quatre d'une manière bien sensible.

Le poids spécifique moyen du vinaigre de bois, destiné à la préparation des alimens, est de 1,009; en cet état, son degré d'acidité est le même que celui du vinaigre de vin de 1,014. Ces vinaigres, sous le même poids spécifique, contiennent chacun cinq centièmes d'acide acétique absolu, et quatre-vingt-quinze d'eau.

D'après tout ce que nous avons exposé, il est bien évident que les pèse-vinaigres sont des moyens inexacts pour déterminer la force acide des vinaigres. M. Descroizilles, auquel les arts chimiques et industriels doivent plusieurs instrumens et plusieurs procédés importans, en avait imaginé un pour reconnaître la force des alcalis par la quantité d'acide qu'ils peuvent neutraliser. Cet habile chimiste, convaincu de l'infidélité des pèse-vinaigres, fit la même application à l'acide acétique que celle qu'il avait faite aux alcalis, avec cette différence que, dans l'essai des soudes ou potasses, il remplit son alcalimètre d'une liqueur acide (acide sulfurique), tandis que dans l'acétimètre il introduit une solution de soude, avec laquelle il sature le vinaigre à essayer. Les détails dans lesquels M. Descroizilles est entré pour décrire son acétimètre n'étant pas susceptibles d'analyse, nous allons les rapporter tels qu'il les a exposés dans sa Notice sur le *Polymètre chimique*. Nous nous bornerons à dire que l'acide acétique le plus concentré que l'on ait pu obtenir contient, d'après M. Thénard, 11,92 d'eau, et 1,88,08 d'acide acétique réel; son poids spécifique est de 1,065, et il exige pour se saturer deux parties et demie de sous-carbonate de soude cristallisé pour une de cet acide. Ce point établi, il sera facile de déterminer la force d'acidité des vinaigres par la quantité de sous-carbonate de soude qu'ils satureront.

Description de l'acétimètre de M. Descroizilles.

Comme l'alcalimètre et le berthollimètre, auxquels il est uni dans le polymètre chimique, l'acétimètre est un tube de verre de 20 à 25 centimètres, ou 8 à 9 pouces de longueur, et de 14 à 16 millimètres, ou 7 à 8 lignes de diamètre; il est fermé par le bout inférieur, où il est supporté par un piédestal, tandis que le bout supérieur, entièrement ouvert, est muni d'un rebord saillant.

Il offre une échelle ayant quarante-huit divisions, chiffrées de deux en deux, et subdivisées chacune en deux moitiés, non compris l'espace entre son extrémité inférieure et le fond du tube; ce qui, depuis l'extrémité supérieure marquée o, offre une capacité de 50 millimètres ou 100 demi-millièmes de litre. On y voit en outre, vis-à-vis du 40e degré de l'échelle descendante, une ligne circulaire entre laquelle et le fond du vase l'espace offre la capacité d'un centilitre, ou de 10 millilitres, qui y sont marqués, parce que, comme on le verra, c'est une dose fixe pour l'essai du vinaigre et pour l'essai préalable de la liqueur acétimétrique.

Pour faire usage de cet instrument, deux choses sont indispensables, savoir : une infusion de tournesol et une dissolution de soude caustique, qui est la liqueur acétimétrique.

Liqueur acétimétrique.

L'instrument que M. Descroizilles appelé la couloire, et qui facilite beaucoup la préparation de cette liqueur, est un manchon de 85 millimètres de diamètre sur 160 de longueur, ou de 3 pouces 2 lignes sur 6 pouces; ses deux extrémités sont renfoncées à l'extérieur par un fil d'archal, autour duquel le fer-blanc est roulé. L'une de ces extrémités est coiffée par un morceau de toile un peu claire, et qui y est fixée au moyen de trois ou quatre tours d'un gros fil bien noué;

ce qui offre à peu près l'aspect d'un petit tamis très-profond. Avant de fixer cette toile, il sera bon de la tailler circulairement, en lui donnant 4 pouces de diamètre, et de la faufiler tout autour pour empêcher que les fils ne s'échappent.

Outre la couloire, il faut encore, en fer-blanc, une espèce d'entonnoir, dont les parois, très-peu inclinées, se terminent par une douille de 40 millimètres de longueur, et ayant à son extrémité 16 millimètres de diamètre, ou 1 pouce 1/2 de longueur, sur 7 lignes de diamètre. Cet entonnoir est fixé au milieu de la hauteur d'un manchon de 90 millimètres de diamètre et de 80 de hauteur, également renforcé à ses deux extrémités. Il est destiné à recevoir la couloire garnie de sa toile.

Il faut enfin, et toujours en fer-blanc, une rondelle plate ou grille ronde, qui doit être placée dans l'entonnoir et sous la toile. Cette grille doit être percée d'une centaine de trous d'une ligne de diamètre ; il faut avoir soin que la douille de l'entonnoir soit à 1 ligne ou 2 au-dessus du niveau inférieur du manchon dans lequel elle est fixée : à ce moyen le tout pourra, au besoin, se placer à plat sur une table ou sur une assiette.

Ce petit appareil de coulage est destiné à être monté sur une carafe ou sur une bouteille ordinaire à vin. Il s'y maintient parfaitement au moyen de sa douille, qui est de grosseur convenable, et au moyen de son fond très-peu incliné vers la douille.

Il faut avoir aussi une seconde grille, destinée à être posée sur le marc de la lessive, dans la couloire, afin qu'il ne s'y forme point d'enfoncement irrégulier lorsqu'on y versera de l'eau pour le laver. L'appareil est renfermé dans une boîte cylindrique en fer-blanc, formée de deux pièces, dont l'une sert de couvercle à l'autre ; la plus grande est en outre destinée à faire chauffer de l'eau, ainsi que je vais l'expliquer.

Pour la caustification de la soude, mettez environ 4 décilitres d'eau, ou 8 mesures de 50 millilitres chacune, mesurées dans le millilitrimètre, dans la grande pièce de la boîte cylindrique de fer-blanc , et posez-la sur un triangle , au-dessus d'un petit fourneau, dans lequel vous aurez allumé quelques charbons (ou faites chauffer sur le fourneau à lampe alcoolique du petit alambic pour l'essai des vins). L'eau étant chaude à n'y pouvoir tenir le doigt, retirez-la du dessus le feu , et introduisez-y, avec précaution , un demi-hectogramme de chaux très-vive et très-récemment sortie du four (un demi-hectogramme équivaut au poids de deux écus neufs de 5 francs) ; la chaux se délitera avec bouillonnement , pendant lequel il faut prendre des précautions pour ne rien perdre. Ajoutez à cette crème de chaux 4 autres décilitres d'eau , ou 8 mesures de 50 millilitres chacune , mesurées dans le millilitrimètre, et de suite 2 hectogrammes de sel de soude du commerce, agitez le tout avec une cuiller jusqu'à ce que le sel vous paraisse entièrement dissous , puis laisser refroidir tout-à-fait. Après cela, procédez au coulage dans l'appareil ci-dessus décrit, et dont vous aurez préalablement mouillé la toile. Si les premières portions de liqueur sont troubles, réservez-les sur la couloire. Lorsque la totalité du mélange y aura été versée, et lorsqu'il ne passera plus rien , mettez , à la surface de la masse de la substance salino-terreuse ou marc, la seconde grille dont j'ai parlé, et versez-y de l'eau , par portions d'un décilitre chaque fois ; ayez soin de ne verser de nouvelle eau que lorsque l'écoulement occasioné par la mise précédente aura tout-à-fait cessé. La saveur de la lessive alcaline doit diminuer graduellement jusqu'à ce qu'enfin ce ne soit plus que de l'eau insipide.

Ordinairement sur 8 décilitres , d'abord mis avec la chaux et la soude, il n'en passe que 4 ; de sorte que , pour en avoir enfin 8 , il faut en ajouter 4 l'un après l'autre pour les réunir aux 4 premiers. Après cela le marc doit être presque insipide ; mais encore vous pouvez l'épuiser tout-à-fait de soude caustique , en y passant encore, l'un après l'autre, 2 décilitres d'eau, que vous garderez si vous le voulez pour commencer une nouvelle opération.

D'autre part encore, ayez de la liqueur alcalimétrique, composée d'acide sulfurique et d'eau, et versez-en dans le tube jusqu'à la ligne circulaire dont il a été parlé plus haut, c'est-à-dire le volume de dix millilitres ou d'un centilitre; renversez ensuite du tube dans un verre ordinaire cette quantité de liqueur alcalimétrique, puis rincez le tube avec une quantité d'eau à peu près égale, et réunissez cette rinçure à la liqueur qui est dans le verre. Le tube étant encore plus exactement rincé et secoué, emplissez-le jusqu'au haut de l'échelle avec de la lessive caustique obtenue par le procédé décrit ci-dessus, puis servez-vous-en pour saturer l'acide qui est dans le verre.

Cette saturation a lieu sans effervescence, de sorte qu'il faut être très-attentif lorsqu'on y procède.

Laissez donc tomber lentement la lessive dans le verre, et operez-en le mélange, au moyen d'un petit brin de bois, que vous en retirerez de temps en temps pour le poser sur des gouttelettes d'infusion de tournesol, disséminées sur une assiette. A l'instant même du contact, la belle couleur bleue de cette infusion sera changée en rouge clair, et cela aura lieu tant qu'il restera la plus petite portion d'acide à saturer; mais au moment même où vous aurez strictement atteint cette saturation, les gouttelettes touchées conserveront leur couleur bleue, sauf leur dégradation d'intensité, en raison de la proportion de liqueur saturée qui s'y trouve mêlée.

Relevez alors l'instrument, et voyez combien de millilitres de lessive il en est sorti. C'est ce que vous indiquera l'échelle acétimétrique ou le millilitrimètre descendant.

Je suppose donc que, par cette première épreuve, vous ayez consommé 11 millilitres de votre lessive alcaline pour 10 de la liqueur acide. Vous dites: Je veux que cette liqueur alcaline soit délayée dans une quantité d'eau telle, qu'au lieu de 11 millilitres il en faudra 20. Il n'est donc question que de faire un mélange de 11 parties de lessive et de 9 d'eau pure; à cet effet, remplissez-en le millilitrimètre jusqu'au haut de l'échelle, puis videz-la dans une petite bouteille, ou fiole, ou petit flacon. Mettez-en encore cinq millilitres dans le tube, puis ajoutez y de l'eau pure, jusqu'à ce que les 50 millilitres soient complets ; versez ensuite ce mélange avec les 50 autres millilitres de lessive ; mélangez bien, et vous aurez 100 millilitres de liqueur acétimétrique dans la proportion désirée, car 55 sont à 100 comme 11 est à 20. Essayez cependant encore, avec ce mélange, une nouvelle saturation, pour vous assurer de l'exactitude du mélange partiel déjà fait, afin de pouvoir ensuite procéder au mélange de toute votre lessive, avec 9 vingtièmes ou 45 centièmes d'eau.

A cet effet, donc, mesurez de nouveau 10 millimètres de la liqueur alcalimétrique ainsi composée, et mettez-la dans un verre où vous mettrez aussi la rinçure du millilitrimètre. Remplissez après cela cet instrument jusqu'au haut de son échelle, et procédez à la saturation avec les précautions recommandées.

J'ai supposé que 11 vingtièmes de la première lessive seraient nécessaires : il est clair qu'alors il faut ajouter 9 centilitres d'eau. Mais aussi il m'est arrivé d'avoir d'abord une première lessive, dont 7 vingtièmes suffisaient, et alors j'ajoutais 13 vingtièmes d'eau pure. Il est donc bien entendu que les proportions d'eau à ajouter doivent varier comme la force des lessives premières.

Ayant ainsi gradué la liqueur acétimétrique, tellement que, pour sa saturation, elle exige strictement son volume égal de liqueur alcalimétrique, des précautions sont encore nécessaires pour la conserver à l'abri de l'influence atmosphérique, qui y apporterait de l'acide carbonique, et qui pourrait changer la proportion de l'eau. Introduisez-y donc 5 grammes de chaux effleurée à l'air et bien divisée. Mettez à la bouteille un bouchon qui, bien appuyé, puisse la boucher exactement et laisser une bonne prise lorsqu'on voudra la déboucher. Secouez fortement pendant une minute, et laissez la chaux se déposer. Ayez ensuite une boîte longue, pouvant au besoin servir à encaisser la bouteille, et pratiquez une échancrure à la partie supérieure et centrale d'un de ses petits côtés. Vous y coucherez diagonalement la bouteille, dont le goulot entrera dans l'échancrure. A ce moyen, le dépôt de chaux se mettra de niveau au fond et sur le côté parallèle au niveau de la liqueur d'épreuve, dont il sera facile de soutenir chaque fois la quantité d'un centilitre.

Il faudra, une fois pour toutes les épreuves d'une même journée, agiter préalablement la bouteille, et laisser à la chaux le temps de se déposer.

Si le sel de soude du commerce était constamment le même, l'on pourrait facilement donner les doses respectives de ce sel et d'eau, justement suffisantes pour faire la liqueur acétimétrique avec autant de facilité qu'on le fait pour la liqueur alcalimétrique. Mais l'acide sulfurique concentré du commerce est toujours approximativement le même, et il n'en est pas ainsi, à beaucoup près, du sel ou sous-carbonate de soude.

Ce sel est souvent altéré par la présence du sulfate de soude, et dans des proportions si variables que, donnant 56 degrés ordinairement, on en trouve des qualités qui ne marquent que 20, et d'autres qui donnent tous les degrés intermédiaires entre 56 et 20.

Le sel de soude le plus pur varie lui-même, selon qu'il se trouve à l'abri du contact d'un air plus ou moins chaud ; en effet, lorsqu'il n'a été séché qu'autant qu'il le faut pour ne plus mouiller le papier sur lequel on le pose, et pour conserver sa forme cristalline, il contient approximativement 0,55 de son poids en eau de cristallisation ; mais si on l'abandonne à l'action de l'air ambiant, il perd une partie variable de cette eau, de manière qu'au lieu de 56 et 57 degrés alcalimétriques, il en donne jusqu'à 50 et plus.

Quand on veut essayer un vinaigre, on commence par disséminer autour d'une assiette des gouttelettes d'infusion de tournesol. A cet effet, laissez-en tomber une ou deux gouttes au centre de cette assiette, puis plongez-y l'extrémité d'un petit morceau de bois,

gros et long comme une allumette, ou, ce qui vaut
mieux, un petit morceau d'étain fin, ayant cette
forme et cette longueur. Il s'y attachera un peu d'infusion bleue, que vous poserez au fur et à mesure
autour des bords de l'assiette. Chaque gouttelette,
ainsi posée, équivaut au plus au vingtième d'une
goutte tombée.

Introduisez ensuite dans l'acétimètre 1 centilitre
du vinaigre à essayer, puis versez-le dans le verre destiné à l'essai. Passez après cela à peu près autant
d'eau dans l'acétimètre, et versez aussi cette rinçure
dans le verre.

Ayez en outre un peu de vinaigre ordinaire dans
une très-petite bouteille ou dans un petit flacon à
goulot renversé : cela vous servira à en extraire quelques gouttes pour le contrôle de chaque essai, comme
il va être ultérieurement expliqué.

Procédez à la saturation en laissant filer lentement
la liqueur acétimétrique, et favorisant sa combinaison
au moyen de l'agitation avec un petit morceau de
bois. Touchez de temps en temps une des gouttelettes
de tournesol : elles rougiront tant qu'il restera du vinaigre à saturer. Cependant le rouge sera moins vif
en raison de ce que le point de saturation commen-
cera à approcher. Vous serez sûr d'avoir saisi ce point
aussitôt que les gouttelettes de tournesol ne change-
ront plus de couleur. Mais vous ne serez certain de ne
l'avoir pas outre-passé que lorsque, laissant tomber
dans le verre quelques gouttes de vinaigre pur, elles
rendront à la liqueur la propriété de rougir de nouveau les gouttelettes de tournesol. C'est là ce que
j'appelle le contrôle d'un essai; mais, s'il en fallait
plus que 10 gouttes pour produire cet effet, ce serait
une preuve que vous auriez mis trop de liqueur acétimétrique, car dix gouttes représentent approximativement la cinquantième partie du volume du vinaigre de chaque essai, et il faudrait recommencer
celui-ci. Si, au contraire, vous trouvez l'essai juste,
il ne s'agit plus que de voir le degré acétimétrique
obtenu; et, pour cela, il suffit de voir la ligne où se

15

trouve le niveau de la liqueur dans l'acétimètre. Ce degré, pour les bons vinaigres ordinaires, varie de 10 à 15; c'est-à-dire que 10 millilitres de vinaigre ordinaire exigent, pour leur saturation, 10 à 15 millilitres de liqueur alcaliacétimétrique, dont les 10 millilitres exigent, pour leur propre saturation, 1 gramme d'acide sulfurique concentré.

La couleur rouge donnée par le vinaigre aux gouttelettes de tournesol n'est pas durable. Aussitôt que les gouttelettes touchées se sont desséchées à l'air, elle est remplacée par la couleur bleue primitive de cette infusion. On a beau les recueillir ensuite avec de l'eau pure, la couleur rouge ne revient plus, à moins qu'on ne les touche de nouveau avec du vinaigre non encore neutralisé. Il me paraît résulter de là, ou que le vinaigre s'évapore totalement, ou mieux encore qu'il se décompose par un si grand contact à l'air atmosphérique, qui le change peut-être d'abord en acide carbonique, lequel bientôt se dissipe.

On pourrait soupçonner que le vinaigre se combine avec l'oxide métallique qui entre dans la couverte de l'assiette; mais des acides beaucoup plus énergiques ne produisent pas cet effet.

M. Descroizilles a essayé la force des acides obtenus des bois par la distillation, ou autrement, par leur carbonisation en vases clos. Voici le résultat de quelques-uns de ces essais.

Acide pyroligneux ou vinaigre de bois, ayant reçu une première purification. . . . 15 degrés.

Acide purifié une seconde fois. . . . 12

Acide purifié et concentré par les procédés qui donnent ce qu'on appelle le vinaigre radical. 13½

Ce dernier acide marquait 10 degrés au pèse-liqueur de *Baumé* pour les sels.

Pureté et falsification des vinaigres.

Le vinaigre de bois, pour être plus pur, ne doit être formé que d'acide acétique et d'eau, et celui des substances fermentescibles ne doit contenir aucun acide étranger. Mais la fraude se glisse dans tous les arts : au lieu de donner de la force aux vinaigres faibles par l'addition de l'eau-de-vie ou de quelque substance sucrée, quelques marchands, peu scrupuleux, ont préféré y ajouter quelqu'un des acides dits minéraux, et particulièrement l'acide sulfurique. Cette fraude n'est pas nouvelle. M. Demachy, dans son Art du Vinaigrier, l'a signalée dans quelques vinaigres de Paris, mais principalement en Champagne et surtout à Saint-Dizier, et chez les marchands colporteurs de vinaigre. J'ai connu moi-même, sur la frontière d'Espagne, des fabricans de vinaigre qui recueillaient le résidu de la distillation des vins rouges, y ajoutaient un quart de vin et un quart de vinaigre, et au bout de huit jours l'acidulaient convenablement au moyen de l'acide sulfurique. J'ai eu en même temps occasion de donner des soins à un de ces individus qui, ayant placé dans une grande cuve 10 kilogrammes d'huile de vitriol (acide sulfurique) avec vingt-cinq fois autant de ce vinaigre, pour commencer à faire le mélange, pour le distribuer sur toute la partie qu'il avait préparée, le remua avec ses jambes pendant quelque temps. Le malheureux éprouva des douleurs très-vives dans ces parties, sur lesquelles, malgré l'application des cataplasmes, l'acide sulfurique agit avec tant de force, que toute la peau tomba, et qu'il s'établit une suppuration qui dura plusieurs jours.

Il est aisé de distinguer la nature de l'acide avec lequel on a augmenté l'acidité du vinaigre. Si c'est l'acide sulfurique, il suffit de verser quelque gouttes du vinaigre suspect dans du nitrate ou de l'hydrochlorate de barite, pour voir se former aussitôt un précipité blanc abondant, qui est du sulfate de barite.

On peut s'en convaincre ainsi pour le vinaigre de bois purifié et distillé. On pourrait obtenir cependant le même effet du vinaigre de bois purifié et non distillé , comme on en trouve quelquefois dans le commerce, parce que ce vinaigre contient alors du sulfate de soude, qui décompose l'hydrochlorate de barite , pour former un hydrochlorate de soude et un sulfate de barite. Les vinaigres de vin contiennent aussi un peu de sulfate de potasse, et l'hydrochlorate de barite y produit , par conséquent, un léger précipité qui est bien plus abondant quand il y a addition d'acide sulfurique. Au reste , les vinaigres auxquels on a ajouté de cet acide ou bien des acides hydrochlorique ou nitrique (1) , ont une saveur particulière, sont moins odorans, et agacent fortement les dents. M. Descroizilles a donné un procédé, pour faire connaître l'acide sulfurique dans le vinaigre , que nous croyons devoir rapporter. Cet habile manufacturier conseille de toucher une goutte d'infusion de tournesol ou bien du papier de tournesol , avec le vinaigre suspect. S'il est pur , la couleur bleue reparaît après la dessiccation ; si , au contraire, elle persiste , c'est une preuve qu'il y a addition d'un acide étranger. Cet essai par le tournesol peut indiquer , d'une matière approximative, les quantités d'acide ajouté. En effet , dit M. Descroizilles , après qu'on s'est convaincu de la falsification du vinaigre et avoir déterminé son degré acétimétrique, on procède à à un nouvel essai de saturation en faisant tomber, par intervalles , un demi-millilitre de liqueur acétimétrique , en touchant chaque fois une goutte d'infusion de tournesol avec le vinaigre que l'on essaie (2). Quand la saturation du vinaigre est exacte et que le tournesol n'est plus rougi , si cet essai a donné douze

(1) Les acides nitrique et hydrochlorique étant plus chers que le sulfurique, l'on emploie celui-ci de préférence.

(2) On doit ranger pour cela, sur une assiette, une trentaine de gouttelettes de teinture de tournesol.

degrés , on a sur l'assiette vingt-quatre gouttelettes rougies. On fait alors chauffer légèrement cette assiette pour les dessécher, et l'on compte combien il en reste de rouges. S'il en reste huit, et si la huitième est un peu rouge , on peut conclure que ce vinaigre doit un tiers de sa force acide à un acide étranger. Si l'on a déjà reconnu que c'est le sulfurique , on calcule la quantité de liqueur acétimétrique qui a été employée pour les saturer, et dès lors on trouve les proportions d'acide sulfurique qui ont été ajoutées par litre.

Ces essais et ces calculs nous paraissent un peu trop difficiles pour ceux qui sont étrangers à la chimie.

On peut reconnaître l'acide nitrique et muriatique dans le vinaigre en le saturant de sous-carbonate de soude, filtrant et faisant cristalliser. Si c'est l'acide muriatique, on trouvera, avec l'acétate de soude, un sel d'une saveur très-salée et en cristaux cubiques, tandis que l'autre sel cristallise en prismes. On peut déterminer les proportions d'acide muriatique en dissolvant ces sels et y versant du nitrate d'argent (1). Par le précipité obtenu on calculera le poids de l'acide hydrochlorique d'après la connaissance des principes constituans du muriate d'argent.

Si la sophistication est faite par l'acide nitrique , ce qui est très-rare à cause du prix élevé de cet acide , on obtient un nitrate de soude cristallisé en prismes rhomboïdaux et un acétate. Le premier sel a une saveur fraîche, piquante et amère ; il fuse sur sur les charbons comme le salpêtre. On peut déterminer la quantité d'acide nitrique en desséchant bien ces deux sels dans l'eau et les traitant par l'alcool très-concentré , qui dissout l'acétate de soude sans toucher au nitrate Par le poids de celui-ci , on juge de la quantité d'acide nitrique d'après ses principes constituans.

(1) Ce réactif est si sensible qu'il indique, par un précipité blanc caillebotté, insoluble dans l'acide nitrique, 0,0000125 de cet acide dans l'eau.

Composition du nitrate de soude, d'après mon analyse.

Acide nitrique. . . 63,36
Soude. 36,64
_____
100,00

Hydrochlorate de soude.

Acide hydrochlorique. 100
Soude. 86,38

En admettant, d'après la théorie la plus moderne, que l'hydrochlorate de soude est un chlorure de sodium qui passe à l'état d'hydrochlorate en se dissolvant dans l'eau, 100 parties de ce sel seraient composées de

Chlore. . . 60
Sodium. . . 40
_____
100

Or, il faudrait réduire encore le chlore par le calcul en acide hydrochlorique, en admettant que cet acide est composé en poids de

Chlore. . . 36
Hydrogène . 1

Procédé pour reconnaître l'acide sulfurique, mélangé avec l'acide hydrochlorique ou l'acide acétique.

Il peut arriver que, dans le commerce, l'acide hydrochlorique, ou l'acide acétique soit mélangé avec de l'acide sulfurique : pour reconnaître ce dernier acide, il faut tremper un morceau de toile ou de papier dans la solution acide qu'on veut essayer; on le fait sécher au feu; s'il charbonne, c'est l'indication de la présence de l'acide sulfurique : on voit, par conséquent, qu'on manquerait de précaution et de prudence si on se dispensait des lavages à grande eau après l'emploi des acides tant dans le blanchiment que dans l'avivage du bleu.

En général, dans toutes les opérations où il reste des acides adhérens à l'étoffe, il faut les en chasser, soit par des lavages à grande eau, soit par dissolutions alcalines.

Conservation du vinaigre.

Le vinaigre doit être conservé dans des vases fermés, sinon il arrive : 1o ce que lorsqu'il a le contact de l'air il perd la plus grande partie de l'éther acétique qu'il contient, et qui, avec le temps, se convertit en acide acétique; 2o lorsqu'il est resté plusieurs jours à l'air sans être couvert, surtout en été, il s'y forme un nombre d'anguilles qui sont douées d'une grande agilité et qui sont quelquefois assez grosses pour être distinguées à la vue simple.

Conservation des vinaigres de bière.

On fabrique, en Allemagne, une grande quantité de vinaigres de bière et de substances farineuses fermentées qui sont ordinairement très-faibles et ne se conservent pas long-temps. Pour y obvier, on les chauffe jusqu'au point de l'ébullition, en faisant passer dans les tonneaux, qui sont remplis, des vapeurs acides provenant du vinaigre qu'on distille dans une cornue, à cet effet. Ce procédé est également suivi dans quelques parties de la France. On sait aussi que les vinaigres communs se conservent mieux quand on les a fait bouillir, parce que la chaleur tue les animalcules infusoires qui s'y trouvent en si grande abondance et décompose le mucilage aux depens duquel ils vivaient.

SIXIÈME PARTIE.

VINAIGRES COMPOSÉS.

L'on connaît sous ce nom le vinaigre simple tenant en dissolution une ou diverses substances. Ces vinaigres sont employés comme assaisonnemens ou bien comme cosmétiques ou moyens thérapeutiques. Nous allons les énumérer en partie.

VINAIGRES DISTILLÉS AROMATIQUES.

Vinaigre de lavande.

Distillez dans un alambic, dont la cucurbite sera en grès, du vinaigre avec des fleurs de lavande jusqu'à ce que vous ayez obtenu les trois quarts du vinaigre (1).

Le vinaigre de lavande est aromatique; il n'est d'usage que pour la toilette. Etendu d'eau, on s'en sert pour se laver; il rafraîchit et donne du ton aux fibres de la peau.

On prépare de la même manière les vinaigres de romarin, de sauge, de serpolet, etc., qui sont tous également employés pour la toilette.

OBSERVATIONS.

La menthe, la sauge, le serpolet, le romarin, la sarriette, le thym, la lavande, etc., distillés avec l'eau,

---

(1) La quantité de vinaigre employée doit être telle qu'on cesse d'en verser dans la cucurbite lorsque les fleurs commencent à surnager. Il est bon aussi de les laisser macérer dans cet acide pendant quelque temps.

donnent une huile volatile dans laquelle réside l'odeur de ces plantes. Cette huile est très-soluble dans l'alcool, et moins dans l'acide acétique. D'après cela, lorsqu'on voudra préparer aussitôt des vinaigres de lavande, de sauge, de romarin, de menthe poivrée, de menthe ordinaire, de sarriette, de thym, de serpolet, on n'aura qu'à faire dissoudre un gros de l'une de ces huiles essentielles dans quatre onces d'alcool à 36, et y ajouter ensuite 8 onces de vinaigre de Mollerat. On pourra rendre ces vinaigres bien plus aromatiques en augmentant la dose de ces huiles essentielles.

VINAIGRES DE TOILETTE.

Vinaigre à la rose.

Roses pâles. . . .	2 livres.	
Vinaigre distillé . .	8	id.
Alcool à la rose. . .	2	id.

Distillez les roses avec le vinaigre dans une cornue de verre au bain de sable; et, lorsqu'il aura passé les trois quarts de la liqueur, arrêtez la distillation, afin de ne pas brûler les fleurs; ajoutez au vinaigre obtenu l'alcool à la rose, et conservez ce produit dans un flacon bouché à l'émeri. On peut donner à ce cosmétique la couleur de la rose en colorant l'alcool au moyen d'un peu de cochenille.

Vinaigre à la fleur d'orange.

Fleurs d'orange récentes et non mondées.	1 livre 1/2.
Vinaigre distillé.	8 livres.
Alcool à la fleur d'orange.	1 livre.

Suivez le procédé indiqué pour le précédent. Ces deux vinaigres sont très-estimés pour la toilette. On peut également les obtenir en ajoutant à deux parties de bon vinaigre de bois une partie d'alcool aromatisé par l'essence de rose ou par le néroli.

On prépare de la même manière les vinaigres à l'œil-
let, au citron, à la bergamote, au cédrat, etc.

Vinaigre à l'orange.

Zestes d'orange. . . .	20.
Alcool à l'orange ou bien	
extrait d'orange. . .	2 liv.
Vinaigre distillé. . . .	8 liv.

Opérez comme pour le vinaigre à la rose.

Le vinaigre à l'orange est une solution du néroli,
ou bien huile essentielle de l'orange dans l'alcool et
l'acide acétique ou vinaigre. Il est donc certain qu'on
peut abréger cette opération en mêlant ensemble

Néroli.	2 onces.
Alcool à l'orange à 36 degrés. .	2 liv.
Bon vinaigre de bois.	8 liv.

On peut se passer de distiller ce vinaigre.

Vinaigre au girofle.

Girofle.	6 onces.
Alcool à 36 degrés. . .	2 liv.
Bon vinaigre de bois. . .	8 liv.

Concassez le girofle, et mettez-le à infuser pendant
huit jours dans l'alcool; ajoutez ensuite le vinaigre,
et distillez dans une cornue de verre au bain de
sable.

Vinaigre à la cannelle.

Cannelle de la Chine.	8 onces.
Alcool à 36 degrés. .	2 liv.
Vinaigre de bois. . .	8 liv.

Distillez comme pour le vinaigre au girofle. Il est
inutile de dire que l'on peut préparer aussi ces vinai-

gros en faisant dissoudre les huiles essentielles de ces substances dans l'alcool, et en y ajoutant ensuite le vinaigre.

Crème de vinaigre.

Essence de bergamote.	1 onc.1/2.
— de citron.	1 —
— de néroli.	4 gros.
— de rose.	2 scrup.
Huile de muscade	2 gros.
Storax en larmes.	2 —
Vanille.	2 gousses.
Benjoin	2 gros.
Huile de girofle	1 —
Alcool à 56 degrés	2 liv.
Acide acétique concentré ou bien vi- naigre radical.	5 liv.

Unissez toutes ces substances à l'alcool, et après deux jours, distillez au bain-marie; ajoutez, à la liqueur qui aura passé, le vinaigre radical.

On peut donner à ce vinaigre une couleur rose, si on le désire; mais il vaut mieux qu'il n'en ait point.

La crème de vinaigre, telle que je viens d'en donner la recette, a une odeur des plus suaves; elle peut être considérée comme un très-bon cosmétique. Lorsqu'on veut s'en servir, on en met une cuillerée dans un verre que l'on achève de remplir d'eau. Nous regardons ce cosmétique comme étant préférable à l'eau de Cologne.

Vinaigre virginal.

Benjoin en poudre.	2 onces.
Alcool.	8 id.
Vinaigre blanc . .	2 liv.

On fait digérer l'alcool sur le benjoin pendant six jours; on coule, et on ajoute le vinaigre sur le résidu, après autres six jours d'infusion; on décante le vinaigre ; on l'unit à la teinture de benjoin , et on filtre le lendemain. Ce vinaigre, étendu d'eau , est un excellent cosmétique (1).

Vinaigre de fard.

Cochenille en poudre. . .	2 gros.
Belle laque en poudre. . .	3 onces.
Alcool.	6 id.
Vinaigre de lavande distillé.	1 livre.

Après dix jours d'infusion, en ayant soin d'agiter souvent la bouteille, coulez et filtrez.
Ce vinaigre est employé comme fard.

Vinaigre de Cologne.

Ajoutez à chaque pinte d'eau de Cologne une once de vinaigre radical très-concentré.

Rouge liquide économique.

Faites infuser dans l'alcool le coton dont on s'est servi pour appliquer le fard sur les joues, et ajoutez-y suffisante quantité d'acide acétique concentré.

Vinaigre de turbith, virginal, à la sultane, de storax, etc.

Ces vinaigres ne sont que des dissolutions de benjoin , de storax, de baume de la Mecque, etc., dans l'alcool, auxquelles on ajoute plus ou moins de vinaigre radical.

---

(1) En ajoutant au fait virginal suffisante quantité d'acide acétique concentré, on obtient le vinaigre de turbith.

VINAIGRES MÉDICAUX.

Vinaigre dit des quatre-voleurs.

Sommités de grande absinthe.
— petite absinthe.
— romarin . . .
— sauge. . . . } 1 once de chaque.
— menthe . . .
— rue. . . .
Fleurs de lavande . 4 onces.
Calamus aromaticus.
Cannelle . . . . .
Girofle. . . . . .
Noix muscades . . . } 1/2 once de chaque.
Gousses d'ail récentes et
coupées par tranches. .
Camphre . . . . . . 1 once.
Vinaigre rouge. . . . . 16 livres.

On fait digérer le tout, à une douce chaleur ou au soleil, dans un vase fermé pendant trois semaines; on coule avec expression, et l'on filtre. On y ajoute alors le camphre, que l'on a fait dissoudre auparavant dans quatre onces d'alcool. Ce vinaigre a joui d'une très-grande réputation dans les maladies considérées comme pestilentielles. On assure que la recette en est due à quatre voleurs qui l'employèrent avec succès lors de la peste de Marseille, et qui furent, à cause de cela, graciés. Quoi qu'il en soit, on l'a employé pour se préserver de la contagion, en s'en lavant les mains et le visage, et en faisant des fumigations avec cet acide.

A l'intérieur, il jouit des mêmes vertus que le vinaigre thérincal.

Vinaigre alexipharmaque de Herlini.

Racine d'angélique. . . . .
— de bistorte
— de zédoaire . . } 3 gros de chaque.
— de pirèthre . .

16

Feuilles de scordium.　　　}
　— d'absinthe. . . .　　　} de chaque une poignée.
　— de chardon bénit .　　}
Baies de laurier. . . . }
　— de genièvre. . . . } de chaque 1 once.
Bon vinaigre blanc　　　suffi. quantité.

Contusez le tout et mettez à infuser pendant 4 jours, coulez et conservez dans un flacon de verre.

La dose est de une à deux cuillerées avec ou sans véhicule, pour relever les forces.

Vinaigre antiscorbutique.

Cochléaria frais.	2 onces.
Raifort sauvage frais. . .	1 once 1/2
Racines de gentiane sèches .	4 onces.
Zestes d'écorce d'orange	
amère	n° 6
Vinaigre blanc	8 livres.

Contusez le tout et faites infuser pendant 20 jours dans un vase clos, coulez et ajoutez :

Esprit ardent de cochléaria . 2 onces.
La dose est de 1 à 4 gros, contre le scorbut.

Vinaigre aromatique et antiméphitique de Bully.

Alcool à 33°.	4 litres 1/2
Eau.	3 id.　1/2
Essence de bergamote. .	}
Id. de citron. . . .	} 1 once de chaq.
Essence de romarin . .	6 gros.
Id. de Portugal. . .	3 gros.
Id. de lavande. . . .	2 gros.
Id. de néroli. . . .	1 gros.
Alcool de mélisse . . .	1 livre.

Agitez le tout dans une bouteille et, après 24 heures de repos, ajoutez :

Teinture spiritueuse de baume
de Tolu. . . . . . 2 onces.

Teint. spirit. de storax calamite
    Id. de benjoin. . . } de chaq. 2 onces.
    Id. de girofle . . .
    Vinaigre blanc, fort . . 2 litres.

Agitez de temps en temps et filtrez ; ajoutez ensuite :
    Vinaigre radical . . . 3 onces.

Vinaigre camphré.

J'ai démontré, dans un de mes mémoires, que le vinaigre dissout d'autant plus de camphre qu'il contient moins d'eau ; en conséquence on peut préparer un bon vinaigre camphré en prenant

    Camphre. . . 6 gros.
    Alcool. . . . 2 onces.
    Bon vinaigre. . 1 livre.

Ce vinaigre peut remplacer le vinaigre des quatre-voleurs.

Vinaigre bézoardique de Berlin.

Racines d'angélique.
  — de menthe.
  — de valériane
Fleurs de camomille. } de chaque 1/2 once.
Baies de genièvre. .
  — de laurier
Safran oriental. . . } de chaque 1 gros.
Camphre. . . .
Vinaigre blanc. . . . 6 livres.

Réduisez ces substances en poudre, et mettez-les en infusion dans le vinaigre pendant quinze jours, en agitant de temps en temps le vase. Au bout de ce temps, passez avec expression et filtrez.

Ce vinaigre est employé dans les fièvres malignes, la peste, la fièvre jaune, le scorbut et les maladies contagieuses, à la dose d'un à deux gros chaque fois.

Vinaigre camphré de Spielmann.

Camphre. . . . . 1 gros.
Alcool . . . . . 20 goutt.
Vinaigre fort . . . 10 onces.

On réduit le camphre en poudre en le triturant dans un mortier et y ajoutant l'alcool ; on le dissout ensuite dans le vinaigre. On emploie cette préparation dans les fièvres ataxiques, adynamiques, etc., ainsi que sur les parties gangrenées, et en fumigations.

Vinaigre colchique de Reuss.

Vinaigre à 3 degrés . . . . 12 onces.
Racines de colchique fraîches et récoltées
    en automne. . . . . 1 once.
Alcool . . . . 6 onces.

Coupez par tranches très-minces la racine de colchique, et laissez-la infuser dans le vinaigre pendant huit jours ; exprimez ensuite et ajoutez-y l'alcool.

Nous croyons qu'il vaut mieux employer une once d'alcool à 36 degrés que six gros.

Vinaigre de café.

Café torréfié et pulvérisé. 3 onces.
Vinaigre de vin. . . . 12 onces.

Faites bouillir pendant cinq minutes et ajoutez :

Sucre en poudre. . . 1 once 1/2

Filtrez. C'est un bon contre-poison de l'opium ; on le prend chaud par cuillerées. Il est également utile contre le *delirium tremens* des buveurs.

Vinaigre fébrifuge, dit eau prophylactique, de Sylvius Leboë.

Racine de pétasite.	. . .	2 onc.
Racine d'angélique	. .	}
— de zédoaire	. .	} 1 onc. de chaq.
Feuilles de rue de jardin.		}
— de mélisse.	. .	}
— de scabieuse.	. .	} 2 onc. de chaq.
— de souci	. . .	}
Noix cueillies avant leur maturité.	. . . . . .	2 liv.
Citrons frais.	. . . .	1 id.
Vinaigre distillé.	. . .	12 id.

Réduisez les racines et les feuilles en poudre, coupez les citrons par tranches, et contusez les noix ; mettez ensuite le tout macérer dans le vinaigre pendant une nuit, et distillez le lendemain jusqu'à siccité, sans cependant brûler le résidu.

Sylvius avait fait de ce vinaigre une espèce de panacée contre toutes les fièvres, tant intermittentes que rémittentes, etc.

Vinaigre dit antiputride et curatif.

Lavande.	. .	}
Sauge.	. .	} 1 poignée de chaque.
Thym.	. .	}
Baume.	. .	}
Sarriette.	. .	}
Estragon.	. .	}
Verveine odorau.	. .	} 1 poignée de chaque.
Romarin.	. .	}
Hysope.	. .	}
Marrube blanc.		}
Pimprenelle.		}
Ail.	. . . . .	1 gousse.
Girofle.	. . . .	n° 20.

Cannelle. . . . 1 once.
Sel marin. . . . 2 id.
Bon vinaigre blanc 12 liv.

Pilez les diverses substances, et mettez-les à infuser ensuite pendant un mois, avec le vinaigre, dans
un vase de verre bien bouché ; au bout de ce temps,
coulez avec expression et filtrez.

L'auteur de cette recette consignée dans la Bibliothèque Physico-Économique, la recommande en
frictions sur les tempes et dans les mains, contre les
spasmes, les faiblesses ; il présente aussi ce vinaigre
comme un préservatif des maladies des animaux, et
principalement contre le claveau. Il serait à désirer
que l'expérience confirmât une telle assertion.

Dans le même journal on trouve un autre mode de
traitement contre le claveau, qui consiste à prendre

Orvales des prés. . . ⎫
Racines de persil. . ⎬ de chaque 2 poignées.
Lentilles. . . . . ⎭

Faites bouillir pendant un quart d'heure dans
quatre pintes d'eau, laissez infuser deux heures, coulez et ajoutez à la colature :

Camphre dissous dans un jaune d'œuf. 1 once.
Vinaigre. . . . . 1 id.
Miel. . . . . 4 id.

On donne ce breuvage tiède à la dose d'un grand
verre pour les forts moutons, d'un petit pour les
brebis, et d'un demi-verre pour les agneaux.

Pendant ce temps, les troupeaux ne doivent point
aller aux champs, etc.

*Préservatif contre les maladies épizootiques, em-
ployé en Auvergne.*

Ce préservatif consiste à tenir nuit et jour les bêtes
au grand air, à leur passer un séton mobile au fanon,
et à leur faire avaler tous les deux jours, et pendant

dix jours, une pinte de vinaigre, dans lequel on a fait
dissoudre une once de nitrate de potasse, etc.

Vinaigre des quatre-voleurs composé, de
M. Vergnes aîné.

Cannelle.		
Girofle.		
Macis.	de chaque 1 once.	
Noix muscade.		
Camphre.		
Ail.	2 onces.	
Huile volatile d'absinthe.		
— de romarin.		
— de rue.		
— de sauge.	de chaq. 2 scrup.	
— de menthe.		
— de lavande.		
Vinaigre radical.		
Vinaigre des quatre-voleurs	de chaq. 2 livres.	
d'après le Codex.		

Concassez toutes ces substances et laissez-les macérer pendant huit jours; passez avec expression,
filtrez et conservez dans un flacon bien bouché.

Vinaigre radical aromatique, du même.

Ail.	2 onces.	
Camphre.	1 id.	
Huile volatile d'absinthe.		
— de romarin.		
— de menthe.		
— de rue.	2 scrupul. de chaq.	
— de lavande.		
— de sauge.		
— de girofle.		
Vinaigre radical.	12 onces.	

On le prépare de la même manière que le précédent.

Fumigations avec le vinaigre.

On a long-temps regardé les fumigations avec le vinaigre, ainsi que les aspersions avec cet acide, comme un excellent moyen de désinfection. De nos jours encore on y trempe tous les papiers qui viennent des pays suspectés atteints de maladies contagieuses, telles que la fièvre jaune et la peste. Cependant, M. Guyton de Morveaux dit s'être assuré, par l'expérience, que l'acide acétique, même celui qui est concentré, n'exerce aucune action sur les gaz putrides; il n'en fait que marquer l'odeur.

Vinaigre colchique.

Racines de colchique récentes. . . 1 once.
Vinaigre rouge. . . . . . . 1 id.

Mondez ces racines fraîches, lavez-les, coupez-les par tranches minces, et faites-les digérer avec le vinaigre, à une douce chaleur, pendant deux jours. Passez ensuite, exprimez les racines, filtrez la liqueur, et conservez-la dans un vase bien bouché.

Ce vinaigre s'emploie en médecine à l'état d'oximel : nous en donnerons la recette.

Vinaigre dentifrice.

Racine de pyrèthre. . . . . 2 onces.
Cannelle }
Girofle. . } de chacun. . . . 2 gros.
Vinaigre blanc. . . . . . . 4 livres.
Esprit de cochléaria. . . . . 2 onces
Eau vulnéraire spiritueuse rouge. 4 onces.
Résine de gayac. . . . . . 2 gros.

On met à infuser le tout dans le vinaigre à l'excep-

tion de la résine de gayac qu'on dissout dans l'eau
vulnéraire, et qu'on ajoute à la liqueur. Au bout de
15 jours on filtre. C'est un très-bon odontalgique.

Vinaigre d'estragon.

| Feuilles mondées d'estragon. | 1 livre. |
| Bon vinaigre rouge ou blanc. | 12 id. |

Introduisez le tout dans un matras, et laissez-le
digérer à une douce chaleur pendant quelques jours,
passez avec expression, et filtrez.

Ce vinaigre est très-employé comme assaisonnement.

Vinaigre framboisé.

| Framboises mondées de leur calice et légèrement écrasées. | 6 livres. |
| Excellent vinaigre. | 4 id. |

Laissez macérer pendant quatre jours, passez sans
expression, et filtrez au bout de quelques jours.

Ce vinaigre est employé comme assaisonnement ;
il sert aussi pour faire le sirop de vinaigre à la framboise.

On prépare de la même manière les vinaigres des
autres fruits.

Vinaigre de moutarde.

| Moutarde en poudre fine. | 2 onces. |
| Bon vinaigre. | 1 livre. |

Faites digérer ensemble pendant quelques jours,
et filtrez. Ce vinaigre conserve l'odeur et la saveur
de la moutarde ; il peut être employé comme assaisonnement. Si le vinaigre que l'on y destine est
rouge, il est décoloré en partie, et clarifié par l'albumine que contient la moutarde.

Vinaigre rosat.

Roses rouges mondées de leur onglet, et
sèches. . . . . 1 livre.
Très-bon vinaigre blanc ou rouge. . . . 16 id.

Laissez macérer pendant quinze jours dans un vase
fermé, en ayant soin d'agiter de temps en temps;
filtrez, et conservez-le dans un vase bien bouché.
Ce vinaigre est plus particulièrement employé pour
la toilette.

Vinaigre de rue.

Voici comment on le prépare en Italie :

Feuilles de rue fraîches. . . . 4 onces.
— de bétoine . . } de cha. 1 once.
— de pimprenelle. }
Gousses d'ail. . . . . no 6
Baies de genièvre. . . . . . 1 once.
Camphre. . . . . ½ gros.
Vinaigre fort. . . . . 3 pintes.

Après 8 jours d'infusion, passez avec expression.

Vinaigre scillitique.

Squammes de scille sèches. 1 partie.
Bon vinaigre rouge. . . . 12 parties.
Alcool à 22°. . . . . . 1/2 partie.

Après quinze jours de macération, dans un vase
fermé, coulez avec expression, et filtrez.
Ce vinaigre est employé en médecine comme apé-
ritif, incisif, etc., à la dose d'un gros à quatre.

Vinaigre surard.

Fleurs de sureau sèches et mondées. 1 livre.
Vinaigre rouge. 12

Après cinq ou six jours d'infusion, dans un vase clos, passez avec expression, et filtrez.

Ce vinaigre est amolin, résolutif et sudorifique. La dose est d'un gros à quatre. Si l'on y ajoute de l'estragon, ce vinaigre prend le nom de vinaigre surard à l'estragon.

On prépare de la même manière les vinaigres par infusion de

Œillets,	Menthe coq,
Lavande,	Romarin,
Sauge,	Serpolet, etc.

Vinaigre thériacal.

Les principes constituans de l'eau thé-riacale.	8 onces (1).
Thériaque.	8 onc.
Vinaigre rouge.	8 livres.

On concasse dans un mortier les substances qui entrent dans la composition de l'eau thériacale ; on les fait infuser dans le vinaigre pendant environ un mois; on coule avec expression; on ajoute la thériaque à la liqueur, et, après quinze jours de digestion, on filtre.

_____

(1) Les substances qui entrent dans l'eau thériacale, sont :

Racine d'aunée.	
— d'angélique . . .	} 2 onces de chaque.
— souchet long. . . .	
— zédoaire. . . .	
— contra-yerva. . . .	} 1 once de chaque.
— impératoire. . .	
— valériane sauvage. . .	
Écorce récente de citron. . .	
——— d'orange. . .	
Girofle.	
Cannelle.	
Galanga	
Baies de genièvre.	} une demi-once de chaque.
— de laurier.	
Sommités de sauge.	
——— de romarin. . .	
——— de rue. . .	

Ce vinaigre est considéré comme cordial, tonique, sudorifique et vermifuge, à la dose des précédens. Il est recommandé dans les maladies contagieuses.

On prépare avec le vinaigre un grand nombre de médicamens : comme on ne les trouve qu'épars dans divers ouvrages, nous allons en réunir ici les principaux.

Vinaigre thériacal de Timaci.

Thériaque. . . . .
Orviétan . . . . . } 2 onces de chaque.
Diascordium de Fracastor. 1 once 1/2.
Racines d'angélique. . . .
— de contra-yerva. . .
— d'énula campana . .
— de tormentille. . .
— de pimprenelle. . . } 6 gros de chaque.
— de scorsonère. . . .
— de dictame blanc. . .
— de petasite . . . .
Feuilles de scordium. . .
— de rue. . . . . } une poign. de chaq.
— de millefeuilles
Fleurs de soucis. . . .
— de grenadier. . . } 1/2 poignée de chaque.
Ecorce de fraxinelle . .
— de citron. . . . } 4 gros de chaque.
Baies de genièvre. . . . 2 onces 1/2.
Macis. . . . . . .
Zéduaires. . . . . } 2 gros de chaque.
Myrrhe choisie. . . . . 1 gros.
Safran oriental. . . . . 1 gros.
Camphre. . . . . 48 grains.
Vinaigre de suc de groseilles. quant. suffisante

Après 15 jours d'infusion, coulez; la dose est d'une cuillerée, comme antiseptique, alexipharmaque.

Vinaigre pestilentiel romain de 1656.

Vinaigre très-fort   suffisante quantité.
Rue des jardins. . . .
Pimprenelle . . . . .
Bétoine. . . . . . .
Noix. . . . . } parties égales.
Ail . . . .
Baies de genièvre. . . .
Camphre. . . . . . . 24 grains.

Faites infuser pendant 12 jours et coulez. La dose
est d'une cuillerée, contre les fièvres typhoïdes et la
peste.

Boisson antinarcotique de Van-Mons.

Bon vinaigre. . .   15 onces.
Café torréfié. . .   3 onces.
Sucre. . . . .   2 onces.

Faites bouillir le café dans le vinaigre, coulez et
ajoutez le sucre.
On en donne deux cuillerées chaudes, de quatre
heures en quatre heures, aux personnes qui ont pris
un peu trop d'opium.

Collutoire antiodontalgique de Schyron.

Feuilles de violette. . .
———— de roses rouges .
———— de jusquiame. . . } 1/2 poignée de chaq.
———— de plantain. . .
Têtes de pavots . . . . . 1 once.
Fleurs de sauge . . . . . 6 onces.

Écrasez les têtes du pavot, et faites bouillir le tout
dans suffisante quantité d'eau pure, coulez avec expression, et ajoutez:

Bon vinaigre. 4 onces.

17

Ce médicament est recommandé pour calmer les douleurs des dents.

Collyre de Newmann.

> Fleurs d'arnica montana. 1 once.
> Vinaigre distillé. . . . 1 livre.

Faites bouillir le vinaigre, ajoutez-y ensuite les fleurs d'arnica, et coulez après quatre heures d'infusion; saturez ensuite le vinaigre par le carbonate d'ammoniaque. Ce collyre, qui est un véritable acétate d'ammoniaque, est employé contre la cataracte. On fait usage en même temps, à l'intérieur, de l'infusion de fleur d'arnica.

Décoction antiseptique de Boherhaave.

> Feuilles d'alliaire. . . .
> — de marube blanc . . } 2 onces de chaque.
> — de scordium. . .

Faites bouillir le tout dans quatre livres d'eau, coulez à travers une étamine, et ajoutez :

> Oximel scillitique. . 1/2 livre.
> Vinaigre thériacal. . 1 once.
> Nitrate de potasse. 3 onces.

Cette décoction est employée comme stimulante; elle convient dans les maladies putrides, quand les malades expectorent difficilement.

Eau d'arquebusade de Théden.

> Vinaigre. . . . . . }
> Alcool à 36 degrés. . } 3 livres de chaq.
> Acide sulfurique. . . . 10 onces.
> Sucre en poudre. . . . 12 onces.

Mêlez le tout et conservez-le dans un flacon en cristal. Ce médicament est employé pour déterger

les ulcères sanieux, arrêter les hémorragies des plaies,
pour les plaies gangreneuses, etc.

Eau diurétique camphrée de Fuller.

Eau de pariétaire.	2 livres.
Alcool.	1/2 livre.
Nitrate de potasse. . . }	6 onces de chaq.
Acide acétique. . . . }	
Camphre.	6 onces.

Faites dissoudre le camphre dans l'alcool, ajoutez-y l'acide acétique et ensuite l'eau de pariétaire,
dans laquelle vous aurez fait également dissoudre le
nitrate de potasse (sel de nitre).

Cette eau est employée dans les hydropisies, les obs-
tructions de viscères, etc. La dose est d'une cuillerée
à bouche par heure.

Essence scillitique de Keup.

Vinaigre scillitique préparé avec le vinaigre distillé, ou bien avec le vinaigre de bois.	12 onces.
Sous-carbonate de potasse.	1/2 once.

Dès que l'effervescence a cessé, on fait évaporer
jusqu'à consistance de miel; on y ajoute alors

Alcool à 30 degrés.	4 onces.

Après quelques jours d'infusion, on décante. Ce
médicament est un acétate de potasse avec un léger
excès d'acide acétique en dissolution dans l'alcool.

Il convient dans l'asthme et l'hydropisie. La dose
est de quarante à soixante gouttes, dans six onces de
tisane pectorale.

Fomentation de Richter.

Nitrate de potasse.	1 livre.
Hydrochlorate d'ammoniaque.	4 onces.
Eau.	20 livres.
Vinaigre	2 livres.

On fait dissoudre ces deux sels dans l'eau, et l'on y ajoute ensuite le vinaigre.

On trempe des compresses dans cette liqueur, que l'on emploie contre les contusions, les fractures, les luxations, etc.

Gargarisme odontalgique de Plenck.

Racine de pyrèthre	2 gros.
Hydrochlorate d'ammoniaque .	1 gros.
Extrait d'opium.	2 grains.
Eau distillée de lavande.	
Vinaigre distillé. . .	de chaq. 2 onces.

Pulvérisez la racine de pyrèthre, l'opium et l'hydrochlorate d'ammoniaque, et faites-les infuser pendant huit jours dans le vinaigre et l'eau de lavande; au bout de ce temps, filtrez.

Ce gargarisme est employé à la dose d'une cuillerée pour calmer les douleurs des dents.

Le vinaigre entre aussi dans presque tous les gargarismes détersifs ou antiphlogistiques, avec une décoction d'orge, ou une infusion de fleurs de roses et le miel rosat.

Liqueur caustique du même.

Deuto-chlorure de mercure (sublimé corrosif). . .	2 onces de chaq.
Sulfate d'alumine (alun)	
Camphre	2 onces de chaq.
Céruse.	
Vinaigre concentré. . .	1/2 livre de chaq.
Alcool à 36 degrés. . .	

On cautérise les excroissances siphilitiques en les touchant avec cette liqueur.

Remède contre les tumeurs chroniques des articulations, de P..mann.

Solution d'hydrochlorate de soude.	2 livres.
Vinaigre concentré.	1 livre.
Sulfate de cuivre (vitriol bleu) .	1 once 1/2
Sulfate d'alumine	5 gros 1/2
Feuilles de sauge	2 poig.

Faites infuser les feuilles de sauge dans la solution d'hydrochlorate de soude bouillante, coulez, et ajoutez-y les deux sels, et ensuite le vinaigre.

Ce médicament est employé pour les articulations tuméfiées.

Gouttes noires, de Lancaster (Black drop).

Ce médicament est très-célèbre en Angleterre où l'on en fait un grand usage; une goutte équivaut à trois gouttes d'une solution d'opium ordinaire.

Opium 1re qualité	8 onces.
Bon vinaigre	3 livres.
Noix muscades concassées . . .	1 once 1/2
Safran.	4 gros.

Faites chauffer au bain-marie jusqu'à réduction de moitié; ajoutez ensuite :

Sucre	4 onces.
Ferment de bière liquide. . . .	4 gros.

Après sept semaines de digestion, exposez à l'air jusqu'à consistance sirupeuse, passez à travers une étamine et conservez dans un flacon fermé, en ayant soin d'ajouter un peu de sucre, pour qu'il ne se moisisse pas. *(Pharmacopée des États-Unis.)*

Onguent égyptiac ou Mellite d'acétate de cuivre.

Sous-acétate de cuivre. (vert-de-gris). . . .	5 onces.
Miel.	4 1/2 onces.
Vinaigre très-fort. . .	6 onces.

On réduit le vert-de-gris en poudre, et on le met dans une bassine de cuivre avec le vinaigre, et l'on fait évaporer le mélange, en ayant soin de le remuer, jusqu'à ce qu'il ait acquis la consistance d'un sirop très-épais, ou mieux d'un extrait un peu clair. Pendant l'opération, la liqueur, de verte qu'elle était, acquiert une couleur rouge. Cet effet tient à ce qu'une partie du miel est charbonnée par l'action du calorique D'un autre côté, l'acide acétique se partage en deux parties, dont l'une est décomposée; son hydrogène et son carbone, ainsi que celui du miel brûlé, se portent sur l'oxigène de l'oxide de cuivre et le réduisent en formant de l'eau, de l'acide carbonique et un peu d'esprit pyro-acétique, qui se dégagent en partie. De sorte que ce médicament, improprement appelée onguent, et un simple mélange de cuivre, qui lui donne sa couleur rouge, de carbone, de miel altéré, d'eau et de vinaigre.

On reconnaît que l'onguent égyptiac est suffisamment cuit quand, en en mettant un peu sur du papier, il acquiert, par le refroidissement, la consistance d'un extrait mou.

Éther acétique.

Découvert par M. le comte de Lauragnais, et étudié par Schéele, Henry, Thénard, etc. L'éther acétique est incolore et a une odeur d'éther sulfurique et d'acide acétique; il n'altère point les couleurs bleues végétales; il entre en ébullition à 72°, sous la pression de 76°; il brûle avec une flamme jaunâtre; il est soluble dans six fois son poids d'eau; il est aussi très-soluble dans l'alcool. Son poids spécifique est de 0,864 à la température de 12°. Lorsqu'on le combine avec la potasse ou la soude caustique, il se décompose.

Si l'on distille ce mélange, l'on obtient pour produit de l'alcool et de l'acétate de potasse ou de soude, suivant l'alcali que l'on a employé. Cet éther se produit pendant la fermentation vineuse, ainsi que je l'ai déjà dit. Dans les pharmacies on l'obtient en distillant à une douce chaleur :

Alcool absolu. . . .	100
Acide acétique . . .	67
Acide sulfurique. . .	17

Le premier produit que l'on recueille est de l'éther acétique presque pur. On le débarrasse de l'excès de l'acide acétique qu'il contient en l'agitant pendant quelque temps, avec environ un dixième de son poids de potasse, et enlevant la couche supérieure du liquide, qui est l'éther pur. L'éther acétique n'est point de même nature que l'éther sulfurique ; il forme avec les éthers nitrique et oxalique, la troisième classe de éthers de M. Thénard. L'éther acétique est employé avec succès en frictions, contre les douleurs rhumatismales, etc.

Je vais faire connaître quelques médicamens dont il est un des principaux ingrédiens.

Baume acétique camphré de Pelletier.

Savon animal. . . .	
Camphre.	} 1 gros de chaque.
Éther acétique. . . .	1 once.
Essence de thym. . .	10 gutt.

Coupez le savon en petits morceaux, pulvérisez le camphre au moyen d'un peu d'éther, et faites dissoudre le tout au bain-marie.

On emploie ce baume contre les rhumatismes, les sciatiques, les douleurs des articulations, etc.

Baume antiarthritique de Sancher.

Savon animal aromatique. (1).	
Éther acétique	} 1 once de chaq.

(1) Ce savon animal aromatique se prépare avec

Moelle de bœuf.	6 onces.
Blanc de baleine.	
Huile concrète de noix muscade.	} 1 once de chaque.
Lessive de soude caustique. .	quant. suffis.

Alcool de lavande . . . . . . 4 onces.
Camphre . . . . 2 gros.
Huile essentielle de menthe
   poivrée. . . . . .
—   de cannelle. . .
—   de lavande. . .   15 gutt. de chaq.
—   de muscade . .
—   de girofle. . . .
—   de sassafras. . .

Faites fondre le savon à une douce chaleur. D'autre part, dissolvez le camphre dans l'éther acétique, et ajoutez-le à l'alcool de lavande ; combinez le mélange avec le savon fondu, et versez-y ensuite les huiles volatiles.

Ce baume convient dans les rhumatismes chroniques et contre la goutte ; mais il est bon de faire observer qu'il serait dangereux de l'employer pendant la période de l'inflammation. On ne doit en faire usage que vers la fin d'un accès, ou bien après, afin de donner un peu de ton à la partie affectée.

Éther acétique cantharidé du Dr Double.

Éther acétique pur. . . . 2 onces.
Cantharides en poudre. . 1 once.

Laissez en infusion pendant deux jours dans un flacon bouché à l'émeri ; filtrez et conservez-le soigneusement. On l'emploie à la dose de deux gros, en friction, dans les engorgemens lents du tissu cellulaire, les paralysies, les rhumatismes chroniques, etc.

Éther acétique ferré de Klaproth.

Acétate de fer liquide. . . 9 onces.
Éther acétique. . . .
Alcool. . . . . . .   2 onces de chaq.

Mêlez ces trois substances. On l'administre comme antispasmodique, depuis quinze jusqu'à quarante gouttes.

Savon acétique éthéré de Pelletier.

Éther acétique. . . . 1 once.
Savon animal . . . . 1 gros.

On coupe le savon en rubans très-minces, et on le fait dissoudre au bain-marie, avec l'éther. Ce liniment est administré en frictions dans les douleurs sciatiques et rhumatismales.

Nous allons maintenant examiner un autre genre de préparations dont le vinaigre et la principale base.

Oxycrat d'Audrya contre la colique de plomb.

Vinaigre. . . . . 2 onces.
Eau. . . . . . . 2 livres.

On en boit un verre à chaque trois ou quatre heures.

Oximel pectoral dit d'Édimbourg.

Miel. . . . . . . 1/2 livre.
Gomme ammoniaque   1 once.
Racine d'aunée. . . } 1/2 once de chaq.
— d'iris de Florence }

Contusez ces racines, et faites-les bouillir dans vingt onces d'eau, jusqu'à ce qu'elles soient réduites au tiers.

Pulvérisez la gomme ammoniaque, et faites-la dissoudre dans trois onces de bon vinaigre; mêlez cette dissolution à la décoction; passez, ajoutez le miel, et faites cuire en consistance sirupeuse.

La dose est d'une once à une once et demie chaque jour, lors des affections catarrhales.

Oximel pectoral des Danois.

Racine d'inula helenium.   1 once.
Iris de Florence. . . . 1/2 gros.

Concassez ces racines et faites-les bouillir dans
deux livres d'eau ; passez à l'étamine.
D'autre part, prenez :

Gomme ammoniaque.   1 once.
Vinaigre . . . . . 4 onces.

Faites dissoudre la gomme dans le vinaigre, ajoutez cette dissolution à la décoction en même temps
que le miel , et faites cuire cet oximel jusqu'à consistance sirupeuse.

On administre ce médicament par cuillerées, dans
les asthmes humides, les rhumes chroniques , etc.

Nous allons joindre aux vinaigres composés la plupart des préparations dans lesquelles entre le vinaigre.
Nous les diviserons en oximels ou sirops de miel , en
sirops et en sels.

OXIMELS.

Oximel simple.

Miel blanc de Narbonne.   1 livre.
Vinaigre blanc. . . . 8 onces.

On met ces deux substances dans un poêlon d'argent , et on les fait évaporer à une douce chaleur jusqu'à consistance sirupeuse , en ayant soin d'enlever
l'écume qui se forme pendant la première ébullition.
Cet oximel est regardé comme un bon incisif , etc. ;
il fait partie d'un grand nombre de gargarismes. A
l'intérieur, la dose est depuis deux gros jusqu'à une
once, dans une infusion incisive ou pectorale.

(203)

OXIMELS COMPOSÉS.

Oximel colchique.

Vinaigre colchique. 1 livre.
Miel blanc. . . . 2 id.

On le prépare comme le précédent.

Storck le regarde comme un bon diurétique ; il le recommande dans les maladies séreuses , et surtout contre l'hydropisie. La dose est d'un gros , matin et soir , au bout de trois ou quatre jours , on la porte à trois ou quatre prises par jour , dans du thé.

Oximel scillitique.

Vinaigre scillitique. 1 livre.
Miel blanc. . . . 2 id.

Préparez comme les précédens.

Cet oximel est très-incisif, résolutif et désobstruant. Il est souvent employé dans les loochs pectoraux, les tisanes béchiques , etc.; dans les maladies de poitrine , l'asthme, etc. : la dose est d'un gros à une once.

SIROPS DE VINAIGRE.

Sirop simple à froid.

Bon vinaigre. . . . . 1 liv.
Sucre blanc, en poudre grossière. . 1 id. 1⁄4 onc.

Faites dissoudre, au bain-marie, dans un poêlon d'argent , et passez à travers une étamine.

Ce sirop est rougeâtre ou jaunâtre , suivant qu'on a employé du vinaigre rouge ou jaunâtre ; il est très rafraîchissant , diurétique , antiputride , et convient dans les maladies inflammatoires. La dose est de demi-once à une once et demie , dans un verre d'eau ou de tisane appropriée.

Sirop de vinaigre framboisé.

On prépare ce sirop de la même manière que le précédent, avec cette différence qu'on doit employer du vinaigre framboisé au lieu du vinaigre ordinaire.

Lorsqu'on n'a que de la cassonade ordinaire pour faire ces sirops, on en prépare des sirops bien clairs, auxquels on ajoute, lorsqu'ils sont cuits à la plume, environ une livre de vinaigre pour chaque deux livres de cassonade.

Comparaison des divers vinaigres.

D'après ce que nous venons d'exposer , il est bien évident que le vinaigre de bois , comme celui qui est connu sous le nom de vinaigre radical, sont les plus purs, et que , par conséquent , ils doivent être préférés dans leur application aux arts. Il n'en est pas de même dans leur emploi économique. Ces vinaigres sont rudes , tandis que ceux de vin sont plus moelleux à cause de la liqueur alcoolique éthérée , du surtartrate de potasse , de la matière mucilagineuse, des sels , et quelquefois de quelques autres acides végétaux qu'ils contiennent. Les vinaigres provenant du cidre , du poiré , de la bière , du miel , etc., ont un goût particulier et bien distinct de celui du vin : ils n'ont point de surtartrate de potasse (crême de tartre). On a tenté de les rendre analogues à ceux du vin en y ajoutant de ce sel , mais quoiqu'on en améliore ainsi la qualité , cependant ce n'est pas au point de pouvoir rivaliser avec les autres.

Tout le monde connaît les nombreuses applications du vinaigre aux divers besoins de la vie ; nous allons donc exposer en raccourci son emploi dans la médecine , les arts et l'économie domestique. Comme nous avons parlé déjà de l'application de l'acide pyroligneux et de l'acide acétique aux arts, nous nous bornerons à parler des acétates.

Vertus médicales du vinaigre.

Nous avons déjà fait connaître les vertus médicales des vinaigres composés ; nous allons exposer maintenant celles du vinaigre simple.

Cet acide est d'un très-grand emploi, tant comme moyen hygiénique que comme moyen curatif. Sous ce dernier point de vue, il est considéré comme un bon antiseptique, rafraîchissant et calmant. Il peut être employé dans tous les cas où les acides minéraux faibles sont indiqués. Il convient aussi dans les lipothymies, ainsi que dans l'asphyxie. En fumigations, ou en arrosant les chambres des malades, il contribue à leur assainissement et à masquer l'odeur qu'elles ont contractée.

On fait également usage dans les évanouissemens, soit en frictions sur les tempes, soit en les faisant respirer : il est alors excitant et antispasmodique. Il est aussi employé en frictions pour détruire l'engorgement de quelques organes, pour les tumeurs anévrismales, et contre la céphalalgie. On l'ajoute à quelques pédiluves pour les rendre plus révulsifs.

Ce vinaigre avait été préconisé comme un bon antidote de l'opium ; M. Orfila a démontré que, bien loin d'en être le contre-poison, il en augmentait l'action meurtrière lorsqu'ils se trouvaient ensemble dans le canal digestif, mais que l'eau vinaigrée était le meilleur médicament pour combattre les symptômes développés par ce poison.

SEPTIÈME PARTIE.

ACÉTATES.

Les acétates sont le résultat de la combinaison de l'acide acétique avec les bases salifiables; ils ont pour caractère d'être complètement décomposés par le calorique, à l'exception de celui d'ammoniaque qui se sublime. Le produit de cette décomposition des gaz acide carbonique, oxide de carbone et hydrogène carboné, un peu d'eau, de l'huile goudronnée, et de *l'acétone*, connu sous le nom d'*esprit pyro-acétique*; le résidu est un carbonate de la base de l'acétate. Il y a cependant une remarque importante à faire, c'est que l'acide acétique est dégagé très-facilement, par le calorique et sans aucune altération des oxides de la 2me section. (Ce qui constitue les acétates de chaux, de barite, de strontiane, de soude, de potasse et de lithine), quant aux acétates des métaux des 3me et 4me sections, ils donnent par la distillation de l'acide acétique et de l'acétone (ce sont les acétates de manganèse, d'étain, de fer, de cadmium et de zinc, qui appartiennent aux métaux de la 3me section et les acétates d'antimoine, d'arsénic, de chrôme de cérium, de cobalt, de columbium, de cuivre, de bismuth de molybdène, le nickel de plomb, de tellure, de titane et de tungstène, qui constituent la 4me section). Enfin, les acétates des 2 dernières sections (acétates de mercure, d'osmium, d'argent, d'or, de platine, d'éridium, de palladium et de rhodium), à une température peu élevée donnent de l'acide acétique et de l'acide carbonique. Les acétates neutres se dissolvent très-facilement dans l'eau ; l'on doit en excepter les acétates de molybdène et de tungstène qui y sont insolubles, et ceux d'argent et de protoxide de mercure qui y sont très-peu solubles ; plusieurs autres acétates sont déliquescens. La base des acétates neutres contient le tiers des proportions d'oxigène de l'acide acétique. Les acétates, à l'exception de celui d'ammoniaque, n'ont pas un excès d'acide, mais il y en a de basiques à divers états de saturations. Pour constater les proportions d'acide acétique contenu dans les acétates, on le dégage au moyen de l'acide sulfurique, on distille et l'on établit la quantité d'acide obtenu dans le récipient par la quantité de base qu'il sature.

Les acétates qui sont susceptibles d'éprouver la fusion ignée, cristallisent par le refroidissement, en paillettes écailleuses à texture feuilletée et à reflets brillants et nacrés, qui peuvent servir souvent à les faire reconnaître. Lorsque les acétates se trouvent à l'état de dissolution étendue, ils se décomposent quelquefois spontanément, avec moisissures et la base se convertit en sous carbonate. Cet effet se manifeste dans ces sels apartenant à la 1re section.

Enfin les acétates sont très-faciles à reconnaître 1° par l'odeur de vinaigre qu'ils répandent quand on les traite par l'acide sulfurique, 2° par les précipités blanc lamelleux et nacrés, qu'ils donnent par le nitrate d'argent et le nitrate de protoxide de mercure ; 3° par la faculté qu'a l'acide acétique de donner lieu à de sels solubles avec toutes les bases ; 4° par celle de se volatiliser sans subir aucune altération.

Nous allons maintenant décrire les principaux acétates en suivant l'ordre alphabétique.

Acétate d'alumine.

L'acétate d'alumine est un sel incolore, incristallisable, d'une saveur très-styptique et très-astringente, très-soluble, attirant l'humidité de l'air ; c'est un des acétates dont l'acide peut se dégager au dessus de la chaleur rouge sans éprouver de décomposition ;

évaporé à siccité, il se convertit en sous-acétate qui est insoluble, et en acide acétique ; à l'état supposé anhydre, il est composé de :

5 at. acide acétique . . 1930,56 ou bien 75,025
1 at. alumine . . . = 642,33 . . . 24,975
_____
1 at. acétate d'alumine = 2572,89 . . . 100,000

On obtient ce sel en dissolvant dans de l'acide acétique pur de l'alumine en gelée en excès et en évaporant à siccité, si la solution est claire. Quant à celui qu'on emploie dans les arts, on le prépare en décomposant par l'acétate de plomb une solution d'alun , il se forme un précipité de sulfate de plomb et de l'acétate d'alumine soluble, plus, un peu d'acétate de potasse qui ne nuit nullement aux couleurs que l'on se propose de fixer. L'on a proposé de substituer l'acétate de chaux à l'acétate de plomb; mais l'acétate d'alumine que l'on obtient ainsi, est mêlé à du sulfate de chaux qui peut nuire à quelques opérations tinctoriales. L'acétate d'alumine est très-employé pour fixer les couleurs sur les indiennes , etc.

Acétate d'argent.

Ce sel est en lames nacrées, blanches, flexibles, ayant la forme des écailles de poisson ; il est anhydre ; l'eau à froid n'en dissout pas 1/200 de son poids, on l'obtient en décomposant une solution de nitrate d'argent par l'acétate de soude ; par l'action du calorique , il donne de l'acide acétique cristallisable et l'on trouve dans la cornue de l'argent réduit et quelques traces de charbon , il est composé de :

1 at. Oxide d'argent. 1451,0. . 69,5
1 at. Acide acétique. 643,2. . 30,5
_____
2094,2   100,0

acétate d'ammoniaque.

Ce sel est connu dans les pharmacopées sous le nom d'*esprit de Minderereus*. Il existe dans l'urine putréfiée et le bouillon gâté ; il est liquide ; lorsqu'on l'évapore rapidement, il perd une partie de son ammoniaque et se sublime en aiguilles déliées ; il a une saveur piquante, on l'obtient en saturant l'acide acétique par l'ammoniaque.

Ce sel est sudorifique et antispasmodique. On le donne dans cinq ou six onces de véhicule, à la dose de deux gros à une once et demie. Il est très-recommandé dans le typhus, les fièvres putrides, malignes, dans la petite-vérole, les gouttes rentrées, à la fin des rhumatismes aigus, etc. Ce sel est aussi préconisé contre les effets de l'ivresse : on le donne à la dose de vingt-quatre à trente gouttes dans un verre d'eau.

acétate de barite.

Ce sel est incolore et inodore, soluble dans presque son poids d'eau bouillante et dans 100 parties en poids d'alcool ; Mitscherlich a observé que lorsqu'on le fait cristalliser à une température au-dessous de 15°, il retient une quantité d'eau dont l'oxigène est à celui de la base : : 3 : 1 ; ces cristaux sont alors efflorescens et sont semblables à ceux de l'acétate de plomb ; tandis que si on le fait cristalliser à une température d'au moins 15°, son eau de cristallisation ne renferme que les mêmes proportions d'oxigène, que la base et les cristaux prismatiques que l'on obtient s'effleurissent également à l'air. Ce sel est composé de

1 at. Barite	956,88	. .
2 at. Acide acétique	643,52	. .
2 at. Eau	112,48	. .
	1712,88	. .

Exposé à une chaleur rouge, l'acétate de barite se décompose.

Acétate de bismuth.

Sel inodore et incolore, cristallisant en paillettes, précipitant par l'eau, propriété qu'il perd quand on y ajoute de l'acide acétique. Pour obtenir ce sel neutre, on mêle deux solutions chaudes et concentrées de nitrate de bismuth et d'acétate de potasse ou de soude.

Acétate de chaux.

L'acétate de chaux est inodore et incolore, il est très-soluble dans l'eau et même dans l'alcool; il cristallise en aiguilles prismatiques soyeuses qui, par l'action du calorique perdent leurs eaux de cristallisation et s'effleurissent; on l'obtient en saturant l'acide acétique par la chaux ou le sous-carbonate; il est composé de :

1 at. Acide acétique = 643,52 ou bien	64,37
1 at. Chaux = 356,03	35,63
Acétate de chaux = 999,55	100,00

Acétate de Cobalt.

On obtient ce sel en faisant dissoudre l'oxide de cobalt dans l'acide acétique ; la solution de cet acétate est rouge ; par son évaporation à siccité l'on a pour résidu une masse violette qui attire l'humidité de l'air.

Acétate de cuivre.

L'acide acétique peut s'unir avec l'oxide de cuivre en diverses proportions, et celui-ci à divers degrés d'oxidation ; ainsi l'on distingue jusqu'à cinq variétés d'acétate neutre de cuivre, mais comme ces sels sont presque toujours extraits du sous-acétate de cuivre, qui est le plus anciennement connu, ce sera celui aussi que nous décrivons le premier.

Sous-acétate du deutoxide de cuivre, verdet, vert-de-gris.

En France, ce sel est fabriqué dans les departemens de l'Aude et de l'Hérault. Le procédé généralement suivi consiste à prendre des plaques de cuivre minces, à les battre et à les chauffer à environ 50 degrés. On les trempe alors dans du vin chaud ou du vinaigre. On place sur le sol une couche de bon marc de raisin, et, par-dessus, une couche de plaques de cuivre, et successivement. Au bout d'un mois ou d'un mois et demi, suivant le degré de spirituosité du marc, les plaques sont couvertes d'une couche verdâtre. On les enlève, et on les place l'une à côté de l'autre transversalement ; on les arrose ensuite plusieurs fois avec de l'eau acidulée par le vinaigre, et quelquefois avec de l'eau. Cette couche de sel se gonfle, et l'on voit se former une efflorescence blanchâtre qui offre sur les bords de longues aiguilles, et qui se sépare facilement de ces plaques : c'est alors que le vert-de-gris est fait. On le râcle, et on laisse reposer les plaques quelque temps, pour reprendre ensuite cette opération. Il est bon de faire observer qu'en hiver, tant qu'elle dure, on chauffe l'atelier de manière à entretenir la température à 20°.

Ce sel est vert, insoluble en partie dans l'eau, et indécomposable par l'acide carbonique. Traité par l'eau, l'acétate neutre s'y dissout, et l'oxide hydraté se précipite. Par l'action du calorique, le métal est réduit. Le sucre en solution dans l'eau dissout le sous-acétate de cuivre dans les proportions de 1 partie de ce sel pour 48 de sucre ; cette liqueur est alors verte

et indécomposable par l'ammoniaque, l'acide hydro-
sulfurique, etc. Il est composé, d'après M. Proust,
de :

Acétate de cuivre neutre, 43
Hydrate de cuivre. . . 37,5
Eau. 15,5
———
96,0

Le vert-de-gris est employé dans la peinture ; en médecine, il entre dans la composition de quelques médicamens, etc.

Acétate de protoxide de cuivre.

Lorsqu'on distille l'acétate de deutoxide de cuivre
neutre, il se sublime un sel en paillettes nacrées, ou
cristaux lanugineux blancs qui sont l'acétate de protoxide de cuivre dont les proportions peuvent être
de 20 pour 100 si la chaleur a été ménagée. Ce sel
mis en contact avec de l'eau se décompose et passe
à l'état d'acétate de deutoxide, tandis qu'il se dépose de cuivre réduit. L'air humide produit sur lui
la même action.

Acétate neutre de deutoxide de cuivre, cristaux de Vénus, verdet cristallisé.

On prépare ce sel en faisant dissoudre le vert-de-
gris dans le vinaigre, filtrant la dissolution et la faisant cristalliser. L'acétate de cuivre a une saveur
styptique et sucrée ; il est soluble dans l'eau et dans
l'alcool, et cristallise en rhombes très-réguliers. Le
calorique le décompose ; il s'en dégage de l'acide acétique coloré par un peu d'oxide qu'il entraîne, et il
se sublime en même temps, suivant la remarque de
Vogel, un peu de cet acétate anhydre, qui est en
cristaux d'un blanc satiné et qui est un acétate de

protoxide de cuivre comme nous l'avons déjà fait connaître. Ce sel est composé de :

Acide acétique. . . 51,29
Deutoxide de cuivre. 39,5
Eau 9,06
————
99,85

M. Dumas donne les proportions suivantes :

1 at. Acide acétique = 643,52 ou bien 56,48 } 100
1 at. Oxide de cuivre = 495,6 . . 45,52 }

2 at. Eau. . . . 1139,12 . . 90,01 } 100
112,62 . . 8,99 }
————
1251,74

Nous reviendrons sur ce sel en parlant de la préparation du vinaigre dit radical.

Acétate de cuivre sesquibasique.

Ce sel cristallise irrégulièrement ; il est insoluble dans l'alcool et soluble dans l'eau ; cette solution chauffée dépose un sel basique ; chauffé à une température qui ne va pas au-delà de 100 C°, il perd la moitié de son eau et sa couleur verte devient plus intense.

Pour obtenir ce sel, on prend une solution bouillante et concentrée d'acétate neutre de deutoxide de cuivre, dans lequel on verse de l'ammoniaque, par petites portions, jusqu'à ce que le précipité qui se forme soit redissout ; par le refroidissement, ce sel se précipite en masse ; on le presse entre du papier de trace et on le lave à l'alcool. Quand on traite par l'eau le vert-de-gris du commerce et qu'on soumet la liqueur à l'évaporation, il se précipite au commencement, une masse bleue non cristalline qui est ce même acétate. D'après M. Dumas, ce sel est composé de :

2 at. Acide acétique = 1287,04 ou bien 46,39 }
3 at. Oxide de cuivre = 1486,8 . . 53,61 } 100

Sel anhydre . . = 2773,84 . . 80,43 }
12 at. Eau . . . = 674,9 . . 19,57 } 100

Sel cristallisé . . 3448,74

Acétate de cuivre bibasique.

Ce sel est en paillettes bleues; si on le traite par
l'eau, il est converti en acétate neutre et en acétate
sesquibasique; une température de 60 C° suffit pour
le décomposer; il se dégage 24,5/100 d'eau, et il reste
un mélange d'acétate neutre et d'acétate tribasique
entre lesquels l'acide acétique se trouve également
partagé et contenant chacun de l'eau de cristallisation.
D'après M. Dumas, ce sel est formé de :

1 at. Acide acétique = 643,2 ou bien 27,85
2 at. Oxide de cuivre = 991,2 . . 42,92
1 at. Eau. . . . = 674,9 . . 29,23

2309,3   100,00

Acétate de cuivre tribasique.

La production de ce sel a lieu quand on traite le
vert-de-gris par l'eau; quand on fait macérer l'acétate
sesquibasique avec l'hydrate de cuivre et lorsqu'on
verse dans une solution d'acétate neutre de deutoxide
de cuivre, de l'ammoniaque dans des proportions
telles que le précipité formé soit redissout. Ce sel est
insoluble dans l'eau; un grand nombre de lavages à
l'eau bouillante le changent en acétate bien plus basique encore et en acétate soluble. D'après M. Dumas
il est composé de:

1 at. Acide acétique. == 643,52 ou bien 27,98
3 at. Oxide de cuivre. == 1486,80. . 64,67
3 at. Eau . . . . == 168,52. . . 7,35

            2298,84   100,00

Acétate de cuivre très-basique.

On obtient ce sel lorsqu'on chauffe une dissolution étendue d'acétate neutre, ou mieux encore celle de l'acétate de sesquibasique ; alors ce sel se précipite ; quant la solution de ce dernier acétate est très-étendue, il suffit d'une chaleur de 20 à 30 C° pour le décomposer et produire l'acétate très-basique qui est d'un brun noirâtre et brûle à l'air avec une légère détonation et en lançant des étincelles. D'après M. Dumas, cet acétate est composé de :

1 at. Acide acétique . == 643,52 ou bien 2,49
48 at. Oxide de cuivre. == 23788,80 . . 92,27
24 at. Eau . . . . == 1549,80 . . 5,24

            25782,12   100,00

Résumé de la composition des acétates de cuivre.

	Acide acétique.	Ox. de cuivre.	Eau.
Acétate neutre.	56,48.	43,52.	8,99
— Sesquibasique	46,39.	55,61.	19,57
— Bibasique .	27,85.	42,92.	29,22
— T.ibasique.	27,98.	64,67.	7,35
— Très-basique.	2,49.	92,27.	5,24

Acétate de glucine.

Ce sel a été étudié par M. Vauquelin ; il offre un aspect gommeux et est en lames transparentes, d'une

saveur astringente et sucrée et soluble dans l'eau acidulée.

On l'obtient en dissolvant jusqu'à saturation du
carbonate de glucine encore humide dans l'acide acétique, filtrant et évaporant; ce sel est composé
de :

Acide acétique.	66,64
Glucine.	33,36

100,00

Acétate de fer.

On en connait deux espèces: le proto et le deuto-
acétate: nous allons les examiner successivement.

Proto-acétate de fer.

Ce sel, à l'état de pureté, offre une masse rayon-
née blanche dont la dissolution dans l'eau est verte;
pour l'obtenir, on traite par la chaleur, et sans le contact de l'air, la tournure de fer par l'acide acétique
concentré; ou bien l'on décompose le sulfate de protoxide de fer bien pur par l'acétate de plomb, etc. ;
comme ce sel n'est pas employé dans les arts, en son
état de pureté, mais à l'état de mélange avec le suivant , nous ne nous en occuperons pas davantage.

Acétate de peroxide de fer.

L'acétate de peroxide de fer neutre est incristalisa-
ble; il est très-soluble dans l'eau, de laquelle il se sépare, par une évaporation lente, et une espèce de
gelée d'un rouge brun très-foncé, soluble dans l'alcool et l'éther et attirant l'humidité de l'air. Si l'on
évapore l'acétate de fer à siccité à une très-douce chaleur on obtient un sous acétate de cette base ; si la
chaleur est un peu plus élevée, la décomposition est

complète et l'on n'a plus que de l'oxide de fer pour résidu.

Ce sel est préparé en grand pour les arts, dans les fabriques d'acide pyroligneux, en traitant les copeaux de fer par ce dernier acide. Mais, comme le sel obtenu contenait au moins 2/100 de goudron, ce qui nuisait à la couleur, on y a substitué le vinaigre distillé marquant 3° B. Pour cela, on place des copeaux de fer dans un tonneau à double fond, ayant une chantepleure à la partie inférieure, et on y verse l'acide acétique. Au bout de quelque temps, il se dégage du gaz hydrogène en assez grande quantité, qui provient de la décomposition de l'eau dont l'oxigène se porte sur ce fer pour l'oxider. La liqueur qui s'écoule par la chantepleure est versée dans le tonneau, et au bout de 3 à 5 jours, suivant la température, la formation de ce sel est terminée. On soutire la liqueur qui marque alors 10°, et on la concentre jusqu'à 14 ou 15°; c'est en cet état que cet acétate est livré au commerce sous le nom de *bouillon noir*. Pour en obtenir 100 parties, l'on emploie 10 parties de vieille ferraille. D'après M. Dumas, ce sel est composé de

3 at. Acide acétique. 1950,56, ou bien 66,355
1 at. Peroxide de fer. 978,41. . . 33,645

1 atome d'acétate de fer. 2908,97   100,000

L'acétate de fer est très-employé dans les manufactures de toiles peintes, etc., pour les couleurs rouille, et comme base des couleurs noires.

Acétate de manganèse.

Ce sel cristallise en tables rhomboïdales rouges, transparentes, inaltérables à l'air, d'une saveur astringente et métallique; il est soluble dans l'eau et dans l'alcool. On l'obtient en dissolvant du carbonate de manganèse dans l'acide acétique, ou bien en décomposant le sulfate de manganèse par l'acétate de chaux. Ce sel est composé de :

Acide acétique. . . 58,45
Oxide de manganèse 41,55
──────
100,00

L'acétate de manganèse est employé pour mordancer les toiles et principalement pour y fixer l'oxide de manganèse. Quant à l'acétate de tritoxide de cette base, qui est très-soluble et peu stable, il est d'usage en teinture pour donner une couleur rouge brun.

Acétate de magnésie.

Ce sel est incolore, difficilement cristallisable, ayant une apparence gommeuse, très-amer et douceâtre, légèrement déliquescent et très-soluble dans l'eau et l'alcool ; il est composé de :

Acide acétique. . 71,28
Magnésie. . . . 28,72
──────
100,00

On l'obtient en dissolvant le carbonate de magnésie dans l'acide acétique, filtrant et évaporant la liqueur.

Proto-acétate de mercure.

Ce sel a été étudié par Margraaff. Il est blanc, cristallisé en lames minces micacées, ayant un aspect gras ; il noircit à la lumière ; il suffit d'une chaleur légère pour le décomposer ; il se dégage alors de l'acide carbonique et l'on obtient de l'acide acétique très-concentré, et du mercure à l'état métallique ; ce sel est composé de :

1 at. Protoxide de mercure. 2631,6   80,46
1 at. Acide acétique. . . 643,2   19,54
                          ──────   ──────
                          3274,8   100,00

On obtient ce sel en dissolvant le protoxide de mercure dans l'acide acétique, ou bien en précipitant une solution de proto-nitrate de mercure par l'acétate de potasse. Mais , ce dernier procédé ne saurait donner ce sel pur et exempt de sulfate de potasse , sans le lavage , qui en altère la nature ; c'est ainsi cependant qu'il est préparé pour la médecine.

Deutoacétate de mercure.

Ce sel a été étudié par Proust. Il est en lames minces, jaunâtres, nacrées, demi-transparentes ; il est anhydre, incristallisable et déliquescent ; 100 parties d'eau bouillante en dissolvent presque son poids ; à la température de 10 + 0 elle en dissout 25 ; l'eau le décompose et le convertit en sur-acétate soluble et en sous-acétate jaunâtre et insoluble. Il est composé de :

1 at. Deutoxide de mercure. . 1365,8   68,12.
1 at. Acide acétique. 643,2   31,88.

                        2009,0 100,00.

On le prépare en faisant dissoudre le deutoxide de mercure encore humide, dans l'acide acétique.

Acétate de Nickel.

Ce sel a été étudié par Bergmann. Il est en cristaux rhomboïdaux, d'un vert très-intense et efflorescent ; il est très-soluble dans l'eau et insoluble dans l'alcool. Il est composé de :

Acide acétique. . . . 57,71
Oxide de Nickel . . 42,29

               100,00.

Pour l'obtenir, il suffit de dissoudre dans l'acide acétique, l'oxide de Nickel , ou son carbonate nouvellement précipité.

Acétate de plomb.

L'acide acétique est susceptible de s'unir en diverses proportions à l'oxide de plomb. Nous allons les faire connaître,

Sous-acétate de plomb.

Acétate de plomb trihasique, également connu sous le nom d' *extrait de Saturne.*

On prépare ce sel en faisant bouillir un excès de litharge en poudre très-fine avec du vinaigre, ou bien par l'ébullition d'une dissolution d'acétate de plomb avec cet oxide. M. Thénard donne les proportions suivantes :

Acétate de plomb. . . 1
Oxide de plomb calciné. 2
Eau 25

Faites bouillir pendant 20 minutes.
Le Codex, de Paris, donne la formule suivante :

Acétate de plomb cristallisé. . . 5
Litharge en poudre fine calcinée . 1
Eau distillée 9

Faites bouillir jusqu'à ce que l'oxide ou la litharge soient dissous, et que la liqueur marque 30" à l'aréomètre; en cet état, il porte le nom d'*extrait de Saturne.* Si on continue l'évaporation, il cristallise en lames blanches et opaques, d'une saveur sucrée, verdissant le sirop de violettes; il est inaltérable à l'air, soluble dans l'eau, et décomposable par tous les sels neutres et par l'acide carbonique, qui y produisent un précipité blanc; la gomme, le tannin, ainsi que la plupart des substances animales, le décomposent. Il est formé de :

Acide acétique. 100
Protoxide de plomb. . . 656
$$\overline{756}$$

Ce sel est très-utile dans la teinture, et pour préparer le blanc de plomb, le blanc de céruse, etc. En médecine, quelques gouttes dans l'eau constituent *l'eau de Saturne,* connue également sous le nom d'*eau de Goulard,* d'eau *végéto-minérale,* etc. A l'intérieur, son emploi exige une main prudente à cause de ses effets délétères.

Il y a un autre sous-acétate de plomb qui contient :

Acide acétique. . . 100
Protoxide de plomb . 1608

Acétate de plomb neutre, sel ou sucre de Saturne.

Cet acétate est en longs prismes tétraèdres, terminés par des sommets dièdres, d'une saveur très-sucrée et astringente, ne rougissant pas le sirop de violettes, plus efflorescent à l'air que le précédent ; l'eau bouillante en dissout plusieurs fois son poids, et cette solution bout à la même température que l'eau ; le calorique dégage une grande partie de l'eau de ce sel ; le sulfate soluble et l'acide sulfurique le décomposent et le précipitent à l'état de sulfate de plomb ; l'acide acétique le décompose partiellement, et il se précipite un peu de carbonate de plomb. L'acétate neutre peut dissoudre un poids égal au sien de protoxide de plomb. D'après M. Dumas, il est composé de :

1 at. Protoxide de plomb.	1395,0.	68,5 } 100
1 at. Acide acétique. .	643,5.	31,5 }
	2038,5	85,8 } 100
6 at. Eau.	337,5	14,2 }
	2376,0	

Cet acétate se prépare en faisant bouillir de la litharge en poudre fine et calcinée avec du bon vinaigre, agitant constamment le mélange, filtrant et faisant cristalliser par l'évaporation. On emploie de préférence le vinaigre de bois pur marquant au plus 8 à l'aréomètre, et l'on concentre jusqu'à 48 ou 55°. Le résidu de la litharge, non attaqué par l'acide acétique se compose de plomb, de subtance terreuse et même d'argent. L'acétate de plomb est très-employé dans les arts; en médecine il est considéré et employé comme astringent, dessiccatif et astringent.

Acétate de plomb sexbasique.

On produit ce sel en précipitant l'acétate de plomb tribasique par l'ammoniaque, sous forme d'une poudre blanche, sa saveur douce a disparu et est devenue astringente; ce sel est très-peu soluble; il est formé, d'après M. Dumas, de :

1 at. Acide acétique.	643,2 . .	7,14
3 at. Oxide de plomb.	8367,6 . .	92,86
	9010,8	100,00

Acétate de potasse, terre foliée de tartre, sel diurétique, sel essentiel du vin, etc.

Ce sel existe dans la sève de tous les végétaux ; on le prépare en faisant dissoudre du sous-carbonate de potasse très-pur et très-blanc dans de l'acide acétique concentré et incolore, en y conservant un léger excès d'acide pendant tout le temps de l'évaporation ; quand la liqueur est réduite à la moitié de son volume, on y ajoute un peu de charbon animal, l'on filtre et l'on fait évaporer à siccité dans une bassine d'argent, de platine, ou de porcelaine. Cet acétate, ainsi obtenu, est très-blanc, en petit feuillet, d'une saveur piquante, très-déliquescent, soluble dans l'eau et dans l'alcool et susceptible de cristalliser par une évaporation lente. L'acétate de potasse fondu est un sel anhydre qui est composé de :

1 at. Acide acétique = 643,52 ou bien 52,25
1 at. Potasse. . . = 587,91 . . 47,75

1231,43   100,00

L'acétate de potasse est employé en médecine comme fondant et diurétique, contre les engorgemens des viscères, l'hydropisie, l'ictère, les fièvres intermittentes, etc.; la dose est de demi-gros à demi-once par jour.

Acétate de soude, terre foliée cristallisée.

Même préparation et mêmes propriétés du précédent; ce sel cristallise facilement, et, ce qui est digne de remarque, c'est que lorsque l'acide contient un peu de goudron, les cristaux de cet acétate sont très-gros; il est soluble dans l'alcool, mais moins que l'acétate de potasse; trois parties d'eau froide en dissolvent une; il est efflorescent; il a une saveur amère et piquante; il éprouve la fusion aqueuse, ensuite la fusion ignée, sans se décomposer, au-delà de ce point; il se convertit en carbonate de soude, en acide pyroacétique et en charbon. Suivant M. Dumas, il est composé de :

1 at. Acide acétique = 643.52 ou bien62,20 ⎱
1 at. Soude. . . = 390,95 . . 37,80 ⎰ 100

Acét. de soude sec. = 1034,47 . . 60,51 ⎱
12 at. Eau. . = 674,88 . . 39,49 ⎰ 100

1709,35

Cet acétate sec sert à préparer l'acide acétique très-concentré , connu sous le nom de cristallisable.

Acétate de strontiane.

Ce sel se prépare comme l'acétate de barite; il se dissout très-facilement dans l'eau, et ce qu'il y a de remarquable, c'est que sa dissolution donne à 15° des cristaux dont la base contient 2 fois autant d'oxigène que l'eau de cristallisation, tandis que , si la cristallisation a lieu à une température au-dessous de ce point, l'oxigène de l'eau est quatre fois plus fort que celui de la base.

Acétate de zinc.

Ce sel cristallise en lames hexagones un peu efflorescentes ; il est très-soluble dans l'eau et est employé en médecine comme astringent ; on l'obtient en dissolvant l'oxide de zinc dans l'acide acétique , etc.

Acétate de zircone.

Etudié par Klaproth , il est pulvérulent, incristallisable , d'une saveur astringente , très-soluble dans l'eau et l'alcool ; on le prépare en dissolvant dans l'acide acétique la zircone nouvellement précipitée et évaporant à une douce chaleur , à siccité.

Sel volatil de vinaigre.

Ce sel, également connu sous le nom de sel essentiel de vinaigre, n'est autre chose que du sulfate de potasse concassé, dont on remplit un flacon en cristal, et qu'on arrose ensuite avec du vinaigre radical : on peut l'aromatiser aussi avec une essence quelconque.

APPLICATION DU VINAIGRE A LA CONSERVATION DES SUBSTANCES ALIMENTAIRES.

De temps immémorial, on a constaté les vertus antiseptiques du vinaigre à l'égard des substances alimentaires ; nous allons, pour rendre notre ouvrage plus complet, en offrir quelques exemples.

Conservation des substances animales.

M. Mackensie pense que l'acide pyroligneux, ou vinaigre de bois impur, deviendra le corps dont on fera le plus d'usage comme antiseptique, pour les substances animales. On sait, en effet, que les acides sont de très-bons antiputrides, et que le vinaigre est employé de temps immémorial pour conserver plus ou moins de temps les viandes. L'acide pyroligneux, qui est à plus bas prix, et qui communique aux viandes ce goût particulier de fumée acide qu'ont les jambons et les harengs saurs, est préféré au vinaigre; il agit sur les substances animales comme la fumée du bois. Il y a cependant des différences dans la manière d'opérer. Pour les viandes, la réaction a lieu pendant la distillation de l'acide. Pour le poisson, on le plonge dans l'acide tout préparé.

M. Houston (1) s'est occupé, dans le États-Unis,

---

(1) Celebration of the birth-day of Linnæus.

de la conservation des viandes par l'acide pyroligneux.
Il sala six morceaux de bœuf de quinze livres chacun,
il les mit dans la saumur pendant quelques semaines,
et les fit suspendre ensuite pendant un jour. Après
ce temps, il les humecta à l'aide d'une brosse trem-
pée de l'acide pyroligneux. Quelques jours après,
cette viande avait toutes les apparences du bœuf fu-
mé, et surtout l'odeur et le goût ; des langues et des
jambons ainsi préparés réussirent également bien.
M. Houston a été plus loin ; sous le rapport de l'économie, il assure que l'emploi de cet acide l'emporte
sur la préparation à l'acide de la fumigation, qui
coûte quarante sous par quintal de viande, tandis
que par l'acide pyroligneux cela ne dépasse pas sept
sous. Il est bon de faire observer aussi que, par la fumigation, la viande perd un tiers de son poids, tandis qu'au moyen de l'acide elle ne perd rien et conserve son jus. Ce chimiste croit qu'on pourrait préparer
et conserver ainsi les harengs et le saumon, au lieu de
les saurer.

Conservation des substances végétales.

Puisqu'il est bien reconnu que le vinaigre préserve
de la putréfaction, plus ou moins de temps, les substances animales, il est bien évident qu'il doit produire le même effet sur les végétales, dont la décomposition n'est pas aussi prompte : c'est ce qui a lieu.
On a tiré parti de cette connaissance dans les ménages, pour la conservation de quelques alimens. Notre
but n'est point d'en faire ici l'énumération; nous allons
nous borner aux principaux.

Des câpres, caparis spinosa.

Cette préparation est des plus simples. On prend
les câpres vertes, on les met dans du bon vinaigre
avec un peu de sel et d'estragon : elles se conservent
ainsi pendant plusieurs années.

On prépare de la même manière les graines vertes de capucine, *tropeolum majus.*

Cornichons, cucumis sativus.

On prend des cornichons bien sains, on les frotte légèrement à la surface (quelques personnes les piquent même avec une grosse épingle), on les met dans un bon vinaigre auquel on y ajoute un peu de sel, de l'estragon, des graines de capucine, et les autres substances alimentaires que l'on veut conserver en même temps, A Saint-Omer, on fait un commerce de cornichons confits au vinaigre ; ils ont même beaucoup de réputation à cause de leur fermeté et de leur couleur verte.

Ognons, allium caepa.

On choisit de très-petits ognons blancs que l'on monde soigneusement, et on les conserve ensuite dans du bon vinaigre dans lequel on met du sel et un peu d'estragon, etc.

On prépare de la même manière les petits épis de millet, les petits melons coupés par tranches, les petits pois, le petit piment ou poivre long, etc.

Poivrons.

En Espagne et dans le midi de la France on fait une grande consommation de poivrons : leur conservation est des plus simples. On les cueille par un temps sec, on coupe soigneusement les queues, et on fend en quatre les plus gros et les moyens, sans toucher aux petits. En cet état, on les place dans du bon vinaigre. Les poivrons, ainsi préparés, se conservent plusieurs années sans altération.

Bigarreaux.

Choisissez les bigarreaux lorsqu'ils commencent à mûrir, enlevez les queues, plongez-les dans l'eau bouillante, faites-les égoutter, et lorsqu'ils seront séchés, mettez-les dans de bon vinaigre avec du sel, de l'estragon, etc.

Tomates ou *pommes d'amour*, solanum lycopersicum.

On choisit les tomates bien saines, on les cueille, et on les expose pendant quelques jours au soleil ; on les nettoie ensuite, et on les introduit dans une forte disslution de sel marin. Au bout de quelques jours, on les en tire pour les placer dans un pot rempli de bon vinaigre.

Haricots verts.

Choisissez les haricots bien verts, d'une moyenne grosseur, épluchez-les soigneusement, faites-les blanchir en les jetant dans l'eau bouillante, laissez-les égoutter, et, lorsqu'ils seront presque secs, mettez-les dans un pot contenant une dissolution de sel de cuisine ; retirez-les le lendemain, et mettez-les dans un nouveau pot contenant deux tiers d'eau et un tiers de vinaigre, avec une poignée de sel pour chaque pinte, couvrez le liquide avec de l'huile, ou mieux avec du beurre frais. Quand on veut manger de ces haricots, on les laisse tremper quelques heures dans l'eau avant de les faire cuire.

On conserve de cette manière les asperges, dont on sépare auparavant le blanc, ainsi que les concombres, dont on a enlevé les graines, les artichauts, mondés des grosses feuilles, etc. Un grand nombre de personnes sont dans l'usage de faire bouillir le vinaigre quelques jours après que ces fruits y ont été immergés, et d'autres blâment cette méthode sans cependant en donner aucune bonne raison. Nous croyons devoir éclaircir ce point. Il est bien reconnu que le vinaigre faible, abandonné à lui-même, surtout s'il contient quelque substance fermentescible, ne tarde pas à se moisir et à se décomposer. Or, si l'on emploie pour la conservation de ces substances alimentaires un vinaigre un peu faible, et que ces substances soient riches en eau de végétation, comme les concombres le melon, les cornichons, les pommes d'amour, il est évident que le vinaigre s'en emparera d'une partie, ainsi que les élémens constitutifs du ferment, et ne tardera pas à se moisir et à se décomposer. Le contraire aura lieu si l'on prend du vinaigre très-fort, ou, ce qui revient au même, si on fait bouillir, après l'immersion, pendant quelques jours, des substances alimentaires, dans cet acide qui, se trouvant moins volatil que l'eau, se concentre par conséquent par l'ébullition, tandis que les matières extractives se décomposent. En filtrant ce vinaigre, ainsi réduit aux deux tiers, ou à moitié de son volume, suivant sa force, on n'a plus à craindre sa décomposition. Il est bon aussi de faire observer que lorsqu'on observe qu'il est survenu sur les pots une grande quantité de moisissure, c'est une preuve que l'altération du vinaigre est très-avancée, et que, si l'on veut conserver ces substances, il faut absolument le remplacer par un autre vinaigre très-fort. Il est inutile de dire que tous ces vases doivent être bien bouchés, car il est bien reconnu que dans le vinaigre, même seul, exposé au contact de l'air pendant plusieurs jours sans être couvert, surtout en été, il se développe des espèces d'anguilles qui sont douées d'une grande agilité, et qui sont quelquefois assez grosses pour être distinguées sans microscope.

20

MANUEL
DU MOUTARDIER.

AVANT-PROPOS.

Le propre de l'esprit humain est de courir après la nouveauté au lieu de s'attacher à tirer parti des connaissances déjà acquises. En médecine, comme dans la plupart des arts industriels, bien des gens cherchent à s'accréditer au moyen de quelques prétendus secrets, ou bien au moyen de certains spécifiques ; aussi voyons-nous journellement une foule de médicamens nouveaux, annoncés avec emphase, prônés outre mesure par leurs auteurs, et bientôt plongés dans l'oubli. Un nom pompeux, un pays éloigné, un prix exorbitant, sont bien souvent les seuls garans de leurs propriétés. Amis du merveilleux, tout ce qui vient de l'étranger nous semble porter l'empreinte de la bonté, et presque toujours le vulgaire calcule les effets des médicamens par le prix, comme, dit le chancelier Bacon, si l'or pouvait faire rebrousser plus vite chemin à la mort (1).

Nous avons une infinité de *Flores* qui annoncent la plupart les vastes connaissances de leurs auteurs, sans que la médecine en ait retiré de grands avantages. C'est ce qui a fait dire à mon

(1) *Analyse de la philosophie de Bacon.*

aïeul (1) que la botanique ne serait qu'un objet
de curiosité, si elle ne s'appliquait à l'art de
guérir. Quand on veut qu'elle soit utile, c'est
celle de son pays qu'on doit le plus étudier,
parce qu'il est plus commode d'employer ce
qu'on a sous la main, et que souvent ce qui
vient de loin n'en vaut pas mieux. Convaincu
de cette vérité, je m'étais attaché à l'étude des
végétaux indigènes, afin de les substituer aux
exotiques; la moutarde avait surtout fixé mon
attention, et les Sociétés royales de Médecine
de Marseille et de Toulouse, auxquelles j'avais
présenté mon travail, me récompensèrent au-
delà de mes espérances, en me décernant une
double médaille. Jaloux de justifier de si hono-
rables suffrages, je donnerai ici un extrait de
mes recherches, et ce sera sur elles que j'éta-
blirai la théorie de l'*Art du Moutardier.*

(1) Fontenelle, *Eloge de Tournefort.*

MANUEL
DU MOUTARDIER.

Le Vinaigrier, ou le fabricant et marchand de vinaigre, préparait aussi deux sauces connues sous les noms de verjus et de moutarde ; c'est pour cette raison qu'à la suite de l'art de fabriquer le vinaigre nous avons cru nécessaire, à l'instar de Demachy, de donner une idée de l'art du Moutardier.

On n'est pas d'accord sur l'origine du mot *moutarde*. Boërhaave pense que ce nom lui vient de *mustum ardens* (1), parce que de temps immémorial on prépare, avec cette semence et le moût, la sauce qui porte le nom de moutarde. Quelques auteurs font dériver ce mot de *moult*, beaucoup, et *ardre* b. ûler. Les Dijonais prétendent au contraire que cette dénomination provient d'un trait de reconnaissance d'un de nos rois, pour l'héroïque defense qu'avaient faite les Bourguignons, en leur donnant pour devise à leur écu ou armes, ces trois mots : *moult mo tarde.* La première étymologie nous paraît plus naturelle et plus vraisemblable. Quoi qu'il en soit, l'art de préparer la moutarde en France est très-ancien, et plusieurs villes, telles que Dijon, Noyon, Soissons, etc., en ont fait l'objet d'un commerce spécial.

Avant de passer à la préparation de la moutarde, nous croyons qu'il est beaucoup plus convenable de nous livrer à son analyse chimique, parce que de la connaissance de ses principes constituans doit nécessairement découler une nouvelle source d'instruction pour la pratique de cet art, si toutefois c'en est un.

(1) *Wedel*, *Exercit.*, tom. VI, decad. 7.

D'après les bons effets que les médecins anciens et
modernes ont obtenus de la moutarde, je me suis livré
à son examen chimique. Il serait à désirer, pour le
bien de la science, qu'on entreprit un pareil travail
sur toutes les substances connues par l'énergie de leurs
propriétés médicamenteuses; on éviterait par ce moyen
une foule d'erreurs. Je ne connais aucun auteur qui
se soit occupé avant moi, d'une manière particulière,
de l'examen chimique de cette substance. L'analyse
que je vais offrir, sans avoir le degré de précision que
celle des substances minérales exige, n'en est pas
moins curieuse par les résultats que j'ai obtenus : je
ne crains pas même d'avancer qu'elle présente des
faits peu observés. Je me suis particulièrement attaché à reconnaître les substances qui offrent quelque
intérêt, et celle surtout à qui la propriété vésicante
est due. Une telle étude ne peut qu'être utile au fabricant de moutarde, dans un temps où l'on s'attache
à arracher les arts à l'empyrisme auquel ils étaient
en proie.

La moutarde était connue de temps immémorial
sous le nom de sénevé. Dans la *Belgique*, en *Italie*,
avons-nous dit, on en faisait une préparation avec le
moût, à laquelle on donnait le nom de *mustum ardens*,
moût ardent, d'où dérive celui de *moutarde* (1), de
manière qu'il en est résulté qu'on a fini par substituer
au véritable nom de cette semence, celui d'une de ses
préparations. Dans les auteurs les plus anciens on la
trouve décrite sous le nom de *sénevé*, et dans les modernes, quelquefois sous ce dernier, mais presque toujours sous celui de *moutarde*.

Cette plante a été rangée par le célèbre Linné, dans
la pentandrie monogynie, sous le nom de *synapis alba
et nigra*. On en compte environ vingt espèces, et
quoiqu'elles jouissent presque toutes des mêmes propriétés, on donne cependant la préférence à la grande

(1) *In Italia cum musto conterebatur, unde dixerunt mustum ardens, hinc mustardum.* H. Boërhaavæ *Historia Plantarum.*

ou *sénevé ordinaire*. La moutarde est assez commune ; elle vient naturellement sur les bords des fossés et des grands chemins, autour et dans les champs cultivés, etc.; celle du commerce vendue comme condiment et pour la médecine comme rubéfiante est *synapis nigra*. On regarde cette dernière espèce comme plus énergique. Par la culture, cette semence devient meilleure. Celles qui nous viennent d'Angleterre et de Villefranche, près de Toulouse, en sont un exemple. On en ramasse beaucoup annuellement à un quart de lieue de Narbonne, sur les bords d'une petite rivière dite *la Mayral*, où cette plante croit naturellement. Avant de passer à son examen chimique nous allons parler de sa culture.

Culture de la moutarde noire.

On compte environ 20 espèces de moutardes, toutes susceptibles de donner de l'huile ; cependant, comme as aisonnement, on emploie le *synapis nigra*. En voici la description :

La moutarde noire est annuelle ; ses tiges sont rameuses, un peu velues, striées, hautes de 2 à 4 pieds ; j'en ai vu avec M le professeur Delille, qui avait jusqu'à 8 pieds de hauteur ; les feuilles inférieures sont pétiolées, ailées, rudes au toucher, avec un lobe terminal assez grand, pointu et denté ; les fleurs sont jaunes, petites, disposées en épi lâche ; les siliques sont glabres et rapprochées de la tige ; elle fleurit à la fin du printemps et on la sème en mars dans un sol bien meublé et de bonne nature, qui a reçu au moins deux labours. On répand la graine tantôt à la volée et tantôt en rayons et fort clairs. Dans le premier cas, on se contente de donner un sarclage au semis, dans le second on l'éclaircit et on lui donne deux binages. Si cette dernière méthode est plus coûteuse, elle est aussi plus productive. Comme les fleurs de moutarde ne s'épanouissent pas en même temps, il en résulte qu'il y a des siliques qui sont plus tôt mûres que les autres, de sorte qu'on perdrait beaucoup de

moutarde si l'on attendait que les dernières fussent
à leur maturité. Pour l'éviter, on arrache ou l'on
coupe les tiges dès qu'elles commencent à devenir
jaunes et on les porte à l'air ou dans un grenier; on
les amoncèle, et un mois après, on les bat à la baguette
sur des toiles. On fait bien sécher la graine, on la
vanne, on la crible, et on la conserve dans un local sec
et exposé au midi.

Plus la moutarde est récente, plus elle est meilleure. Quand on a récolté de la moutarde dans un
champ, quelles que soient les précautions que l'on
prenne après le labour du printemps de l'année suivante, la terre en est encore couverte, et malgré plusieurs labours successifs, il s'en montre encore beaucoup la 3e année. Voici un aperçu des frais donnés
par M. de Dombasle :

Loyer d'une année.	70 fr.
Un labour à la charrue et deux	
à l'extirpation.	50
Engrais pour un tiers . . .	80
Hersage et rayonnage. . . .	12
Semence et semaille au semoir.	6
2 binages à la houe à cheval. .	8
Faucillage, bottelage et van-	
nage.	28
Total.	254

Produit moyen :

15 hectolitre de graines à 17 fr. 50.	262,50
A déduire pour les frais.	254,00
Bénéfice.	8 fr. 50

Chaque hectolitre de graine de moutarde noire
donne 18 litres d'huile douce. Il est bon de faire observer que le résidu est plus fort et plus propre à préparer la moutarde.

La moutarde croît naturellement dans plusieurs

contrées du midi de la France, principalement aux environs de Narbonne. Cette graine nous vient surtout de l'Alsace, de la Franche-Comté et de la Picardie. La première est la plus estimée; elle est un peu plus grosse que l'autre; douée d'une saveur plus forte et peu mêlée de grains blancs, tandis que la moutarde de Picardie offre peu de grains qui ne soient tachés de blanc. Celle des environs de Narbonne se compose de graines noires et d'autres rougeâtres; cette couleur pourrait être due à ce que les siliques d'où elles proviennent n'avaient pas atteint leur point de maturité, lorsqu'elles ont été cueillies.

Fertilité de la moutarde.

La moutarde est très-productive. M. Fischer de Creisheim dit qu'en ayant semé une livre dans un champ de 90 perches, il en récolta 558 livres de graines, desquelles il garda une livre et demie pour ensemencer l'année suivante. Le reste donna 36 livres d'huile au moulin, par la première pression à froid, et 45 livres par la seconde pression à chaud, ce qui fait, en tout, 81 livres. Cette quantité est même inférieure à celle que l'Oracle de l'agriculture (tom. 1, page 35) dit qu'on en extrait : il la porte à 50 pour 100. Quant à moi, je n'ai trouvé ces proportions que de 20 à 25 pour cent, et M. de Dombasle, comme on a pu le voir, ne l'a indiquée que pour 18/100.

M. Fischer a également constaté qu'un arpent de terre médiocre donne trois livres de moutarde par perche, ce qui fait 1,080 livres, qui rendent 163 livres d'huile douce par arpent, laquelle huile dépurée se réduit à 142 livres. Ces produits sont supérieurs à ceux de l'Agronome français.

EXAMEN CHIMIQUE DE LA MOUTARDE.

La moutarde récemment pilée a une saveur âcre, amère et très-piquante. Elle coagule le lait; unie au sang, récemment extrait, elle donne lieu à la formation de la couenne inflammatoire, et hâte sa putridité (1).

Si l'on triture cette graine en poudre avec la potasse caustique, il ne se produit aucun dégagement sensible d'ammoniaque, quoique quelques auteurs l'aient avancé. Si l'on étend d'eau ce mélange, elle prend un aspect laiteux. Si au lieu de la potasse on emploie la chaux, il se développe une odeur légère d'ammoniaque. Mille grammes de sénevé, réduit en pâte par le pilon et soumis à l'action d'une forte presse, ont donné 190 gram. 66 d'une huile très-douce et d'une couleur ambrée (2). Cette huile s'est conservée deux ans sans rancir, quoiqu'elle fût dans un flacon qui n'était rempli que jusqu'aux deux tiers. Par les grands froids de 1808, cette huile ne s'est point figée, mais seulement épaissie et décolorée, ce qui la rend propre à l'horlogerie. Ce fait ne s'accorde pas avec l'opinion de Fourcroy, qui assure que les huiles qui se figent le plus vite sont les moins altérables, et que celles qui sont difficilement congelables sont les plus sujettes à se rancir (3).

Sa pesanteur spécifique est un peu plus forte que celle d'olive; elle est à celle de l'eau : : 9202: 1000. Cent parties d'éther en poids en dissolvent vingt-trois de cette huile, tandis qu'il faut plus de 1000 parties

---

(1) *Vid* **Paletta**, *Advers. Chirurg. apud Murray;* et le *Dictionnaire des Sciences médicales.*

(2) M. Thieberge a obtenu une huile d'une couleur un peu verdâtre, avec une légère odeur de moutarde qu'il attribue à un peu d'huile volatile. Je pense qu'on doit attribuer cette différence dans les produits à ce que ce chimiste a employé, pour extraire cette huile, des plaques chauffées, tandis que j'ai opéré à froid.

(3) *Système des Connaissances chimiques*

d'alcool à 36 degrés pour en dissoudre une. Unie à la
soude caustique, elle donne un savon très-ferme et
d'une couleur jaunâtre.

Action du calorique.

Les graines de moutarde, jetées sur les charbons
ardens, brûlent avec beaucoup de flamme. Un kilogramme ayant été introduit dans une cornue et soumis à la distillation, a donné d'abord une eau fétide
de couleur brunâtre, légèrement acide; ayant augmenté le feu, j'ai obtenu 26 grammes d'une huile
rougeâtre, d'une odeur et d'une saveur âcre, piquante et insupportable, enfin du gaz acide carbonique,
des traces de carbonate d'ammoniaque et de gaz hydrogène carboné, d'une odeur insupportable; enfin
à ces gaz ont succédé des vapeurs jaunâtres. La liqueur obtenue était sans action sur l'infusion du tournesol. Le nitrate d'argent y produisait un précipité
noir, ce qui annonce la présence du soufre, et la
potasse caustique, par la trituration, en dégageait de
l'ammoniaque, ce qui prouve d'une manière indu-
bitable l'existence de l'azote dans ce produit. Ces
expériences sont conformes à celles de notre savant
confrère M. *Thieberge.* Quelques chimistes ont avancé, d'après Mragraaff, que la moutarde ainsi traitée
donnait du phosphore. J'avoue que je n'ai pu en obtenir le moindre indice. Sur ce point, mes expériences se trouvent conformes au sentiment de l'illustre
Berthollet, qui annonce que les auteurs n'ont pu en
obtenir un atome de ce corps combustible, en distillant les semences de synapis, seule matière qu'on
ait dit en donner par l'action du feu. Ayant cassé la
cornue, j'en ai retiré un charbon volumineux, difficile à incinérer, dont les cendres égalaient en poids
le quinzième de celui de la moutarde.

Je n'ai pas fa't une analyse rigoureuse de ces cendres, car, comme l'observe fort bien M. *Vanquelin*,
les sels qu'on rencontre dans celles des végétaux pro-

21

viennent la plupart de la décomposition de quelques autres sels par le calorique. Je me suis attaché à y découvrir quelques phosphates, mais infructueusement. Les sels dont l'existence m'y a été bien démontrée, sont le sous-carbonate, le nitrate, le sulfate et l'hydrochlorate de potasse, ainsi que le sulfate de chaux, l'hydrochlorate de magnésie et la silice.

Action de l'eau froide.

J'ai versé sur un kilogramme de moutarde pulvérisée huit parties d'eau distillée; après six heures d'infusion à froid, je décantai la liqueur, et je versai sur le marc six autres parties d'eau; quatre heures après je les soutirai et j'en ajoutai une semblable quantité; après dix heures de séjour je filtrai la liqueur, et je délayai le résidu dans trois kilogrammes d'eau; cette nouvelle liqueur ne paraissant chargée d'aucun principe, je les réunis toutes, et je les partageai en deux portions.

Effet des réactifs.

Le calorique	y a formé un coagulum abondant, insoluble dans l'eau et dans l'alcool.
L'argent	y a acquis une couleur noire par un séjour de quelques heures.
Le lait,	mêlé avec cette infusion et soumis à l'action du calorique, s'est coagulé de suite.
L'infusion de tournesol. — de raves . .	} rougit légèrement.
Le sirop de violettes, ...	verdit.
La décoction de bois de campêche.	jaunit.
L'alcool	précipité blanc floconneux.
L'infusion de noix de galle . . .	précipité floconneux, blanchâtre, très-abondant.

Par l'acide sulfurique. . .	précipité blanc que la potasse, la soude et l'ammoniaque redissolvent en saturant l'acide.
— nitrique . . .	
— hydrochlorique.	
— oxalique. . .	blanchit fortement, et précipité blanc.

Deutoxide de potasse
— de soude } se trouble légèrement.

Ammoniaque. . . . . léger précipité.
Eau de chaux. . . . . *Id.*
Sous-acétate de plomb . précipité blanc.
Hydrochlorate et nitrate.
de barite. . . . *Id.*
Nitrate d'argent. . . .
— de mercure } *Id.*
Sulfate de fer desséché . *Id.*
Hydrocyanate de potasse
et de fer. } aucun indice de ce métal.

D'après l'effet de ces réactifs, l'infusion de moutarde contient :

1° Un acide libre, comme la teinture de tournesol, de raves, de campèche; l'eau de chaux et le calorique le démontrent; lequel est probablement de l'acide sulfo-synapique et de l'acide cerbonique;

2° De l'albumine dont la présence est démontrée par le calorique, l'alcool, l'infusion de noix de galle, et les acides hydrochlorique, nitrique et sulfurique;

3° Le premier et le dernier de ces trois acides, comme l'indiquent le nitrate et l'hydrochlorate de barite, et les nitrates de mercure et d'argent;

4° La chaux y est rendue sensible par l'acide oxalique;

5° La magnésie, par l'ammoniaque;

6° Le soufre, par l'argent;

7° Aucun réactif n'y a démontré le fer ni le tannin.
Voulant déterminer la quantité d'albumine que contient l'infusion de moutarde à froid, j'ai soumis à l'action du calorique la moitié des quatre infusions

réunies. A la première impression, la liqueur s'est troublée, et bientôt il s'est formé une grande quantité de flocons qui se sont accrus par l'ébullition. J'ai filtré la liqueur, et recueilli ce coagulum, que j'ai lavé dans une grande quantité d'eau distillée, légèrement acidulée par l'acide hydrochlorique, afin de dissoudre les sels calcaires qu'il pouvait avoir entraînés, ou qui pouvaient s'être précipités par l'ébullition. Je l'ai lavé de nouveau, et lorsqu'il a été bien sec, il a pesé 26 grammes 15 cent.

L'albumine ainsi obtenue est insoluble dans l'eau et dans l'alcool ; elle est inodore et ne fait éprouver aucun changement aux infusions du tournesol ni des violettes. Par l'action du calorique, elle se décompose et donne beaucoup de sous-carbonate d'ammoniaque, et la plupart des produits des substances animales.

Le deutoxide de potasse et de soude jouissent de la propriété d'empêcher la coagulation de l'albumine par le calorique. D'après cette propriété, j'ai traité l'infusion à froid de la moutarde par ces deux oxides alcalins, dans les proportions de 8 grammes sur demi-kilogramme d'infusion ; j'ai porté ce liquide à l'ébullition sans qu'il ait donné le moindre indice d'albumine.

L'infusion de sénevé, d'où l'on a séparé l'albumine par l'ébullition, loin de rougir la teinture de tournesol, la verdit, ainsi que le sirop de violettes ; effet qui est dû à la couleur jaune de l'infusion de la moutarde.

D'après ces nouvelles expériences, l'existence de l'albumine dans l'infusion de moutarde est démontrée.

Action de l'eau bouillante.

J'ai mis dans un alambic un kilogramme de moutarde en poudre et dix kilogrammes d'eau. J'ai bien luté l'appareil, auquel j'avais adapté un large ballon. Dès que le calorique a commencé d'agir, il s'est dégagé un gaz d'une odeur extrêmement vive, et aussi pénétrante que celle de l'ammoniaque. Les premières portions d'eau charriaient une huile citrine qui allait au fond du vase. J'ai mis à part le premier litre de cette eau, et j'ai continué la distillation pour en obtenir trois autres litres. Cette dernière était un peu trouble, et tenait en suspension quelques gouttelettes de cette huile. Son odeur était vive et pénétrante, mais beaucoup moins que la première. Celle-ci était trouble, et laissait entrevoir plusieurs petites gouttes de cette même huile qui y étaient disséminées. Le fond du flacon était tapissé d'une infinité d'autres gouttes d'huile plus grosses que les précédentes, et ne se réunissant que difficilement. Après l'avoir laissée déposer pendant vingt-quatre heures, je suis parvenu à recueillir onze grammes d'une huile volatile dont je vais décrire quelques propriétés.

Cette huile volatile ainsi obtenue est d'une couleur citrine, d'une odeur aussi vive et aussi pénétrante que celle de l'ammoniaque. Une seule goutte appliquée sur la langue, y produit le sentiment d'une brûlure, et d'une irritation si forte qu'elle se propage et s'étend dans la gorge, l'œsophage, l'estomac, le nez et les yeux, par une impression de chaleur et d'âcreté insupportables. Appliquée sur la peau, elle y occasionne une douleur très-forte, et finit par produire l'effet d'un caustique.

Cette huile est beaucoup plus pesante que l'eau; sa pesanteur spécifique est à celle de liquide : : 10387 : 10000. Je ne connais aucune autre huile volatile extraite d'une plante indigène, qui soit douée d'une telle pesanteur. Au 50e degré du thermomètre centigrade, elle se volatilise; pétrie avec l'alumine et distillée à la cornue, elle donne un peu d'eau, d'huile brunâtre, du gaz acide carbonique et du gaz hydrogène carboné, sans aucune trace d'ammoniaque. Elle se dissout facilement dans l'eau et dans l'alcool en leur communiquant son goût et sa causticité. Il faut un kilogramme d'eau pour dissoudre deux grammes de cette huile. Elle est très-combustible, et brûle en répandant beaucoup de flamme; elle dissout le soufre et le phosphore ; enfin les acides et les alcalis agissent sur elle comme sur les autres. L'on voit, d'après cet exposé, que les caractères de l'huile volatile de moutarde sont assez tranchans pour ne plus être confondus avec aucune autre de son espèce.

L'eau saturée de cette huile est fort âcre et très-caustique. J'appliquai sur la jambe une bande de toile que je venais d'y tremper ; dans une minute, j'éprouvai sur cette partie une douleur très-vive ; au bout de cinq minutes je la trempai de nouveau dans cette eau, et je la réappliquai sur la même partie ; une chaleur très-vive se fit sentir, et la douleur devint presque insupportable ; au bout de cinq minutes je l'enlevai, et je m'aperçus qu'elle avait produit le même effet que celui d'un puissant synapisme.

Ayant répété cette expérience avec la décoction de moutarde, je n'en ai éprouvé aucune douleur, quoique l'application ait été prolongée pendant trois heures. Voilà donc un puissant rubéfiant dont la matière médicale va s'enrichir.

Pour connaître d'une manière plus exacte l'action de l'eau bouillante sur la moutarde, j'en ai fait bouillir pendant demi-heure un kilogramme dans six d'eau distillée. La liqueur filtrée était de couleur ambrée, d'une saveur alliacée un peu amère, et ayant perdu son odeur vive et pénétrante.

Par le calorique. . . . . aucun changement.
L'argent . . . . ne noircissait pas, quoiqu'il y eût séjourné pendant 48 heures.

L'alcool. . . . .
L'eau de chaux . . . . .
L'acide sulfurique . . . .
— nitrique. . . . . rien,
— hydrochlorique . .
L'hydrocyanate de potasse
et de fer. . . . . . .

L'acide oxalique. . . . . .   louchit
Le nitrate de mercure. . . . }
    — d'argent. . . . . . }   id.
Le nitrate et l'hydrochlorate
    de barite. . . . .   précipité blanc.
Le sous-acétate de plomb . .   id.
Le lait . . . .   n'est point coagulé.

Cette nouvelle expérience confirme l'existence de l'albumine dans l'infusion de moutarde. L'acide oxalique a démontré la présence de la chaux, due sans doute à une petite portion de sulfate calcaire que la liqueur avait retenue. Enfin, les nitrates d'argent, de mercure et de barite, ainsi que l'hydrochlorate de ce dernier métal, ont indiqué les acides sulfurique et hydroclorique.

Par l'évaporation, j'ai obtenu 192 grammes d'un extrait jouissant des propriétés suivantes.

Extrait de moutarde.

Cet extrait est de couleur brune et n'a qu'une faible saveur amère, légèrement acide; la dissolution dans l'eau rougit l'infusion de tournesol, l'ammoniaque y forme un précipité noirâtre composé de chaux et de substance extractive. Le chlore en précipite l'extractif sous forme de flocons jaunâtres; dans cet état, il a subi une altération qui le rend insoluble dans l'eau, mais soluble dans l'alcool bouillant. L'acide sulfurique concentré et l'acide hydrochlorique y produisent le même effet.

L'acide sulfurique étendu d'eau et distillé avec cet extrait en dégage de l'acide acétique; le résidu de cette distillation, traité par l'alcool, a laissé une masse qui a donné des sulfates de potasse et de chaux, du nitrate et de l'hydrochlorate de potasse et un peu d'hydrochlorate de magnésie.

La chaux triturée avec cet extrait en a dégagé une faible odeur ammoniacale. Traité par l'alcool, outre l'extractif, ce menstrue s'est emparé d'une substance résineuse qui fait la quarantième partie de l'extrait. Je ne pousserai pas plus loin cet examen, qui ne pourrait nous donner d'ailleurs que des résultats peu exacts. Pour en avoir l'entière conviction il suffira de citer le passage suivant de M. le comte *Berthollet* (1).

« Les substances que l'on confond sous le nom « d'extraits, éprouvent des changemens rapides par « l'action de l'air, par celle de l'eau et de l'alcool, « par la chaleur que l'on fait subir à leur dissolution « comme on le voit dans l'excellente analyse du « quinquina, que l'on doit à M. Fourcroy. Les diffé- « rens moyens produisent facilement des séparations « et de nouvelles combinaisons qui n'existaient pas ; « en sorte que ce n'est qu'avec beaucoup de circons- « pection que l'on peut conclure des produits que l'on « obtient par ce moyen, quel était l'état naturel de « la substance qu'on examine. »

D'après ces diverses expériences je crois pouvoir conclure que les semences de moutarde donnent à l'analyse chimique :

1° *Une huile volatile*, qui est d'une saveur très-âcre, d'une odeur aussi vive que celle de l'ammoniaque, d'une grande causticité, et d'une plus grande pesanteur que celle de l'eau. Ce caractère essentiel la distingue de toutes les huiles volatiles indigènes. Elle fait les 0,016 du poids de la moutarde, en évaluant par approximation celle qui est tenue en dissolution dans l'eau provenant de la distillation précitée. C'est à cette huile qu'est due la vertu vésicante. L'alcool la dissout, et prend en même temps une saveur très-âcre ; nous allons y consacrer quelques pages.

Examen chimique de l'huile volatile de moutarde noire.

Comme la moutarde doit ses propriétés et son goût à cette huile, nous croyons devoir faire connaître les

(1) *Statistique chimique*, tom. II, pag. 508.

recherches que MM. Dumas et Pelouze ont présentées
en 1833 à l'Académie royale des Sciences.

D'après les travaux récens de plusieurs chimistes,
on sait que cette huile ne préexiste pas dans la graine
de moutarde, et qu'elle se forme sous l'influence de la
distillation. A l'état brut elle est colorée ; mais on la
décolore au moyen de quelques rectifications faites,
même à feu nu. Quand elle est ainsi purifiée, elle
bout à 143° cent.; sa densité à la température de 20°
est égale à 1,015 ; son odeur est excessivement forte
et pénétrante. Elle se dissout très-bien dans l'alcool
et l'éther, elle est séparée par l'eau de ces dissolutions. A chaud, elle dissout une grande quantité de
soufre qui s'en sépare sous forme cristalline par le refroidissement. Elle dissout également à chaud beaucoup de phosphore, qui, par le refroidissement, se
sépare sous forme liquide tant que la température
n'est pas abaissée au-dessous de 43° ; mais au-dessous
de ce point, qui est celui de la fusion du phosphore,
la matière se dépose en cristaux.

Les alcalis chauffés avec cette huile produisent à la
fois du sulfure et du sulfocyanure. Il se forme en outre une troisième substance qui n'a pas encore pu être
isolée de l'huile non attaquée.

Pendant la réaction, il se dégage de grandes quantités d'ammoniaque.

L'acide nitrique, l'eau régale, l'attaquent avec
force et donnent pour résidu final une grande quantité
d'acide sulfurique.

L'analyse de cette huile, faite à différentes reprises,
a donné toutes les fois des résultats parfaitement
identiques, qui sont exprimés par la formule suivante :

C 1/2.	. . .	1224,3	. . . 49,84
H 2/0.	. . .	125,0	. . . 5,09
Az 4.	. . .	354,0	. . . 14,41
O 5/2.	. . .	250,0	. . . 10,18
S 5/2.	. . .	502,9	. . . 20,48
		2456,2	100,00

On verra plus bas que cette formule remarquable a été vérifiée par diverses méthodes, susceptibles de la plus grande précision.

La vapeur de l'huile de moutarde, prise d'après la méthode que M. Dumas a fait connaître, a été égale à 5,40. Le résultat donné par le calcul est 3,37 qui diffère très-peu, comme on le voit, de celui qu'on obtient par expérience.

La prédominance des élémens électro-négatifs de cette huile a porté les auteurs à y chercher les caractères d'un acide ; mais comme les bases oxidées l'altèrent, il fallait recourir à l'ammoniaque ou à l'hydrogène proto-phosphore. Ce dernier gaz est sans action sur elle. Il n'en est pas de même de l'ammoniaque qui est absorbé rapidement, et donne naissance à un produit nouveau, soluble dans l'eau, et susceptible de cristalliser avec la plus parfaite régularité. Ce produit n'est pourtant pas un sel, car les acides ni les bases ne peuvent en retirer l'huile, c'est plutôt un corps de la famille des *amides*.

Après avoir constaté que le gaz ammoniac parfaitement sec se combine avec l'huile sèche elle-même, sans apparition d'eau ou d'aucun produit accidentel, MM. Dumas et Pelouze ont adopté pour la préparation de ce produit, une méthode très-simple qui consiste seulement à mettre dans un flacon à l'émeri de l'huile, en contact avec un excès de dissolution d'ammoniaque. Au bout de quelques jours, l'huile a complètement disparu et à sa place on trouve une belle masse cristallisée. Les cristaux redissous dans l'eau, et traités par le charbon animal se décolorent parfaitement et se retrouvent par l'évaporation et le réfroidissement ; ils sont d'un blanc éclatant, sans odeur, d'une saveur amère, fusibles à 70° centigrades : leur forme est celle d'un prisme rhomboïdal ; ils se dissolvent dans l'eau froide, et mieux dans l'eau chaude. L'alcool et l'éther les dissolvent également. Les dissolutions sont neutres et ne se troublent sous l'influence d'aucun réactif. Les alcalis bouillans en dégagent de l'ammoniaque, mais ce dégagement lent s'effectue comme dans le cas des substances qui ont besoin de décomposer l'eau pour produire ce gaz.

L'acide nitrique le détruit et laisse de l'acide sulfurique.

Par aucun moyen on n'a pu en retirer de l'huile de moutarde.

L'analyse de ces cristaux, faite par des moyens d'une grande précision, a indiqué la composition suivante :

Soufre.	16,84
Azote.	24,62
Hydrogène	6,70
Carbone	42,95
Oxigène	8,89
	100,00

Ces résultats se rapportent à la formule suivante :

C 3/2.	1224,3	. . .	42,43
H 3/2.	200,0	. . .	6,93
Az 8.	708,0	. . .	24,54
O 5/2.	250,0	. . .	8,66
S 5/2.	502,9	. . .	17,44
	2885,2		100,00

Or, cette formule est elle-même représentée par 8 volumes de gaz ammoniac, et 8 volumes de vapeur d'huile.

On sait, qu'en général, il faut un atome d'acide pour saturer quatre volumes de gaz ammoniac, et quoiqu'on n'ait pas ici affaire à un seul, tout porte à croire que les rapports de combinaison sont conservés. Ainsi les auteurs considèrent comme véritable formule de l'huile, C 1/6, H 1/0, Az 2, S 5/4, O 5/4, et cette formule représente alors quatre volumes d'huile.

Alors la formule des cristaux devient elle-même C 1/6, H 1/6, Az 4, S 5/4, O 5/4, et on ne peut la représenter par quatre volumes d'huile et quatre volumes d'ammoniaque.

En adoptant ces formules, on voit que l'huile de
moutarde ne renferme réellement que 5/2 atomes d'é-
lément électro-négatif, tant soufre qu'oxigène, et
que s'il fallait lui trouver un terme de comparaison
dans la chimie minérale, ce serait à côté des acides
phosphorique ou arsénique quelle irait se placer.

Les auteurs terminent leur mémoire par l'annonce
d'un nouveau travail sur une matière qui présente de
de grands rapports avec l'huile de moutarde, et qu'ils
désignent sous le nom de *synapisme*.

M. Fauré, pharmacien chimiste de Bordeaux, dans
un mémoire adressé en juillet 1835, à la Société de
pharmacie de Paris a cherché à établir :

1° Que l'albumine contenue dans la poudre de moutarde est un des principes constituans de l'huile volatile que l'eau froide y développe, ou que, tout au
moins, elle est indispensable à sa formation ;

2° Que toutes les fois que cette albumine s'est rendue
insoluble par la coagulation, ou dénaturée par une
cause quelconque, la production de cette huile n'aura
pas lieu ;

3° Que les corps qui produisent cet effet sont, la
chaleur au-dessus de 75 R, l'alcool, les acides concentrés, les alcalis caustiques, les sels minéraux et le
chlore ;

4° Que l'éther ne *mute* pas la poudre de moutarde ;
il donne à l'albumine de cette semence un état gélati-
neux, de la consistance, de l'opacité, mais il ne la
rend pas insoluble ;

5° Qu'après l'action de l'éther, l'albumine jouit des
caractères qui lui sont propres et la moutarde conserve
la propriété de fournir, avec l'eau froide, le principe
âcre et volatil.

Il a basé ces opinions sur les expériences suivantes :

A. Il a fait bouillir 4 livres d'eau dans la cucurbité
d'un alambic, et quand le liquide a été à cette température, il y a délayé très-vite 8 onces de farine de
moutarde ; après quoi il a procédé à la distillation. Le
produit ne contenait pas un atome d'huile volatile ;

son odeur était nauseuse et un goût très-peu piquant.

B. Ayant fait une pâte avec la même moutarde récemment pulvérisée et suffisante quantité d'eau à 100 C₀, il n'y a point eu de dégagement d'huile volatile ; cette pâte n'agissait pas comme synapisme ; délayée dans l'eau froide, elle ne donnait point cette odeur propre à l'huile volatile de moutarde.

C. M. Fauré ayant chauffé dans des vaisseaux séparés de l'eau à 30, 40, 50, 60, 70 et 75 degrés, et délayé dans chacun de la moutarde en poudre, l'huile volatile se faisait vivement sentir à 30, 40 et 50 ; à 60° et au-dessus, ce dégagement diminuait insensiblement ; à 75° il était nul.

D. Des semences de moutarde ayant été tenues dans l'eau à 60° pendant 4 heures, ensuite séchées et pulvérisées, cette poudre avait les mêmes propriétés que celle qui n'avait point subi cette opération ; mais si l'on en porte l'eau à l'ébullition, elles ne dégagent plus d'huile volatile.

Pendant que M. Fauré, en France, se livrait à ces recherches, MM. Geiger et Hesse, en Allemagne, arrivaient à de semblables résultats. Nous allons consigner ici l'extrait d'une lettre adressée par ce dernier à M. Geiger.

J'ai fait, dit-il, sur la préparation de l'huile volatile de moutarde, une observation qui paraît se rapporter à celle que vous avez faite, il y a peu de temps, sur la préparation de l'eau d'amandes, savoir : que, pour obtenir l'huile essentielle, il ne faut pas employer aussitôt la chaleur, même avec la présence de l'eau ; mais qu'avant de distiller la semence concassée, on doit la laisser macérer pendant quelque temps avec de l'eau froide. Je voulais, ajoute-t-il, préparer cette huile avec promptitude et je pensai à l'obtenir par le procédé en usage pour la préparation de l'huile essentielle de camomille dans l'appareil Beindot. Je fis donc passer de la vapeur d'eau bouillante à travers 6 livres de moutarde récemment concassée ; mais, à mon grand étonnement, je

22

n'obtins pas une trace d'huile volatile ; je n'eus qu'une eau dont l'odeur était faible et fade. Je retirai alors la moutarde , après environ demi-heure de contact ; j'y versai de l'eau froide dessus et je prolongeai la macération pendant plusieurs heures ; l'odeur de la moutarde ne se développa plus, et l'eau que j'obtins par sa distillation n'avait qu'une odeur désagréable. La formation de l'huile essentielle avait donc été empêchée par la chaleur brusque employée dès le commencement. J'ai préparé l'huile dont je vous présente un échantillon , en faisant macérer de la moutarde noire concassée pendant une nuit dans l'eau froide et distillant rapidement dans un alambic. J'ai obtenu environ 1 gros de 6 livres de cette graine : déjà, au bout d'une demi-heure , il se développait une forte odeur de moutarde ; le lendemain matin, cette odeur était si forte, que les larmes en venaient aussitôt aux yeux.

Nous ne saurions admettre avec M. Fauré que l'albumine entre comme principe constituant de l'huile volatile de moutarde , si la non préexistence de cette huile dans cette graine est bien constatée, ce qui, suivant nous , n'est rien moins que bien démontré, nous croyons que l'eau froide ne favorise que la production de cette huile en ramollissant l'albumine.

Quoi qu'il en soit , les observations de MM. Fauré , Geiger , et Hesse , ne doivent pas être perdues pour le fabricant de moutarde qui désormais n'emploiera que des liquides à une température de 30 à 40, et jamais au-dessus de 60 , encore moins au point de l'ébullition.

Déjà, en 1820 , j'avais fait connaître que l'infusion de moutarde, faite à froid , avait une saveur âcre et piquante et une odeur très-pénétrante, tandis que sa décoction ne possédait aucune de ces propriétés ; enfin, que la première était un puissant rubéfiant et que les effets de la seconde étaient nuls.

2° *Une huile douce.* La moutarde est une graine oléagineuse dont on peut extraire l'huile douce, comme de celle de navette , de cameline , etc., et par les mêmes

(255)

procédés. Il suffit même de la réduire en poudre fine, de la battre fortement dans un mortier en fer, et de la soumettre ensuite à l'action d'une forte presse pour en extraire une grande partie de cette huile. Le marc, loin d'avoir perdu ses vertus médicales, est au contraire bien plus énergique.

L'huile douce de moutarde est d'une couleur ombrée et d'une saveur très-douce ; M. Thieberge dit en avoir obtenu qui était un peu verdâtre et avait une légère odeur de moutarde , qu'il attribue à un peu d'huile volatile. Cet effet me parait dû à ce qu'il employa des plaques probablement trop chauffées, tandis que j'opérai à froid. L'action de l'air sur cette huile n'est pas aussi énergique que sur celle d'olive ; j'en ai conservé pendant deux ans dans un flacon, qui n'était rempli qu'aux deux tiers, sans se rancir. Par les plus grands froids de 1808, l'huile de moutarde ne s'est point figée, mais seulement épaissie et décolorée, ce qui la rend précieuse pour l'horlogerie. Ce fait ne s'accorde point avec l'opinion de Fourcroy qui assure que les huiles qui se figent le plus vite sont les moins altérables, et que celles qui sont difficilement congelables sont les plus sujettes à rancir. Le poids spécifique de cette huile est un peu plus fort que celui de celle d'olive, il est à celui de l'eau : : 9,202 : 1000 ; 100 parties d'éther en dissolvent 23 ; unie à la soude, elle donne un savon ferme, d'une couleur jaunâtre ; la moutarde donne, suivant M. de Dombasle, 18 pour 100 d'huile douce.

Suivant moi. . . . . de 20 à 25 pour cent.
Suivant M. Fischer . . 30 pour *id.*

Cette différence entre les proportions que j'ai indiquées et celles de ce dernier, tiennent sans doute à ce qu'il a opéré à chaud et moi à froid.

3° De *l'azote*, dont la présence a été reconnue par le dégagement d'ammoniaque qui s'est opéré en triturant le produit de la distillation avec la potasse caus-

tique, et les traces de carbonate d'ammoniaque obtenues.

4° *L'albumine.* Les expériences nombreuses que j'ai
citées m'ont convaincu de l'existence de l'albumine
dans l'infusion de la moutarde. *Schéèle* fut le premier
qui annonça, en 1780, qu'un grand nombre de plantes contenaient une substance semblable au coagulum
du lait (1). En 1790, *Fourcroy* reconnut l'existence de
l'albumine dans plusieurs végétaux (2). *Proust* ne par-
tageait pas cette opinion (3), lorsque *l'auquelin* la dé-
couvrit dans le suc du papayer, *carrica papaya*. *Cadet*
confirma cette découverte. Le docteur *Clarke* l'a trouvée dans le suc du fruit de *l'hibiscus esculentus*, et
Trommsdorff, pharmacien et professeur de chimie à
Erfurth, dans l'*agaric poivré* (4). Malgré toutes ces
recherches, je ne connais aucun végétal indigène d'où
on l'ait extraite en aussi grande quantité, ni démontrée d'une manière plus évidente que dans la moutarde.
J'ai essayé plus de cent infusions végétales, et je n'ai
l'ai trouvée dans aucune des proportions aussi fortes
que dans celle de la réglisse. Je l'ai retirée aussi de
quelques sucs végétaux, en assez grande quantité
pour prouver combien est vicieuse la méthode de clarifier les sucs d'herbes par le calorique.

5° *Le soufre.* Il se trouve dans ce liquide comme
partie constituante de l'albumine et en dissolution
dans l'huile volatile. La manière différente dont agissent l'infusion et la décoction de la moutarde sur l'argent, en est une preuve évidente. MM. Henry fils et
Garot assurent que le soufre est dans la moutarde à
l'état d'acide qu'ils nomment sulfo-synapique. C'est
à cet acide qu'ils attribuent l'acidité de la moutarde,
que j'avais déjà annoncée et attribuée à la présence
de l'acide carbonique. De nouvelles expériences que
je n'ai pas encore terminées, m'ont fait connaître la

(1) *Schéèle*, tom. II.
(2) *Annales de Chimie*, tom. III.
(3) *Journal de Physique*, tom. LVI.
(4) *Journal des Pharmaciens de Paris.*

co-existence de l'acide sulfo-synapique de MM. Henry et Garot, avec celle de l'acide carbonique que j'avais reconnue.

6· L'extractif que j'en ai séparé par les moyens indiqués.

7° Une résine que l'alcool en a extraite, et qui a une consistance un peu plus forte que celle de la térébenthine.

8° Le principe amer qui s'y trouve en petite quantité. Je n'ai pu en recueillir que 2 gr. 5.

9° Les sels. Je ne parlerai pas de ceux qui sont supposés être le produit de la combustion, parce qu'ils ne peuvent donner que des notions vagues, mais de ceux qui existent dans l'infusion, et qui, d'après leur dose respective, doivent être rangés dans l'ordre suivant :

> Nitrate de potasse,
> Carbonate de Id.
> Acétate de Id.
> Sulfate de chaux,
> Muriate de potasse,
> — de magnésie.

10° La silice, obtenue par la combustion.

J'avais oublié de faire observer que l'infusion de moutarde, tout comme l'eau distillée chargée d'huile volatile de cette plante, déposent un peu de poudre blanchâtre, dont la quantité est d'autant plus forte que ce liquide est plus chargé d'huile. Cette poudre, ainsi que l'ont très-bien observé MM. *Theberge* et *Robiquet* (1), est un composé de soufre et d'huile volatile. Il suffit, pour y reconnaître la présence du soufre, d'y plonger une pièce d'argent ; dans peu de temps elle acquiert une couleur noire très-prononcée. Nous allons maintenant examiner l'action de quelques menstrues sur la moutarde.

(1) Examens chimiques de la graine de moutarde noire, *Journal de Pharmacie et des Sciences accessoires*, tom. V.

Infusion dans le vin.

J'ai pris deux bouteilles numérotées, contenant chacune un litre de vin rouge de Narbonne; j'ai introduit dans n° 1, 100 grammes de semences de moutarde en poudre, et dans n° 2 la même quantité, mais entières, 36 heures après, j'ai filtré les deux infusions : le vin n° 1 avait perdu une partie de sa couleur et avait contracté une odeur et une saveur très-fortes d'huile volatile de moutarde; n° 2 n'avait rien perdu de sa partie colorante, quoiqu'il eût acquis les mêmes propriétés du n° 1, à la vérité dans un degré plus faible. J'ai répété cette expérience avec plus de vingt-cinq qualités différentes de vins rouges et blancs, et j'ai constamment obtenu les mêmes résultats. En lisant attentivement le travail intéressant de M. *Thieberge*, j'ai vu avec surprise que ce chimiste annonçait qu'en laissant infuser des semences entières de moutarde dans du vin blanc pendant quinze jours, sa saveur était à peine changée. Je ne puis expliquer cette différence d'action, à moins que de supposer que le *synapis nigra* contient moins de principes volatils que l'*alba*, ou que nos vins du midi agissent d'une manière différente de ceux du nord de la France. D'après mes expériences, je suis bien loin de conseiller la suppression de la moutarde dans la préparation du vin antiscorbutique, je me bornerai à recommander de la mettre en poudre afin de rendre ce médicament plus énergique.

Infusion dans le vinaigre.

La même quantité de moutarde, infusée dans une pareille dose de bon vinaigre rouge, affaiblit sa couleur et lui donne une odeur et une saveur vives et piquantes.

Action de l'alcool.

J'ai introduit dans 4 parties d'alcool une de moutarde en poudre. Dans quelques heures, ce menstrue a pris une couleur ambrée, sans cependant acquérir aucune odeur ni aucune saveur étrangères. L'eau la louchit; l'ammoniaque en précipite une huile un peu brune qui se dépose au fond de la liqueur; si l'on en décante les trois quarts et qu'on expose l'autre à l'air libre, l'odeur ammoniacale et alcoolique se dissipent en grande partie, et cette huile vient nager à la surface du liquide : ce qui prouve que l'alcool dissout une partie de l'huile douce de ces semences, et de matière colorante.

Action de l'éther.

La même expérience a été faite avec l'éther; l'infusion a pris une teinte verdâtre. L'eau n'y opérait aucun changement. L'ammoniaque s'est unie avec une grande partie de l'éther; mais au bout de quelques heures, il s'est formé à la surface de la liqueur une couche d'une huile verdâtre, qui n'était autre chose que l'huile douce unie au principe colorant, que l'éther avait également dissous.

Nous ne pousserons pas plus loin cet examen; il suffira pour faire connaître que c'est dans l'huile volatile de moutarde que résident ses propriétés. Nous allons passer maintenant à sa préparation.

Préparation de la moutarde, comme condiment.

On doit faire choix de la meilleure qualité de moutarde, et donner la préférence à celle qui est bien nourrie et la plus récente possible. Avant de la moudre, on doit la vaner et la bien laver, après cela, on la fait tremper dans l'eau pendant environ 12 heures afin de la faire gonfler et de rendre ainsi le broyage plus facile. On la passe au tamis de soie fin afin que la farine soit très-fine; l'on ne doit pas rejeter les enveloppes, qui sont les plus difficiles à moudre, car c'est en elles que réside l'huile volatile qui donne

ses propriétés à la moutarde. Nous avons déjà fait
connaître le moyen propre à opérer ce broyage. Nous
allons maintenant exposer ceux qui sont les plus usités pour la préparation de ce condiment.

Méthode de M. Demachy.

Dans une espèce de caisse, assujétie solidement
contre une muraille, sont placées deux meules de
pierre dure, de six pouces d'épaisseur et de deux pieds
de diamètre. La meule inférieure est fixée dans la
caisse ; celle qui la surmonte est mobile. Sur le devant
de cette caisse, et au niveau de la meule inférieure,
est une gouttière destinée à donner issue à la moutarde broyée. Un couvercle en bois recouvre la meule
mobile, dans laquelle se trouve pratiqué, au centre
et dans toute son épaisseur, un trou d'un pouce de
diamètre, auquel est adapté un godet de faïence, en
forme d'entonnoir sans fond. Le couvercle de bois est
percé, à un pouce au plus, tout près du bord, d'un
trou profond de trois pouces et assez large pour recevoir l'extrémité d'un bâton, dont l'autre bout est reçu dans le plancher du laboratoire, par une ouverture
très-large qui correspond au-dessus du centre de la
meule.

Lorsqu'on veut réduire la moutarde en poudre, on
remplit le godet de faïence de cette semence, qu'on
a fait gonfler légèrement en l'humectant avec de
l'eau (1) ; on prend ensuite, avec les deux mains, le
bâton qui est fixe dans le couvercle, et, en le pro-
menant circulairement, on fait agir dans le même
sens la meule supérieure ; dès lors, la moutarde, qui
est tombée du godet, se trouvant entre les deux meules, est écrasée et sort par la gouttière. Pour l'obtenir

(1) Quelques fabricans emploient le vinaigre pour humecter ces
graines. Cette méthode est vicieuse, attendu que l'acide acétique attaque les parties calcaires que peut contenir la pierre des meules.
Dès le principe, on employait le moût, et postérieurement, le vin
cuit ou le moût concentré.

beaucoup plus fine, on la repasse une ou deux fois de plus à cette espèce de moulin.

Dès que l'on a obtenu la moutarde en poudre très-fine, on prend parties égales d'eau chaude, tenant en dissolution un peu de sel marin, de vinaigre très-chaud et du moût, ou à défaut, demi-partie de sirop, et l'on y incorpore aussitôt de la moutarde en poudre, en agitant constamment pour ne pas former des grumeaux, jusqu'à ce qu'on ait formé une pâte claire; l'on ferme alors soigneusement le vase dans lequel on a pratiqué cette opération. Au bout de quelques jours, on le débouche, et si cette pâte est un peu trop épaisse, on y ajoute un peu de vinaigre et d'infusion de moutarde.

On peut obtenir une moutarde encore plus forte en employant, au lieu d'eau chaude et de vinaigre ordinaire, une infusion de moutarde portée à 60 degrés, et du vinaigre à la moutarde. Voici les descriptions de quelques bons procédés.

Moutarde commune.

Prenez une livre de moutarde en farine très-fine et récemment préparée, mettez-la dans le moulin, arrosez peu à peu avec du vinaigre et broyez jusqu'à ce que vous en ayez formé une pâte fine, homogène et d'une consistance d'un sirop épais. Conservez dans des bocaux de grès, de faïence ou de porcelaine soigneusement bouchés et goudronnés.

L'addition de la farine de blé nuit à la qualité de ce condiment, il n'en est pas de même de celle du sucre, du miel, du moût de raisin, du girofle et autre épicerie, qui en augmentent la qualité. En Provence, on y fait entrer des anchois, ce qui lui donne un fort bon goût.

Moutarde de ménage.

On prend parties égales d'eau bouillante, tenant en dissolution un peu de sel marin, de vinaigre très-chaud et du moût, ou , à défaut , demi-partie de sirop, et l'on y incorpore aussitôt de la bonne moutarde en poudre très-fine, en agitant constamment pour ne pas former de grumeaux , jusqu'à ce qu'on en ait formé une pâte claire bien homogène qu'on verse dans un vase de faïence qu'on bouche bien. Au bout de quelques jours , on le débouche , et si cette pâte est trop épaisse, on y ajoute un peu de vinaigre et d'infusion de moutarde.

Il y en a qui, pour obtenir une moutarde plus forte substituent à l'eau , une infusion de moutarde chaude.

Moutarde de Lenormand.

Farine de moutarde très-fine.	. .	2 livres.
Persil.		
Céleri		
Cerfeuil	frais, de chacun.	1 once.
Estragon.		
Ail.		2 gousses.
Auchois salés		n° 24.

Le tout est haché et broyé avec la farine de moutarde, jusqu'à ce qu'elle soit bien fine ; l'on y ajoute alors suffisante quantité de moût pour lui donner la douceur convenable, et deux onces de sel en poudre, et l'on continue de broyer, en y ajoutant de l'eau. La pâte obtenue bien liquide est mise dans des pots en y plongeant dans chacun une barre de fer de la grosseur du doigt, chauffée au rouge, pour lui enlever par ce moyen une partie de son âcreté. Avant de boucher les pots , on achève de les remplir avec de bon vinaigre blanc.

Cette moutarde serait bien plus forte encore si l'on substituait à l'eau une infusion de moutarde. Quant à l'opération de la barre de fer rouge, nous la croyons inutile, vu qu'au bout de quelques jours la moutarde perd son amertume,

Moutarde américaine aromatique de Josse.

Persil. . . . } de chacun demi-botte.
Cresson . . }
Échalottes . . . . . un quart de botte.
Ail. . . . . 2 gousses.
Graine de céleri . . . . 1 once.
Sel marin. . . . . . . 8 onces.
Huile d'olive fine. . . . 4 onces.
Quatre épices fines . . . 1 once.
Sommités de thym frais. }
Cannelle de Ceylan en poud. } 4 gros de chacun
Girofle en poudre. . . . . . 1 gros.

Après avoir bien contusé le tout, on le met en macération dans suffisante quantité de vinaigre blanc.
Après trois semaines d'infusion, on y ajoute le sel,
l'huile, les poudres, et la quantité de graines de
moutarde pour que le tout fasse 12 litres; enfin l'on
broie dans un moulin à moutarde, et, au bout de deux
jours, on met cette pâte liquide dans des pots.

Moutarde royale aromatique par M. Soyez.

Persil. . }
Cerfeuil. . } de chacun demi-botte.
Ciboulles. }
Ail. . . . . 3 gousses.
Céleri. . . . . . . demi-botte.
Sel marin de poudre fine 8 onces.
Huile d'olive fine. . . 4 onces.
Quatre épices fines . . 2 onces.
Essence de thym. . . 40 gouttes.
Id. de cannelle. . 30 gouttes.
Id. d'estragon. . . . 3 gouttes.

On épluche, et l'on contuse ces plantes, et on les
met en infusion pendant 15 jours dans suffisante quantité de vinaigre blanc de bois, 1re qualité ; au bout

de ce temps on broie au moulin et l'on ajoute à la matière broyée assez de farine de moutarde pour en faire 12 litres, on y ajoute alors le sel, l'huile, les épices, et les essences, et au bout de 2 jours on met la moutarde dans des pots.

Moutarde simple ordinaire.

Moutarde noire de 1re qualité.   5 litres.
Vinaigre de bois, 1re qualité   .   5 litres.

Faites infuser pendant 8 jours en agitant de temps en temps et ajoutant du vinaigre, afin que la graine soit toujours humectée; broyez ensuite au moulin, et mettez la moutarde dans des pots de faïence bien propre.

Composition des quatre épices.

Cannelle de Ceylan   .
Girofle anglais.   .   .
Noix muscades.   .   .   } 1 livre de chacun.
Poivre de la Jamaïque

Pilez ensemble et passez à un tamis de soie fin.

Préparation du kari.

Le kari est une poudre que l'on prépare aux colonies et avec laquelle on fait une moutarde plus forte que les précédentes. En voici la recette :

Piment enragé.   .   .   4 onces.
Racine de curcuma   .   3 *Id.*

Après avoir pilé chaque substance séparément, on les mêle et on les passe au tamis de soie fin, et l'on y ajoute :

Poivre fin en poudre.   .   .   4 gros.
N. muscades en poudre.   .   1 *Id.*
Girofle.   .   .   .   .   .   36 grains.

On incorpore cette poudre dans du bon vinaigre, comme la moutarde, ou bien on la met en poudre dans les sauces.

Les fabricans de moutarde en varient le goût, suivant les ingrédiens qu'ils y ajoutent : les principaux sont l'estragon, l'ail, les anchois, le piment, etc. Ces additions n'offrent rien d'important ; elles ne sont qu'un accessoire de la préparation de la moutarde. Les uns, comme l'estragon et l'ail, doivent être bien écrasés et mis en infusion dans le vinaigre ; le piment doit être mis en poudre et incorporé ainsi à la moutarde ; il en est de même de toutes les substances susceptibles d'être réduites en poudre.

La moutarde doit son odeur et son goût à son huile volatile ; si la préparation qui porte ce nom est faible, ou qu'elle contienne peu de cette huile, ou bien qu'elle l'ait perdue par le temps, ou son contact avec l'air, on peut la rétablir aussitôt, en y en ajoutant quelques gouttes, ou mieux par l'addition de l'eau distillée de moutarde, qui en est très-chargée. Nous conseillons, en conséquence, aux fabricans de distiller de l'eau avec de la moutarde, afin d'en obtenir l'huile volatile, et de mettre à côté les premières pintes de cette eau, qui en sont très chargées, pour donner à leurs moutardes faibles le degré de force nécessaire. Pour la même raison, ils pourraient préparer aussi du vinaigre à la moutarde, qu'ils vendraient d'ailleurs, en cet état, pour la table.

Nous avons déjà dit que plusieurs villes faisaient un commerce spécial de la préparation de la moutarde. Celle de Paris étoit moins estimée que celles de Dijon, Noyon, Soissons, etc., parce qu'on croit qu'on employait en partie de la moutarde blanche, au lieu de la noire, *synapis nigra*, qui est regardée comme la plus chargée d'huile volatile. La moutarde de l'Alsace est aussi très-estimée, moins cependant que celle d'Angleterre, qui tient le premier rang parmi ces préparations. Loin d'attribuer cette supériorité à sa culture, nous croyons pouvoir assurer qu'elle est due à ce que les fabricans anglais en extraient

23

l'huile douce par la pression. Or, comme cette huile fait jusqu'à vingt pour cent du poids total de la moutarde; il est évident que cette semence ainsi traitée doit être bien plus forte. J'ai fait le premier cette même application, à la médecine, du résidu de la moutarde, d'où l'on a extrait l'huile douce, laquelle est alors beaucoup plus irritante. L'on peut consulter l'opinion que j'ai émise à ce sujet dans le Journal de Chimie médicale en 1825, opinion que M. Robinet a renouvelée en 1826 dans le même recueil.

Au reste, d'après ce que nous venons d'exposer sur les propriétés de l'huile volatile de moutarde et sur l'eau distillée de cette semence, il est bien évident qu'avec ces deux moyens les fabricans de moutarde pourront, à Paris comme partout ailleurs, les préparer aussi bien qu'en Angleterre, et les rendre même beaucoup plus énergiques. Nous ne conseillons pas l'extraction de l'huile douce, parce que nous nous sommes convaincus qu'elle donnait plus de corps et de moelleux à la moutarde.

Moulins à moutarde.

Le premier de ces moulins, qui est des plus simples, est semblable à celui dont on se sert pour moudre l'indigo. Ce moulin se compose d'un bloc de granit creusé en forme d'auge circulaire, dont le fond est plat; une autre pièce de granit, de deux décimètres d'épaisseur, est placée dessus et entre librement dans le creux de la première, qui porte un goulot au niveau de son fond. Au centre est fixée une cheville, qui entre dans un trou pratiqué au centre de la meule supérieure. Sur le côté de cette dernière meule, est solidement fixée une cheville ronde en fer qui, à l'aide d'un étui en bois, dont elle est environnée sert de manivelle, pour le faire tourner,

Autre moulin.

Ls plupart des moutardiers donnent la préférence
au moulin suivant :

On prend une petite futaille, défoncée d'un côté ;
on y fixe au fond une meule en pierre très-dure qu'on
y cimente de telle manière qu'elle n'y puisse ni s'y
remuer, ni tourner. On place dessus une autre meule
mouvante, disposée comme celle dont nous venons
de parler au moulin précédent ; on perce la futaille
sur le côté, au niveau de la surface supérieure de la
meule inférieure ; et l'on ajuste devant ce trou une
gouttière en fer-blanc qu'on doit avoir soin d'entretenir dans un grand état de propreté.

Moulin de Douglas.

L'auteur a destiné ce moulin à broyer la moutarde,
l'indigo ou toute autre matière : en voici la description :

EXPLICATION DES FIGURES DE LA PLANCHE III, QUI REPRÉ-
SENTENT CETTE MACHINE.

Fig. 1, coupes verticale et longitudinale de cette
machine, par le milieu.

Fig. 2, coupe transversale ou de profil.

a, espèce d'auge circulaire en fonte de fer, ayant
la forme d'un berceau, qui se trouve bouché, à chaque bout, par une joue *b*, également en fonte, dont
la base est évidée et présente deux pieds *c*, qui servent à fixer la machine.

d, *e*, deux rouleaux en fonte placés horizontalement et parallèlement entr'eux, dans toute la longueur de l'auge : ces deux rouleaux sont fixés l'un à
l'autre par trois petits montans *f*, ce qui forme une
espèce de châssis. Le rouleau supérieur *d*, qui occupe
le centre de la courbe que présente le fond de l'auge,

porte, à chaque bout, un tourillon en fer, qui tourne
librement dans le support en cuivre *i*, fig. 1ʳᵉ. Ces
deux supports sont fixés contre la face intérieure de
chacun des côtés *b* de l'auge.

g, levier planté verticalement sur le rouleau *d*, et
servant à faire tourner, avec la main, ce rouleau sur
ses tourillons.

h, h, deux autres rouleaux en fonte occupant, intérieurement toute la longueur de l'auge ; ces rouleaux
ne sont que posés librement dans l'auge contre le
rouleau inférieur *e*, du châssis *d, e*, l'un par devant
et l'autre par derrière ; chacun d'eux est formé dans
sa longueur, de trois petits cylindres égaux en longueur et en diamètre, qui sont indépendans les uns
des autres. Les trois petits cylindres qui composent
le rouleau *h* de la fig. 12ᵉ sont représentés par les lettres *l, h, m*, dans la fig. 11ᵉ, ceux du rouleau de devant *h* qui sont enlevés dans la fig. 11ᵉ sont disposés
de la même manière.

Il résulte de cette disposition qu'une personne
étant placée en avant de la fig. 11ᵉ, et tirant et poussant alternativement devant elle le levier *g*, qu'elle
tient avec la main et qu'elle fait mouvoir de manière
à ce qu'elle aille toucher, l'un après l'autre, les bords
latéraux de l'auge, fait décrire au châssis *d, e* une
portion de surface cylindrique, en allant et en venant alternativement. Ce mouvement continu de va-
et-vient circulaire met continuellement en action les
six cylindres de fonte qui composent les rouleaux
h, h, et qui, en touchant toujours la paroi intérieure
de l'auge, contre laquelle ils appuient de tout leur
poids, écrasent et broient l'indigo qu'on a mis dans
cette auge, et que l'on fait sortir par le robinet *n*,
lorsqu'il est converti en liquide.

La quantité d'indigo nécessaire pour charger
l'auge est à peu près de quinze kilogrammes à la
fois.

Cet appareil est fermé, par-dessus, avec un couvercle en bois composé de deux parties *o, p*, qui laissent
entr'elles, au milieu, une ouverture rectangulaire et

transversale, dans laquelle se ment librement le levier g.

PROPRIÉTÉS DE LA MOUTARDE, TANT COMME CONDIMENT QUE COMME MÉDICAMENT.

Les semences de séncvé sont employées en médecine de temps immémorial. Les plus anciens auteurs leur attribuent une foule de vertus, tant internes qu'externes. Quoiqu'ils aient beaucoup exagéré, il n'en est pas moins vrai qu'elles en possèdent que l'expérience de plusieurs siècles a confirmées. En effet, nous savons qu'unies au vinaigre et au levain, elles forment un épipastique connu dès les premiers âges de la médecine sous le nom de synapisme, qui est regardé comme un excellent révulsif pour attirer les humeurs sur les parties où on l'applique. L'eau de moutarde, telle que je l'ai préparée, remplirait bien mieux cette indication par la promptitude avec laquelle elle agit, et surtout dans les cas d'apoplexie, d'asphyxie, pour les pédiluves anti-goutteux, etc. MM. les docteurs *Barthez, Sernin, Pech, Maury*, etc., auxquels j'avais fait connaître ses effets vésicans, l'ont employée avec succès; le premier, surtout dans un cas de paralysie de la vessie. Ce synapisme n'a besoin d'autre préparation que de tremper une compresse de toile dans l'eau de moutarde, et de l'appliquer sur la partie. Au bout de deux minutes, on éprouve une douleur et une chaleur très-fortes; on trempe de nouveau la compresse dans cette eau, on la place sur le même endroit; alors la douleur devient insupportable. Si l'on répète cette opération une troisième fois, au bout d'un moment on est obligé d'enlever la compresse, et l'épiderme se trouve rougie comme si un synapisme ordinaire y avait séjourné deux heures. J'eus occasion de me trouver auprès d'une jeune demoiselle qui avait une forte attaque d'*éclampsie*; tous les stimulans étant sans effet, et la malade se trouvant dans un état désespéré, MM. *Ser-*

vin, *Pech* et *Barthes* ordonnèrent l'application de l'eau
de moutarde aux jambes; j'en étais dépourvu, mais il
me restait un petit flacon d'huile volatile de ces semences; j'en fis dissoudre quatre grammes dans demi-
litre d'eau, et j'en mis une compresse sur chaque
jambe. Au bout de deux minutes, j'en réappliquai
une autre; aussitôt la malade, qui avait été insensible à tous les moyens qu'on avait mis en usage,
porta sa main aux jambes, et témoigna la douleur
qu'elle y éprouvait (1).

Dans les affections soporeuses, Arétée et Dioscu-
ride, après avoir fait raser la tête du malade, l'endui-
saient de moutarde. Ce dernier auteur assure que,
délayée dans le vinaigre, elle guérit fort bien les im-
pétiges, la gratelle et les gales invétérées. J'ai eu occasion de m'assurer de ce fait. J'ai vu plus de cinquante personnes atteinte de la gale qui s'en sont dé-
livrées complètement en se frictionnant le corps, les
bras et les jambes avec une pommade faite avec

Moutarde en poudre. . 52 grammes ou 1 once.
Gingembre en poudre . 16 gr. ou 1/2 ouce.
Civadille. . . *id.* . 16 gr. ou 1/2 ouce.
Huile d'olive. . . . . suffisante quantité.

Je dois faire observer que ce traitement était com-
biné avec le traitement interne approprié à cet état.
Les habitans de Bages, village maritime situé à une
lieue de Narbonne, emploient empyriquement ce
moyen. Dans deux cas de gale invétérée, j'ai obtenu

(1) Ces observations se trouvent confirmées par celles que M. Thieberge a insérées dans son excellent Mémoire. L'essai en fut fait
par M. le docteur Galès, sur un malade de son établissement des bains
de Grammont. Une goutte de cette huile fut appliquée sur le bras
du malade, qui éprouva aussitôt une douleur des plus vives, qui se
prolongea pendant environ une heure. Une seconde goutte posée à
peu de distance de la première, pour être abandonnée vingt-quatre
heures, à l'instar des vésicatoires, produisit une vésirule d'un pouce
de diamètre pleine de sérosité. Cette expérience, dit-il, a été constatée par MM. *Galès, Bouillon-Lagrange, de Larraque, Bour-
geoise, Pilien,* docteurs en médecine, et par M. *Robiquet,* professeur à l'École de Pharmacie.

de très-bons effets de l'eau de montarde en frictions, coupée avec parties égales d'eau pure. *Perithe* conseille cette graine pour le traitement de la teigne, de l'hydropisie, etc.

L'administration interne de la montarde offre aussi d'heureux résultats. Elle augmente l'énergie vitale, stimule les différens systèmes, active la plupart des fonctions, accélère le poulx ; la sécrétion des urines et la transpiration devenue plus considérable sont quelquefois les effets secondaires de cette excitation (1): l'irritation qu'elle produit sur les muscles fait naître le besoin de marcher (2). On en prépare une foule d'assaisonnemens qui sont actifs, échauffans, et de très-bons digestifs pour les tempéramens froids, faibles et humides; tandis qu'ils sont nuisibles à ceux qui digèrent très-vite, et qui ont le tempérament chaud. Suivant *Wedel*, la préparation qu'on faisait avec le *séneçé* et le *moût du raisin*, était connue des anciens sous le nom de *fecula con*, et des médecins du moyen âge sous celui de *mustum-ardens*, d'où, comme je l'ai déjà dit, est venu le nom de moutarde, qui veut dire moût-ardent. *Haller* (3) pense que l'abus de ce condiment dispose aux maladies aiguës et putrides. Il paraît du moins, disent les auteurs du *Dictionnaire des Sciences médicales*, concourir avec d'autres causes à produire l'irritation des organes digestifs, qui accompagne ordinairement ces affections. Suivant *Mathiole*, ces semences pulvérisées, unies au vinaigre et prises intérieurement, neutralisent le venin des potirons et des champignons. Il ajoute qu'elles sont diurétiques, et qu'elles calment les maux de dents. Plusieurs auteurs les recommandent comme antiscorbutiques. M. *Duclos* a donné plusieurs observations sur cette propriété de la mou-

(1) *Vid.* Loiseleur de Longchamps et Marquis, *Dict. des Sciences médicales.*

(2) Barbier, *Mat. méd.* tom. I.

(3) *Hist. Stirp. Helv.*, n° 465.

tarde. (1). Ray (2) raconte que, durant le siége de La Rochelle, ces semences, réduites en poudre et incorporées dans du vin blanc, sauvèrent la vie à une foule de personnes atteintes du scorbut. En Hollande ses vertus antiscorbutiques étaient si bien reconnues, que les réglemens prescrivaient à tous les vaisseaux de s'en approvisionner (3) : on les conseille aussi pour combattre la cachexie, la chlorose, les affections pituiteuses, et comme un puissant masticatoire pour les personnes menacées d'apoplexie et de paralysie.

Boërhaave a vu une demoiselle d'Amsterdam atteinte de convulsions universelles, contre lesquelles tous les médicamens avaient échoué, qui fut guérie par la moutarde broyée avec le vin, que lui conseilla le docteur Ruysch.

Dioscoride, Fragée, Paul Egine (4), Boërhaave (5) la regardent comme un bon fébrifuge. Calissen, médecin danois, en a obtenu de très-bons effets contre la fièvre adynamique. Le docteur Sary l'a employée avec succès dans une fièvre de nature catharhale putride. Il la prescrivait en tisane, à la dose de demi-once en poudre, sur une pinte et demie d'eau. Il cite quatre observations parmi les cures qu'il dit avoir obtenues (6). Bergius guérissait les fièvres tierces printanières en donnant de trois à cinq cuillerées d'un à deux gros de graines de moutarde entières, divisées en cinq doses, à prendre pendant l'apyrexie. Les malades ainsi traités n'éprouvaient point de re-

---

(1) *Mém. de l'Acad. royale des Sciences.*

(2) *Historia plantarum.*

(3) *Vid.* Loiseleur de Longchamps et Marquis, *Dict. des Sciences médicales.*

(4) *Napy id est sinapi catefacit ac sicca: in quarto abscessu.*
PAUL ÉGINE, liv. VII.

(5) *Semen in febre quartana et aliquando quotidiana exhibetur.*
(*Historia plantarum.*)

(6) *Vid.* son Mémoire sur la maladie épidémique qui a régné dans le canton de Luzas. *Annales cliniques de Montpellier*, tom. XL.

chute (1). *Dioscoride* et *Bergius* observent de ne pas boire après les avoir avalées. Dans un pareil cas, si l'eau cause quelque danger, c'est sans doute en dissolvant l'huile volatile qui, comme je l'ai déjà prouvé, est très-âcre et très-caustique, et qui doit fortement irriter les fibres de l'estomac. Ne pourrait-on point attribuer ses vertus fébrifuges à son anti-septicité? Cela serait assez vraisemblable si, comme l'a avancé *Pringle*, le quinquina n'agit comme fébri-fuge qu'en raison de ses propriétés antiseptiques (1).

Cullen et Macartan, à la dose d'une cuillerée en poudre, dans un verre d'eau, disent que le *sénevé* est un émétique prompt et efficace, et à celle de deux, qu'il est un assez bon purgatif. À *Edimbourg* on l'administre souvent comme émétique. Le docteur Tournon, professeur adjoint à l'école de médecine de Toulouse, m'a dit qu'il a connu une dame écossaise, veuve de l'amiral ***, qui en portait toujours de petits paquets pour cet usage. La moutarde a été conseillée en gargarisme dans l'angine tonsillaire. Si l'on peut être que lorsque cette maladie est simplement catarrhale et non inflammatoire. Il est des auteurs qui ont tellement préconisé les vertus de ce médicament, qu'ils n'ont pas craint de lui attribuer celle d'augmenter la mémoire. Murray assure avoir éprouvé, sur lui-même, qu'elle excite la gaîté, qu'elle aiguise l'esprit. C'est peut être, disent les deux auteurs de l'article Moutarde, inséré dans le Dictionnaire des Sciences médicales, cette opinion, qui remonte jusqu'à Pythagore, qui a fait dire : *Plus fin que moutarde.*

L'huile douce de moutarde, qu'on extrait par l'expression, est connue depuis très-long temps, quoi

_____

(1) L'abus de ce médicament peut produire des effets funestes. Van-Swieten rapporte qu'un homme atteint d'une fièvre quarte, ayant avalé une grande quantité de moutarde en poudre délayée dans l'esprit de genièvre, il se déclara une fièvre ardente qui l'emporta dans trois jours. *Vid.* Comment. in aphoris, Boerh., tom. II.

(2) *Vid.* Mes Recherches sur l'antisepticité, in-8°; Montpellier, 1823.

qu'elle ne figure pas dans la matière médicale. L'évangéliste des médecins, Mesué, qui reçut, avec ce surnom pompeux, celui de divin, l'appliquait sur les tumeurs froides comme résolutive. Boerhaave l'ordonnait dans l'hôpital de Leyde, comme purgative, à la dose de deux onces. Je lui ai vu produire cet effet maintes fois, et j'ai eu occasion de me convaincre qu'elle était presque un aussi bon anthelmintique que l'huile de ricin. Le docteur Tournon, dans les démonstrations botaniques qu'il faisait à Bordeaux, en conseillait l'usage. Cette huile, par la difficulté qu'elle éprouve à se figer et à se rancir, peut devenir précieuse pour l'horlogerie. Mon ami le docteur Roques d'Orbcastel, médecin distingué de Toulouse, à qui j'avais fait connaître cette propriété, la conseilla à des horlogers de cette ville qui ont été convaincus de sa bonté. Les Japonnais, suivant *Thunberg*, s'en servent pour l'éclairage.

L'huile volatile a été employée en friction pour ranimer les membres paralysés, quelquefois même pour combattre l'*anaphrodisie*. A l'intérieur, elle a été donnée par gouttes. Dissoute dans l'eau, elle agit comme un bon et prompt rubéfiant.

PRÉPARATION MÉDICALES DUES A LA MOUTARDE.

Onguent discussif.

Graine de moutarde en poudre fine.   3 onces.
Huile d'amande douce. . . . .   4 gros.
Suc de citron suffisante quantité.

Il a été préconisé par Frank, dans les ecchymoses,

Bols stimulans.

Farine de moutarde. . . . . 36 grains.
Cannelle. . . . . } 4 *id.* de chaque.
Carvi. . . . .
Gingembre. . . . . 2 *id.*
Sirop de sucre , suffisante quantité.

Faites un bol, à prendre deux fois par jour, dans la paralysie.

Electuaire anti-scorbutique.

Moutarde. . . . . . } 1 grain de chaque.
Cannelle . . . . . .
Ecorce d'orange . . . } 2 gr. de chaque.
Extrait de trèfle d'eau .
Conserve de becabunga.
— de raifort sauvage.
— de cochléaria . . } 3 de chaque.
— de cresson . . .

Mêlez avec soin.

Synapisme.

Farine de moutarde récente et vinaigre très-fort, suffisante quantité pour en faire une pâte un peu ferme.

Autre.

Le vin aigre . . . . } parties égales.
Farine de moutarde. .
Bon vinaigre suffisante quantité.

Nous possédons plus de 50 formules de synapismes; nous croyons devoir nous borner à ces deux-ci.

Eau de moutarde.

Farine de moutarde. 1
Eau à 50 8
Après 24 heures d'infusion distillez.

Huile de moutarde par infusion.

Farine de moutarde dépouillée de son
   huile par expression . . . . . . 1 once.
Essence de romarin. . . . . . . 8 onces.
Après 3 jours d'infusion, filtrez. On l'emploie en
frictions sur les parties affectées de paralysie.

Bière vermifuge de Julia de Fontenelle.

Ecorce de racine de grenadier con-
   cassée . . . . 2 onces.
Valériane . . . . . ⎫
Absinthe. . . . . . ⎬ 4 gros de chaque.
Centaurée . . . . . ⎭
Moutarde . . . . . . 3 onces.
Alcool. . . . . . . 4 onces.
Bière . . . . 8 pintes.
Après 3 jours de macération, passez. On la boit par
verrées, le matin à jeun.

Petit lait synapisé.

Lait de vache. . . . . . 2 livres.
Moutarde écrasée . . . . 2 onces.
Faites bouillir jusqu'à ce que le coagulum tombe au
fond du vase et filtrez.

Autre.

Lait de vache. . . . . . 1 livre.
Graine de moutarde C. . . 1 once.

Triturez ensemble et ajoutez :

Vin du Rhin . . . . . . 6 onces.

Faites coaguler par l'ébullition et passez.
La dose est de 1 à 2 livres à prendre dans la nuit
contre la goutte, la paralysie, etc.

Collutoire excitant.

Farine de moutarde. . . . . 1 gros 1/2.
Vinaigre. . . . . 1 once.
Eau . . . . 4 id.

Vin de moutarde.

Graine de moutarde écrasée. . . 4 gros.
Bon vin . . . . 1 livre.

Après six heures de macération, décantez.

Autre.

Graine de moutarde. . . . 1 once.
Vin blanc . . . . 1 livre.

Après 6 heures d'infusion, passez et ajoutez.

Teinture de cannelle. . . . 2 onces.

Ce vin est sialogogue; on l'emploie aussi à l'intérieur dans les hydropisies.

24

Bière diurétique.

Ail . . . . . . 40 pintes. . .
Graines de moutarde. } 8 onces de chaque.
Genièvre. . . . .
Graine de carrotte. . . 6 onces.

Après plusieurs jours d'infusion , passez.

Bière anti-scorbutique.

Racine de raifort sauvage . } 1 once de chaq.
Moutarde . . . . . .
B. de genièvre. . . . . } 6 gros de chaq.
Sous-carbonate de potasse.
Bière forte . . . . . . 6 livres.

Faites macérer à froid pendant 6 jours et passez.

Bière apéritive.

Moutarde. . . . . . 1 once.
Aristoloche longue. . . 6 gros.
Petite centaurée. . . . 2 gros.
Sabine. . . . . . . 1 gros.
Bière . . . . 8 pintes.

Après 6 jours de macération, passez.

Bière fébrifuge de Julia de Fontenelle.

Gentiane en poudre. . 1 once.
Moutarde . . . . . 1 once.
Quinquina en poudre . 4 gros.
Absinthe . . . . } 2 gros de chaque.
Petite centaurée. .
Bière. . . . . . . 10 pintes.
Alcool . . . . . . 4 onces.

Après 5 jours de macération , passez.

On la boit par verrées comme fébrifuge ; elle est aussi un excellent tonique.

Bière stimulante.

Racine de valériane. . .	1 once.
Moutarde	6 gros.
Feuille de romarin . . .	4 Id.
Serpentaire de Virginie. .	3 Id.
Bière légère	8 livres.

Après 8 jours de macération, passez.

RECHERCHES

SUR LA

FERMENTATION VINEUSE,

LUES A L'ACADÉMIE ROYALE DES SCIENCES,

PAR M. JULIA DE FONTENELLE,

PROFESSEUR DE CHIMIE, ETC.

RECHERCHES

FERMENTATION VINEUSE.

La fermentation vineuse a été de temps immémorial livrée à des mains inexpérimentées, qui, guidées par une aveugle routine, loin de chercher à améliorer les produits qu'elle donne, semblaient travailler à les détériorer (1). En vain quelques bons agronomes avaient tenté de soumettre l'art de faire le vin à à des principes dictés par les sciences physiques ; la routine l'emporta, et le conseil des *Porta*, des *La Plombario*, des *Rozier*, et d'une foule d'autre œnologistes, ne furent point entendus. Lorsque, vers la fin du dix-huitième siècle, la chimie, se débarrassant des entraves pharmaceutiques, devint une science qui embrassoit presque tous les arts, plusieurs savans voulurent la faire servir à reculer les bornes de l'œnologie. En Italie, la première impulsion fut donnée par *Fabroni*, comme elle l'avoit été jadis à Naples par *Porta*. En F ance, la Société royale des Sciences de Montpellier, de concert avec les états généraux de Languedoc, y contribua puissamment par le prix qu'elle proposa sur ce sujet en 1788. C'est à ce concours que nous devons le mémoire couronnée de *Berthollon*, et celui, plus digne de l'être, de *Le Gen-*

(1) En expliquant la théorie des fermentations vineuse et acétique, j'ai eu occasion de citer des Recherches sur la fermentation vineuse que j'ai présentées à l'Institut, et desquelles M. le comte Chaptal a rendu un compte avantageux à cette illustre compagnie ; pour rendre cet ouvrage plus complet, j'ai cru devoir les consigner ici.

til. Depuis ce temps, **MM.** *Mourgues*, *Chaptal*, *Dan-dolo*, *Parmentier*, Mlle *Gervais*, *Astier*, etc., se sont occupés du même objet avec plus ou moins de suc-cès. Cependant, malgré leur nombreuses recherches il s'en faut beaucoup que l'histoire de la fermenta-tion vineuse soit complète; un grand nombre d'expé-riences m'ont démontré qu'il restait encore de gran-des lacunes à remplir.

Aucun auteur n'ayant encore examiné le degré de spirituosité de vins obtenus dans un même terroir de divers plantes de vigne ayant le même âge, j'ai cru devoir porter mon attention sur cet objet intéressant, afin de déterminer quelles sont les espèces dont la culture est la plus avantageuse, tant par l'abondance des fruits que par la fabrication des vins de table et de ceux qui sont destinés à la fabrication de l'alcool. Voici la marche que j'ai suivie :

1° J'ai pris le poids spécifique de plus de 300 moûts ; j'ai noté, autant que je l'ai pu, l'âge des vignes et le quartier, quoique dans le même terroir.

2° J'ai pris également le poids spécifique du moût de chaque espèce de raisin, c'est-à-dire de celles qui sont le plus généralement cultivée.

3° J'ai distillé les vins provenant de tous les moûts.

4° J'ai recueilli l'acide carbonique qui s'est dégagé pendant la fermentation.

5° J'ai soumis le moût à plusieurs expériences pour étudier la théorie du mutisme.

6° Enfin, j'en ai tenté quelques-unes pour m'assu-rer si la présence de l'air était indispensable pour que la fermentation vineuse eût lieu.

§ Ier.

Poids spécifique des moûts.

Les expériences que je vais citer ont été faites en 1822, dans le canton de Narbonne, département de l'Aude, dont les vins rivalisent quelquefois avec ceux du Roussillon, pour le degré de supériorité, et leur sont supérieurs comme vins de table, excepté lorsque les premiers ont vieilli. Dans ce cas, ils l'emportent sur tous ceux du Midi, et même sur ceux qu'on récolte sur la partie des Pyrénées espagnoles, ainsi que je m'en suis convaincu en 1821 à Barcelonne, par l'examen comparatif des vins récoltés en divers lieux.

L'année 1822 fut très-sèche, et malgré cela les vins ne furent pas plus spiritueux ; je dirai même qu'ils furent moins bons que les autres années. Je commençai mon travail le 15 septembre, et, tant qu'il dura, la température fut de 16 à 18 degrés de Réaumur. J'opérai sur 300 espèces de moût. Je me bornerai à en citer 20, prise dans les différens quartiers, et ayant un poids spécifique égal à l'ensemble de ceux qui ont été pris dans leurs quartiers respectifs. J'en ai cité quelquefois deux exemples ; c'est lorsque j'ai reconnu quelque différence notoire. Tous ces moûts avaient été auparavant filtrés.

TABLEAU

du poids spécifique de quelques moûts, et de la quantité d'alcool qu'ils produisent.

Moûts de MM.	Quartiers.	poids spécif.	Alcool obtenu par la distillat. des vins, le 15 décembre.	Observations.
			100 à	
Autier.	Entre Laurs et Bouïes.	13, 3	19, 3	
Baissel.	De Larnet.	14, 2	20, 2	
Derbort Mialhes.	De Ciré.	14, 4	20, 2	
Julia oncle.	De Ciré ; vigne de 30 ans.	15, *	20, *	
Mouly.	Du Grand-Quatourzé.	14, *	20, *	
Joseph Avrial.	De Sant-Salvaire, jeune vigne.	14, *	20, 3	
Mauri.	*Idem*, vigne de 80 ans.	16, *	21, 3	
Marin.	De Montredon.	14, 6	20, 3	
Marin Faure.	De Pont-des-Charrettes.	14, 6	20, 3	
Idem.	*Idem.*	15, *	21, *	
Vieulet.	Étang de Bages.	14, *	20, 6	• Ce moût avoit déjà subi un commencement de fermentation.
Tapie Mengaa.	De Cateple.*	14, 3	20, 8	
Padduez.	De Montplaisir.	14, 3	20, 5	
Py.	Du Pech-de-l'Aguale.	14, 5	20, 2	
En airrie.	De la Tuilerie.	16, 8	21, 8	
Idem.	du Quatourzé.	15, *	21, *	
Mauri.	De Grabit.	15, *	21, 3	
Julia oncle.	De Langel.	16, *	22, *	
Burry.	De Montplaisir.	16, *	22, 3	
Ricoles.	Des Amaris, vie. d'env. 30 ans.	16, 5	22, 5	

On voit, par ce tableau, que le poids spécifique moyen des plus faibles moûts du canton de Narbonne est 13, 5, et celui des plus forts 15, 5; de sorte que le terme moyen pour 1822 a été 14, 85. Je doute que dans aucun autre département de la France, à l'exception de celui des Pyrénées orientales, les moûts soient aussi riches en principes sucrés. Un pareil travail, fait dans les diverses contrées où l'on cultive la vigne, serait d'autant plus utile qu'il pourrait donner lieu, ou, pour mieux dire, fournir de bons matériaux pour une statistique vignicole de la France. Les propriétaires même pourraient, chaque année, connaître, à peu de chose près, la bonté que devront avoir leurs vins, en prenant annuellement les poids spécifiques de leurs moûts, en les comparant entre eux.

§ II.

Poids spécifique du moût des principales espèces de plants des vignes.

Quoique dans nos vignobles on en compte jusqu'à vingt-quatre, on peut cependant réduire à sept les variétés qui forment la presque totalité de nos vignes; pour celles même qui sont cultivées pour les vins de transport, on peut les réduire à trois ou quatre. Il n'y a qu'une trentaine d'années qu'on recherchait les vins fins, clairets, pétillans et peu colorés. C'est maintenant un défaut capital; il faut au commerce de gros vins c'est-à-dire qui soient fortement colorés. Quoique les premiers soient bien plus agréables, ceux qui achètent pour le transport n'en veulent point; ils préfèrent acheter les derniers à des prix supérieurs, parce qu'à leur destination, en y ajoutant de l'alcool et de l'eau, avec une barrique ils peuvent en faire trois sans que la couleur soit bien affaiblie, ce qui leur serait impossible avec les vins peu colorés. Ces derniers sont destinés à la consommation locale ou à la fabrication de l'alcool. Dans les départemens de l'Aude, de l'Hérault et des

Pyrénées orientales, plusieurs particuliers, qui n'ont pas des vins très-colorés, y suppléent par diverses additions. Lors de la fermentation, ils y ajoutent du plâtre en poudre, des cendres des fours à chaux, et certains, une préparation chimique qui, à très-petite dose, leur donne une couleur très-intense qui ne s'altère qu'au bout de cinq à six mois. Afin de ne plus augmenter ce moyen de fraude, je n'ai pas cru devoir en publier la recette.

Dans la plantation des vignes on ne cherche plus à présent les qualités qui donnent un vin délicat, mais bien celles qui en produisent le plus, lorsque c'est pour le transport.

Voici les sept espèces les plus cultivées en grand :

1° *Vitis, uvâ peramplâ, acino rotundo, nigro, dulce, acido.* Le terret. Obs.

Cette espèce est très-productive, mais le vin qu'elle donne est d'une qualité très-inférieure : il est acidule et peu coloré.

2° *Vitis pergulana, uvâ peramplâ, acino oblongo, duro et nigro.* Le ribeirenc. Obs.

Cette qualité est assez productive, son fruit est très-agréable au goût, et se conserve assez bien. Le vin qu'il produit est très-délicat et fort estimé des gourmets.

3° *Vitis serotina, acinis minoribus, acutis, flavo-albidis, dulcissimis.* La banquette ou clarette. Obs.

Le fruit est un de ceux qui se conservent le mieux : il donne un vin blanc mousseux, et plus ou moins estimé, suivant les terroirs.

4° *Vitis, acinis minoribus, dulcibus et griseis.* Le piquepouil gris. Obs.

C'est l'espèce la plus productive : le vin qui en est le produit est connu sous le nom de *vin gris* ; il est sec, mousseux et assez agréable.

5° *Vitis, acino rotundo, nigro, suavis saporis.* Piquepouil noir. Obs.

Moins productive que la précédente : grain plus gros, grappe de couleur blanchâtre, vin coloré e spiritueux.

6º *Vitis , acino oblongo , subnigro , dulci et molli. La caragnane.* Obs.

Très-productive ; vin très-noir, mais d'un goût âpre, peu agréable et moins spiritueux que le précédent.

7º *Vitis , acino nigro , subrotundo , subaustero. Grenache.* Obs.

Espèce très-productive donnant un vin noir, fort doux tant qu'il n'est pas vieux, et très-spiritueux.

Ces 4 dernières espèces sont les plus cultivées, principalement les 5, 6 et 7, pour les gros vins. Elles constituent la majeure partie de vignes du Roussillon. J'ai également visité celles de *l'inaros*, en Espagne, qui donnent un vin très-noir, fort recherché pour le coupage des autres, et j'ai vu que les deux dernières faisaient environ les deux tiers des plants de ces vignes. Je vais maintenant exposer le poids spécifique de leur moût et la quantité d'alcool que chacun d'eux a donnée. Pour ne pas multiplier les citations, je me bornerai à présenter les expériences faites sur les vignobles de MM. Enjalric et Julia.

Vignoble de M. Enjalric, le 17 septembre, à 8 heures du soir.

NOMS DES RAISINS.	POIDS SPÉCIFIQUES DES MOUTS.	JOUR DE FERMENTATION.	ALCOOL OBTENU PAR LA DISTILLATION, LE 1er DÉCEMBRE.
			12
Terret.	12, 3	18 septembre, a 4 heures du matin.	100 à 18, 5 (Baumé)
Bibeirène.	14, »	idem, à 7 heures idem.	à 19, » (2)
Blanquette.	14, 5	id., à 7 heures du soir.	à 19, » (2)
Picpoul gris.	14, »	à 6 heures du matin.	à 19, » (1)
Carignane.	15, »	id., à 7 heures du soir.	à 19, 5 (1)
Grenache.	16, »	id., à 8 heures idem.	à 20, » (2)
Mélange des moûts.	14, 6	id., à 11 h. et dem. du mat.	à 20, » (3)

(1) Ce vin était très-doux et marquait o à l'œnomètre.
(2) Idem.
(3) Cette différence tient à ce que la fermentation du mélange était beaucoup plus avancée à cause des diverses quantités de ferment.

Vignoble de M. Enjalric, le 17 septembre, à 9 heures du matin.

NOMS DES RAISINS.	POIDS SPÉCIFIQUES DES MOUTS.	JOUR DE FERMENTATION.	ALCOOL CENTÉSIMAL LE 1er DÉCEMBRE.
Terret.	13, 3	Le 20 septembre, à 8 heures du soir,	100 à 19, »
Ribeirenc.	14, 3	Idem, à 10 heures idem.	à 20, »
Blanquette.	14, 5	Le 21 id., à 3 heures du matin.	à 20, »
Piquepoul gris.	14, 5	Le 20 id., à 9 heures du so-e,	à 19, 8
Carignane.	15, »	à 7 heures du matin.	à 21, »
Piquepoul noir.	16, »	Le 21 id., à 6 h. 3 quarts idem.	à 21, »
Grenache.	Id.,	à 7 heures idem.	à 20, 5
Mélange des mouts.	14,15	Id., à 1 heure du matin,	à 21, 3

Ces quantités d'alcool ne sont pas le maximum de celles que ces moûts peuvent produire quand la vinification est complète, puisqu'en 1823 de nouvelles distillations de ces vins, faites le 16 mars, ont fourni, pour chaque 100 parties, 25 d'alcool qui était pour celui de :

Terret à 19, 5 ;
Ribeirène à 20, 65 ;
Blanquette à 21 ;
Piquepouil gris à 20, 7 ;
Caragnane à 21, 7 ;
Piquepouil noir à 22, 5 ;
Grenache à 22, 4 ;
Mélange des moûts à 21, 5.

Il est probable que tout le principe sucré n'était pas même encore converti en alcool. Ce qui vient à l'appui de cette assertion, c'est qu'en 1804 je distillai des vins de deux ans de *Rivesaltes*, *Peyres-fortes*, *Stagel et Banyuls*, qui sont les meilleurs terroirs du Roussillon, et j'en obtins 25 centièmes d'alcool à 22 degrés, tandis qu'en 1821, c'est-à-dire 17 ans après, j'en retirai la même quantité à 23, 4.

D'après les expériences précitées, on voit que toutes les qualités de raisin ne sont pas également riches en principe sucré, et que la fermentation tarde d'autant plus à s'établir et à être terminée qu'il est plus abondant ; de sorte qu'il est des moûts dont la fermentation est terminée en quelques jours, tandis que d'autres ne sont convertis en vin qu'après plusieurs mois. C'est ce qui a lieu pour ceux qui sont très-riches en principe sucré ; on dirait qu'il leur sert de condiment : aussi les vins sont doux ou liquoreux, et ne perdent ce goût que lorsque presque tous le sucre est converti en alcool ; il sont alors bien spiritueux et s'acidifient difficilement. Dans le Roussillon, on en garde quelquefois des bouteilles débouchées jusqu'à trois mois, sans qu'elle ait subi la moindre altération. Lors de la tournée que M. le comte *Berthollet*, fit dans les Pyrénées orientales, nous eûmes occasion de boire du vin vieux de Coliouvre, de vingt et un ans, qui était délicieux, malgré qu'il eût resté quatre mois débouché, la bou- teille n'étant même qu'au deux tiers pleine.

Pour donner quelques preuves de la différence qui existe entre la marche de la fermentation de divers moûts, je citerai quelques-unes des vingt expériences précédentes. En effet :

Le moût de M. *Faure*, marquant 14 degrés, et mis à fermenter le 14 septembre, le 31 du même mois à peine recouvrait la boule.

Le même, marquant 13 trois quarts, et mis à fermenter le 14 septembre, à peine marquait 0 ;

Le moût de M. *Julia* oncle, de Caragnone, mis à fermenter le 20 septembre, le 6 octobre marquait 0 ;

Celui de Ribeirène, mis à fermenter le 20 septembre, le 6 octobre marquait 5 degrés;

Celui de piquepouil gris, mis à fermenter le 20 septembre, le 6 octobre marquait 10 degrés;

Celui de blanquette, mis à fermenter le 20 septembre, le 6 octobre marquait 0 ;

Ceux de grenache et de piquepouil noir, mis à fermenter le 20 septembre, le 5 octobre marquaient 0 ;

Mélange de moûts mis à fermenter le 20 septembre, le 6 octobre marquait 5 degrés.

Il est des moûts qui donnent beaucoup plus d'acide carbonique que d'autres, quoique contenant moins de principe sucré. Aussi, les vins qui en proviennent en retiennent une grande partie, et sont beaucoup plus légers que les autres. J'en ai distillé une foule qui marquaient jusqu'à douze degrés de plus que les autres, et qui cependant donnaient moins d'eau-de-vie. Dans la fermentation vineuse le vin peut marquer jusqu'à 2 degrés de l'œnomètre au-dessus de o, sans qu'elle soit terminée, puisqu'il peut voir cette légèreté au gaz acide carbonique qu'il tient en dissolution et qui en augmente le volume ; de sorte que les vins, les plus légers ne sont pas toujours les plus riche en alcool, puisqu'ils peuvent le devoir à ce principe comme à en gaz acide. Sous ce point de vue , l'œnomètre est un instrument défectueux qui , bien souvent , ne peut que nous induire en erreur.

§ III.

Acide carbonique qui se dégage pendant la fermentation de quelques moûts.

Le 25 septembre 1822, je pris 5 dames-jeannes de la contenance de 15 litres chacune. J'introduisis dans

N° 1, 12 litres de piquepouil gris à 13 deg. ;
N° 2, 12 litres de blanquette à 13 deg. ;
N° 3, 12 litres de piquepouil noir à 16 deg. ;
N° 4, 12 litres de caragnane à 14 deg. ;
N° 5, 12 litres de grenache à 15 deg.

Je les bouchai avec un gros bouchon de liège traversé par un tube de verre qui allait plonger dans un vase contenant une solution d'hydrochlorate de chaux et d'ammoniaque , et je lutai bien le tout. Au bout de vingt-quatre heures, la fermentation commença à s'établir; elle était plus vive vers le milieu du jour, se ralentissait la nuit, et même le jour , si je recouvrais le vase de verre où était la masse fermentante d'une étoffe de laine colorée en noir ou en bleu. Je laissai ces appareils en cet état pendant un mois, quoiqu'il y eût plus de douze jours qu'il ne passât plus de bulles de gaz acide carbonique. Les 5 précipités bien lavés et également séchés pesèrent :

N° 1, 78 grammes;
N° 2, 88 grammes;
N° 3, 65 grammes;
N° 4, 48 grammes;
N° 5, 84 grammes.

Or, comme, d'après MM. *Arago* et *Biot* , le poids spécifique d'un litre de gaz acide carbonique à o, et sous la pression de 76 , égale à 1,9741, il en résulte qu'en admettant que 100 parties de carbonate de chaux en contiennent 44 de gaz acide carbonique, le précipité n° 1 était composé de 35 grammes 6 de ce tacide; ce qui équivaut à environ 18 litres. Si l'on ajoute à cette quantité celle de 3 litres qui remplissaient la capacité supérieure des 5 dames-jeannes, et qu'on parte du même principe pour tous les quatre, on aura pour

N. 1, 21 litres ;
N. 2, 23 litres 7 ;
N. 3, 18 litres ;
N. 4, 14 litres ;
N. 5, 22 litres ;

Ces vins étaient très-pétillans et mousseux. Les ayant distillés dans un appareil convenable le 25 décembre,

N. 1 a donné 8 litres de gaz acide carbonique;
N. 2, 10 litres ;
N. 3, 6 litres ;
N. 4, 5 litres ;
N. 5, 6 litres 5.

En joignant ces quantités aux précédentes, on aura pour somme totale de gaz acide carbonique produit par la fermentation vineuse, de

12 litres de moût de piquepouil à 13o.   .   28 lit.
12 litres de moût de blanquette à 13o   .   33,7
12 litres de moût de piquepouil noir à 16o   3o,
12 litres de moût de caragnane à 14o .   .   19,
12 litres de moût de grenache à 15o   .   .   28, 5

D'après ces expériences, il paraît démontré que la quantité d'acide carbonique produite par la fermentation n'est pas toujours en raison directe de la quantité de principe sucré contenu dans le moût, et qu'elle est relative aux proportions de ferment et de sucre qui existent dans les diverses qualités de raisin, puisque cette proportion d'acide peut varier depuis un fois et demie le volume du moût jusqu'à trois. On n saurait assigner à ces expériences une précision mathématique, parce que, dans les mêmes qualités de raisin, les quantités d'acide peuvent être plus ou moins

fortes, suivant leur degré de maturité, le terroir, l'exposition, l'âge des vignes, et les saisons plus ou moins
favorables à leur culture.

Cette quantité de ferment est d'autant plus variable dans les moûts, qu'il est des vins qui sont encore
doux au bout d'un an et demi, ce qui y démontre la
prédominance du principe sucré sur le ferment;
tandis qu'il en est d'autres, comme la blanquette et
le piquepouil gris, qui en contiennent en si grande
quantité, qu'au bout de quatre mois, lorsque la fermentation est terminée, il suffit d'y ajouter du sucre
pour en déterminer une nouvelle. Ce fait est si bien
connu des gourmets, que, lorsqu'ils veulent avoir des
vins blancs très-mousseux, ils ne manquent pas d'y
ajouter 128 grammes de sucre candi en poudre pour
chaque 20 litres de moût; deux jours après, ils bou-
chent les dames-jeannes ou les barriques.

§ IV.

Du mutage.

On s'est long-temps occupé des moyens propres
à s'opposer à la fermentation du moût, afin de le conserver pour préparer le sirop ou le sucre de raisin.
L'acide sulfureux et quelques oxides métalliques furent
reconnus posséder cette propriété. D'après cela, quelques auteurs pensèrent qu'ils n'agissaient ainsi qu'en
opérant l'oxigénation au ferment. Je vais présenter
une série d'expériences que je crois propres à démontrer combien cette opinion est mal fondée.

Le 17 septembre 1822, je pris vingt bouteilles de
la contenance de cinq litres chacune, dans lesquelles
j'introduisis les substances indiquées dans le tableau suivant.

N°s	SUBSTANCES EMPLOYÉES.	JOUR QUE LA FERMENTATION S'EST ÉTABLIE.	NOMBRE DE JOURS QUE LE MOÛT S'EST CONSERVÉ.
1	5 lit. de moût.	192 grammes de raves pilées.	19 septembre.	2.
2	Idem.	1 gram. de sulf. de quinine.	19 septembre.	2.
3	Id.	16 grammes de tabac.	19 septembre.	4.
4	Id.	16 gram. de charbon végétal.	21 septembre.	4.
5	Id.	Bien bouchées (1).	21 septembre.	6.
6	Id.	4 gr. camphre dans 16 alcool.	23 septembre.	2.
7	Id.	128 gr. feuilles de raves pilées.	28 septembre.	13.
8	Id.	192 grammes de porreaux pilés.	1er octobre.	23.
9	Id.	16 gram. de cannelle en poudre.	12 octobre.	1 et demi.
10	Id.	Idem de poivre.	18 septembre, le soir.	11.
11	Id.	Idem de moutarde pulv.	28 septembre.	19.
12	Id.	128 grammes d'échalotes.	6 octobre.	1 mois 2 jours.
13	Id.	160 grammes d'oignons pilés.	19 septembre.	1 mois 11 jours.
14	Id.	96 grammes d'ail pilé.	28 septembre.	
15	Id.	35 gr. de moutarde pulvérisée.	28 septembre.	
16	Id.	30 idem.	Le 1er moût était encore bien conservé.	Au bout de 8 mois la fermentation n'avait pas encore eu lieu; j'ignore même depuis elle s'est établie.
17	Id.	28 idem.		
18	Id.		18 septembre.	

(1) Sur trois bouteilles le bouchon de deux sauta malgré qu'il eût été assujetti par une ficelle.

On voit par ces exemples que la cannelle, les feuilles de raves, les sucs des poreaux, des échalottes, des ognons et de l'ail s'opposent à la fermentation vineuse plus ou moins de temps. Ces quatre derniers végétaux décolorent le moût en grande partie, le clarifient et y forment un *coagulum* qui se précipite au fond de la liqueur. La moutarde est le seul des végétaux précipités qui jouisse de la propriété de détruire les effets du ferment. Elle clarifie et décolore promptement le moût, ce que j'attribue à la grande quantité d'albumine que contient cette semence, ainsi que je l'ai annoncé dans un Mémoire que j'eus l'honneur de présenter à l'Académie royale des Sciences en 1820. J'étais même porté à attribuer à cet albumine et au soufre qu'elle contient, ainsi qu'à l'huile volatile, son action sur le ferment. Pour m'en convaincre, j'entrepris les expériences suivantes. J'introduisis dans trois grandes bouteilles,

N. 1, 5 lit. de moût et 16 grammes de soufre ;

N. 2, 5 lit. de moût et 32 gram. d'huile de térébenthine soufrée ;

N. 3, 5 lit. de moût et 2 gram. d'huile volatile de moutarde ;

Au bout de sept jours, le n° 1 entra en fermentation, en dégageant une très-forte odeur d'acide hydro-sulfurique.

Le n. 2, fermenta le neuvième jour.

Le n. 3, au mois de mai, était encore bien conservé.

Il paraît donc certain que la vertu anti-fermentescible de la moutarde réside dans son huile volatile ; que le soufre n'y influe en rien, et que l'albumine ne fait que décolorer et clarifier le moût en entraînant, par la coagulation, la substance colorante et celles qui en troublent la transparence. J'ai fait plus de vingt-cinq expériences avec l'huile volatile de moutarde, et toutes ont été couronnées du même succès. Ses effets sont même tels que, lorsque cette fermentation est bien établie, il suffit de quelques gouttes pour l'arrêter complètement. Il me restait à déterminer si cette propriété ne lui était pas commune avec les autres huiles volatiles, pour m'en assurer, je mis dans

N. 1, 5 lit. de moût avec 4 grammes d'huiles de girofle.

N. 2, 5 lit. de moût avec 4 grammes d'huile de menthe poivrée.

N. 3, 5 lit. de moût avec 4 gram. d'huile d'anis.

N. 4, 5 lit. de moût avec 4 gram. d'huile de bergamotte.

N. 5 5 lit. de moût avec 4 gram. d'huile de citron.

N. 6, 5 lit. de moût avec 4 gram. d'huile de lavande.

N. 7, 5 lit. de moût avec 4 gram. d'huile de romarin.

N. 8, 5 lit. de moût avec 4 gram. d'huile de térébenthine.

La fermentation eut lieu deux jours après; d'où l'on peut conclure que celle de moutarde diffère essentiellement des autres.

§ V.

Tous les chimistes ont avancé que la présence de l'air était indispensable pour que la fermentation vineuse eût lieu ou commençât à s'établir. L'un des plus habiles chimistes français, M. *Thénard*, a dit que le moût privé du contact de l'air ne possède point la propriété de fermenter. Il rapporte à ce sujet une expérience très-curieuse, et qui paraît même concluante, de M. *Gay-Lussac*, qui ayant fait passer sous une éprouvette pleine de mercure, et dont les parois avaient été bien purgées d'air par l'acide carbonique et ce métal, des raisins bien mûrs, et les ayant écrasés avec les mêmes précautions, ces raisins n'entrèrent point en fermentation, quelle que fût l'élévation de température; mais dès qu'il y eût introduit quelques bulles de gaz oxigène, elle s'établit de suite.

Une semblable expérience, faite par un chimiste

si distingué, paraît ne rien laisser à désirer. Je
donc présenter celles que j'ai entreprises sur le m
sujet, sinon comme décisives, du moins comme
vant donner lieu à de nouvelles observations.

Le 18 septembre 1822, je pris cinq bouteilles
la contenance de quinze litres chacune; je remplis
1 de moût, et les 4 autres d'huile. Après une d
heure de séjour je les vidai, et j'introduisis dans
cune 14 litres de moût que j'avais préparé en écra
les raisins dans un linge plongé dans un grand c
noir, afin de garantir autant que possible le moû
contact de l'air; j'y versai par dessus un litre d'h
de manière que ces moûts en étaient recouverts d
couche de six pouces.

Le 19, le n.° 1 entra en fermentation.

Le 20, les n.° 2, 3, 4 et 5.

D'après ces essais, la présence de l'air ne serai
absolument nécessaire pour que la fermentatio
neuse ait lieu, à moins que d'en admettre da
moût.

Il résulte de toutes les expériences que je viens
numérer :

1o Que, dans un même terroir, non seuleme
même degré de spirituosité les vins diffère sui
l'âge des vignes, mais encore suivant la variété
plants; et que les plus riches en matière coloran
en principe sucré sont le grenache, le piquepoul
et la caragnane;

2o Le poids spécifique des vins n'est plus un
évident de leur degré de spirituosité puisqu'elle
être due à l'acide carbonique comme à l'alcool;

3o Que la quantité de ferment diffère dans les d
ses espèces de raisins, ce qui fait que la ferment
se développe plus ou moins vite, et est plus ou m
longue;

4o Qu'un vin se conserve d'autant plus que la
mentation a été plus longue à s'opérer complètem
et que ceux dont elle est bientôt terminée sont les
sujets à se détériorer;

4° Que l'huile volatile de moutarde est un des meilleurs moyens pour mûter le moût, et que la moutarde en poudre doit cependant être préférée, parce qu'elle le décolore et le clarifie en même temps ;

5° Enfin que la présence de l'air, pour que la fermentation vineuse ait lieu, pourrait bien n'être pas d'une nécessité absolue ; dans le cas contraire, mes expériences démontreraient qu'il suffit d'une bien petite quantité pour opérer cet effet.

FIN.

VOCABULAIRE.

A.

ACÉTATES. Sels formés par l'acide acétique et une base salifiable.

—— **D'ALUMINE.** Acide acétique et alumine.

—— **D'AMMONIAQUE.** Sel formé d'acide acétique et d'alcali volatil.

—— **DE CUIVRE.** Synonyme de *cristaux de Vénus; verdet cristallisé :* composé d'acide acétique et d'oxide de cuivre.

—— **DE CUIVRE** (Sous-), **VERDET,** ou **VERT DE-GRIS.** Ce sel diffère du précédent, en ce que celui-ci contient un excédent de base.

—— **DE FER.** Acide acétique et oxide de fer.

—— **DE PLOMB, SEL,** ou **SUCRE DE SATURNE.** Acide acétique et oxide de plomb.

—— **DE PLOMB** (Sous-), **EXTRAIT DE SATURNE.** Il diffère du précédent par un excès de base.

—— **DE POTASSE.** Acide acétique et potasse.

—— **DE SOUDE.** Acide acétique et soude.

ACÉTONE. C'est le nom que M. Dumas a donné à l'*esprit pyro-acétique* que l'on obtient en distillant les acétates alcalis et surtout l'acétate de chaux.

ACIDES. Substances composées qui ont généralement une saveur acide, rougissent la teinture de tournesol et la plupart des couleurs bleues végétales, et forment, en s'unissant aux bases salifiables, une classe de corps connue sous le nom de sels. Les acides sont le résultat de l'union de certains corps avec l'oxigène; alors ils sont appelés *oxacides*, ou bien avec l'hydrogène, et ils portent le nom d'*hydracides*; enfin, ils peuvent être le résultat de la combinaison de certains corps entre eux sans oxigène ni hydrogène, tels que le *chlore* avec le *bore* : acide *chloroborique*, etc.

ACIDE ACÉTIQUE. Vinaigre concentré, dépouillé des substances étrangères qu'il contient.

—— **ACÉTIQUE CRISTALLISABLE.** C'est cet acide concentré au point de prendre une forme solide et cristalline.

—— **ACÉTIQUE ANHYDRE.** C'est-à-dire ne contenant pas d'eau.

—— **CARBONIQUE.** Composé de parties égales d'oxigène et de vapeur de carbone, condensés en un volume. Il se dégage des cuves en fermentation, etc.

—— **HYDROCHLORIQUE ou MURIATIQUE.** Il est formé par le chlore et l'hydrogène. Cet acide constitue, avec la soude, le sel marin. Il portait jadis le nom d'*esprit-de-sel*.

—— **NITRIQUE, ou EAU FORTE.** C'est une combinaison de l'azote avec l'oxigène. Il est un des principes constituans du sel de nitre.

—— **SULFURIQUE ou VITRIOLIQUE,** *huile de vitriol.* C'est le résultat de la combinaison du soufre avec l'oxigène. Cet acide est une des parties constituantes des sulfates ou vitriols.

ACIDIFIABLE. Corps susceptibles de passer à l'état acide.

ACIDIFIANT. Propriété supposée à l'oxigène et à l'hydrogène de faire passer certains corps à l'état d'acide. Il paraît plus naturel de croire que l'acidification est le produit de cette union, à laquelle participent également les deux principes constituans.

AILE. Bière d'une consistance plus sirupeuse et d'un goût plus sucré, parce qu'elle n'a pas subi une fermentation assez longue pour avoir alcoolisé tout le sucre.

AIR ATMOSPHÉRIQUE. Fluide élastique qui, abstraction faite de toutes les exhalaisons et vapeurs qu'il contient, enveloppe de toutes parts le globe terrestre, s'élève à une hauteur inconnue, pénètre dans les abimes les plus profonds, fait partie de tous les corps, et adhère à leur surface. Il est composé de

$$
\begin{array}{ll}
\text{Azote.} & 79 \\
\text{Oxigène.} & 21 \\
\hline
& 100
\end{array}
$$

Plus d'environ 0,10 d'acide carbonique.

ALCALIS. Substances qui verdissent la plupart des couleurs bleues végétales, ont une saveur âcre et urineuse, saturent les acides, et forment avec eux des sels.

ALCALI MINÉRAL. *Vid.* **SOUDE.**

ALCALI VÉGÉTAL. *Vid.* **POTASSE.**

ALCOOL. Liqueur incolore, volatile, inflammable, plus légère que l'eau, produite par la fermentation des corps sucrés, et extraite par la distillation des liquides qui en sont le produit. L'alcool ou esprit-de-vin est plus ou moins rectifié, c'est-à-dire qu'il contient plus ou moins d'eau. Il est composé de carbone, d'hydrogène et d'oxigène.

ALUMINE. L'une des terres primitives, connue autrefois sous le nom d'argile, et maintenant soupçonnée d'être l'oxide d'un métal qu'on n'a point encore isolé, et qu'on nomme *aluminium*. L'alumine est la base de l'alun.

AMIDON ou **FÉCULE.** Principe immédiat de divers végétaux, qui jouit de la propriété de se convertir en matière sucrée, par l'action de l'acide sulfurique.

ANHYDRE. Ne contenant pas d'eau.

AZOTE. Gaz qui entre pour 0,79 dans la composition de l'air. Il est impropre à la combustion et à la respiration.

B.

BASES ACIDIFIANTES. Corps qui, en s'unissant avec l'oxigène ou l'hydrogène, se convertissent en acides. Les acides produits par ces bases et l'oxigène portent le nom d'*oxacides*, et celles avec l'hydrogène, d'*hydracides*.

——— **SALIFIABLES.** Cette dénomination s'applique à tous les corps, soit alcalis, terres, oxides métalliques, etc., qui, en s'unissant avec les acides, forment des sels.

BIÈRE. Boisson qui est produite par la fermentation de quelque céréale, principalement l'orge, avec le houblon.

C.

CALORIQUE. Fluide impondérable et invisible qui pénètre tous les corps, s'interpose entre leurs molécules, les dilate, et les fait passer de l'état solide à l'état liquide, et souvent à celui de fluide élastique. Le calorique ne doit pas être confondu avec la chaleur, laquelle n'est autre chose que la sensation qu'il nous fait éprouver.

CARBONATES. Sels formés par l'acide carbonique et une base.

——— **DE CHAUX,** ou **CRAIE.** Sel formé par l'acide carbonique et la chaux.

—— DE SOUDE, ou SEL DE SOUDE. Acide carbonique et soude.

CHARBON. Résidu fixe que laissent les substances végétales, fortement calcinées, dans un vaisseau clos.

—— ANIMAL. Résidu des os, fortement calcinés, dans des vases clos.

CHAUX ou TERRE CALCAIRE. C'est le produit de l'union d'un métal nommé *calcium* avec l'oxigène. La chaux est la base des marbres, des pierres calcaires, des os, etc.

CIDRE. Liqueur fermentée, provenant du suc des pommes.

D.

DÉLIQUESCENCE. Propriété dont jouissent certains corps solides, d'attirer l'humidité de l'air, et de se réduire ainsi en liqueur.

DISTILLATION. Opération faite, à l'aide du calorique et dans les appareils formés, afin de séparer un liquide plus volatil d'un autre qui l'est moins, ou bien d'un corps solide.

E.

EAU ou OXIDE D'HYDROGÈNE. Ce liquide est composé de 80 parties d'oxigène et de 20 d'hydrogène.

—— -DE-VIE. Alcool étendu d'eau, et marquant à l'aréomètre depuis 18 jusqu'à 23 degrés.

ESPRIT-DE-VIN. *Vid.* ALCOOL.

ESPRIT-PYRO-ACÉTIQUE. C'est l'acétone, substance que l'on obtient en distillant les acétates alcalis, et particulièrement l'acétate de chaux.

ÉTHER. Liqueur très-inflammable, plus légère que

l'alcool, que l'on obtient par la distillation de ce menstrue, avec un acide dont il retient le nom. Ainsi, l'alcool préparé avec l'acide sulfurique, se nomme éther sulfurique.

— phosphorique	— phosphorique.
— arsénique	— arsénique.
— acétique	— acétique.
— nitrique	— nitrique.
— oxalique	— oxalique.

F.

FERMENT. Substance particulière, propre à développer la fermentation dans les liqueurs sucrées. Le ferment, qui fait partie de quelques-unes de ces liqueurs, n'a pu en être isolé. M. Thénard en attribue la formation à une substance particulière du moût, qui est très-soluble dans l'eau, laquelle, en s'unissant à l'oxigène de l'air, peut se convertir en ferment.

FERMENTATION. Altération spontanée, qui a lieu dans certaines substances végétales privées de la vie, laquelle change leur nature, et donne lieu à de nouveaux produits, suivant la nature des végétaux.

—— **ACÉTIQUE.** C'est la transformation des liqueurs alcooliques en vinaigre, par la soustraction d'une partie du carbonne (Saussure), qui, en s'unissant à un volume égal à celui de la vapeur de carbonne enlevée à l'acide, donne lieu à de l'acide carbonique qui se dégage dans cette fermentation; la présence de l'air est indispensable.

—— **ALCOOLIQUE ou VINEUSE.** C'est la conversion des matières sucrées en alcool par l'addition d'un ferment. Dans cette opération, selon M. Gay-Lussac, le sucre perd un volume de vapeur de carbone et

4

un volume d'oxigène, qui, en se combinant, produisent un volume de gaz acide carbonique, tandis que l'hydrogène et les autres principes constituans du sucre forment de l'alcool.

G.

GAZ. Corps réduit en vapeur par le calorique.

On appelle gaz permanens ceux qui, comme l'air, le gaze azote, hydrogène, etc., n'ont pu être liquéfiés.

GOUDRON. Substance inflammable demi-liquide, obtenue par la distillation des pins et des sapins trop vieux pour donner de la térébenthine, ainsi que par la distillation du bois, etc.

H.

HYDROGÈNE (Gaz). Gaz combustible, brûlant, avec une flamme bleue; il est quinze fois plus léger que l'air, et est un des principes constituans de l'eau, de l'alcool, du sucre, etc.

HYDROCHLORATE DE SOUDE. Sel composé d'acide hydrochlorique et de soude. Ce sel est le même que le muriate de soude, le sel marin, le sel de cuisine et le chlorure de calcium.

HYDROCHLORATE DE BARITE. Sel composé d'acide hydrochlorique et de barite; synonyme de muriate de barite.

—— **DE CHAUX.** Acide hydrochlorique et chaux.

—— **DE MAGNÉSIE.** Acide hydrochlorique et magnésie.

L.

LIGNEUX. C'est ce qui constitue la fibre végétale.

LEVURE DE BIÈRE. C'est une pâte d'un blanc grisâtre, ferme et cassante, qui résulte de l'écume qui se produit pendant la fermentation de la bière, laquelle écume est formée, d'après M. Thénard, de bière, de ferment, d'un peu d'amidon, et peut-être d'un peu d'hordeine. On lave cette matière pour en séparer le principe amer du houblon et le peu de bière qu'elle contient. En cet état, elle porte le nom de levûre de bière, et est vendue comme un excellent ferment.

LIQUEUR ACÉTIQUE. Solution de soude caustique dans l'eau, dans des proportions bien exactement déterminées.

M.

MALT. C'est le nom que l'on donne à l'orge saccharifié par la germination.

MÈCHES. Bandes de toiles plongées dans du soufre fondu, qu'on brûle dans les tonneaux pour mûter le moût ou pour clarifier les vins.

MÉLASSE. Sucre liquide, épais et non cristallisable du suc de canne. Il est d'une couleur noirâtre et a un léger goût d'empyreume.

MUCILAGE. Principe contenu dans les végétaux, qui se dissout dans l'eau, avec laquelle il forme un liquide plus ou moins épais, etc.

MOUT. Liqueur sucrée contenue dans le raisin, etc. Il est ordinairement composé de sucre, d'eau, des élémens du ferment, de gluten, de sulfate de potasse, de surtartrate, d'acidule de potasse et de chaux, etc.

N.

NITRATE D'ARGENT. Sel composé d'acide nitrique et d'oxide d'argent.

—— DE SOUDE. Sel composé d'acide nitrique et de soude.

—— DE POTASSE, ou SEL DE NITRE. Sel composé d'acide nitrique et de potasse.

O.

OXIGÈNE (Gaz). Fluide élastique, qui entre pour 0,21 dans la composition de l'air atmosphérique, qu'il rend propre à la combustion et à la respiration.

P.

PAIN DES VINAIGRIERS. Composé formé de piment, de poivre long et blanc, de cubèbe et de gingembre, dont certains vinaigriers, même en Allemagne, se servent pour donner plus de saveur et de *montant* aux vinaigres.

POIRÉ. Boisson mousseuse obtenue par la fermentation du jus des pommes.

PORTER. C'est une espèce de bière dont l'usage est très répandu en Angleterre.

POTASSE, ou ALCALI VÉGÉTAL. C'est un oxide provenant de l'union de l'oxigène avec le potassium : on l'extrait des cendres des végétaux par la lessivation et la calcination.

POTASSIUM. Métal découvert par M. Davy, qui est plus léger que l'eau, et brûle à sa surface.

R.

RAPÉS. Copeaux de bois de hêtre destinés à clarifier

le vin, le cidre, le poiré, etc., ainsi qu'à favoriser la fermentation acétique, surtout quand ils ont déjà servi à l'usage précité.

RÉACTIFS. Nom donné aux substances employées dans les analyses chimiques pour reconnaître les corps par les changemens sensibles qu'elles leur font éprouver.

REPASSE. Résidu de la distillation des vins qui reste dans les chaudières destinées à cet usage.

S.

SELS. Composés d'un acide et d'une base salifiable : ils sont neutres quand la saturation est complète, c'est-à-dire quand ils ne manifestent aucune des propriétés de l'acide ni de la base; sur-sels, quand il y a excès d'acide; et sous-sels, quand il y a excès de base.

SIGNES NUMÉRIQUES.

$=$ Signifie égale.
$\times$ Multiplié par.
$-$ Moins.
$+$ Plus.
$:$ Est à.
$::$ Comme.
$\sqrt{}$ Racine carrée.
$\dfrac{5}{12}$ Divisé par.

Ainsi, dans cet exemple, cela signifie 5 divisé par 12; s'il y avait $\dfrac{10}{100}$, cela voudrait dire 10 divisé par 100, etc.

SIROP DE RAISIN. On l'obtient en saturant l'acide contenu dans le moût du raisin, clarifiant ensuite ce moût par le blanc d'œuf, le filtrant à travers une étoffe de laine, et le faisant évaporer jusqu'à consistance sirupeuse.

SODIUM. Metal découvert en 1807 par M. Davy; il est la base de la soude.

SOUDE, ou ALCALI MINÉRAL. C'est un oxide composé d'oxigène et d'un métal connu sous le nom de sodium : on l'extrait des plantes marines par la combustion, ou du sel marin par des procédés chimiques.

SOUFRE. Corps simple, de couleur jaune-citron, inaltérable à l'air, très fusible, brûlant avec une flamme bleue d'une odeur suffocante, donnant, par son union avec l'oxigène, quatre acides dont les seuls employés dans les arts sont le sulfureux et le sulfurique. Le sulfureux est celui qui se produit quand on brûle dans les tonneaux une bande de toile enduite de soufre et connue sous le nom de mèche, afin de mûter le moût ou de clarifier les vins. Avec l'hydrogène, le soufre produit un acide connu sous le nom d'acide hydrosulfurique ou gaz hydrogène-sulfuré.

SUCRE. Principe immédiat des végétaux, qui a une saveur très douce, et que l'acide nitrique convertit en acide oxalique. Le sucre, par la fermentation, se convertit en alcool, et celui-ci en acide acétique. Il existe dans la canne à sucre, le moût des raisins, et le suc d'un grand nombre de végétaux.

—— **DE SATURNE.** On nomme ainsi l'acétate de plomb.

—— **DE RAISIN.** On l'extrait par la concentration du sirop de raisin.

SULFATE DE CHAUX. Sel insoluble composé d'acide sulfurique et de chaux.

—— **DE SOUDE.** Sel composé d'acide sulfurique et de soude.

T

TARTRATE (Sur-) DE POTASSE, ou CRÊME DE TARTRE. C'est le sel que les vins déposent sur les

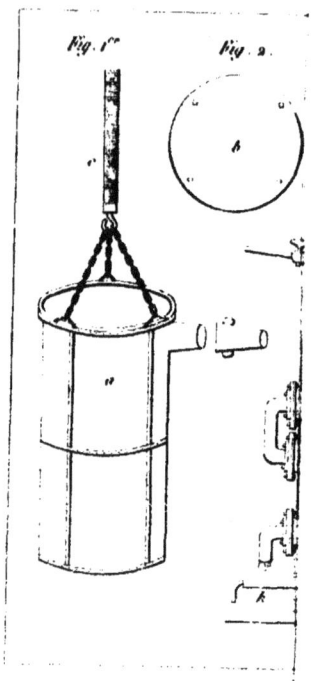

Fig. 1ʳ Fig. 2.

Fig. 2.

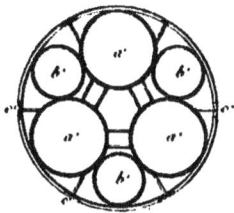

Fig. 9.

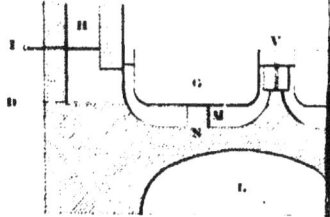

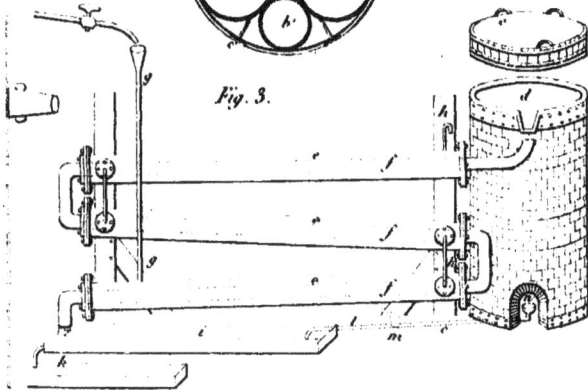

Fig. 3.

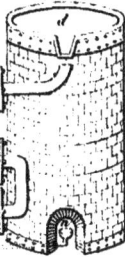

Fig. 4.

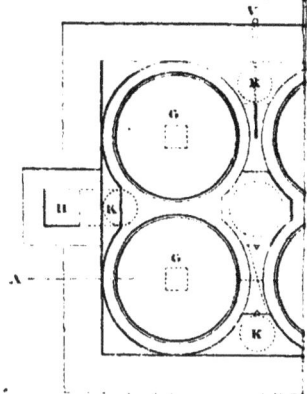

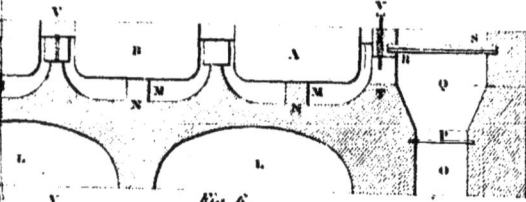

Fig. 5.

Fig. 7.

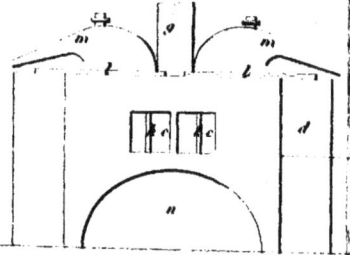

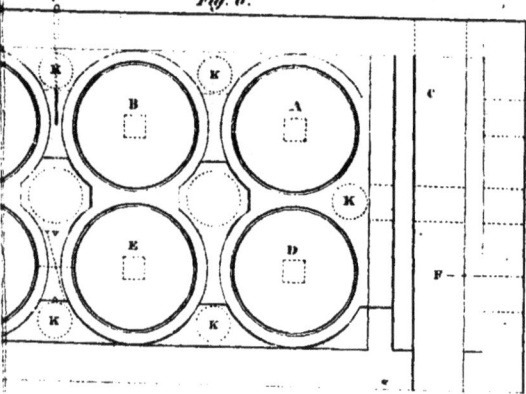

Fig. 6.

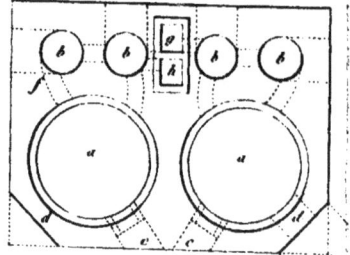

Fig. 8.

Fig. 7.

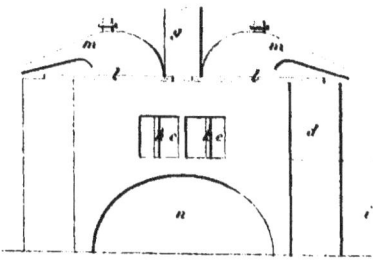

Fig. 10.

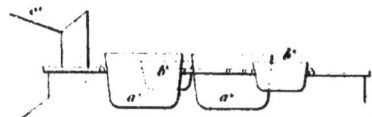

Fig. 11.

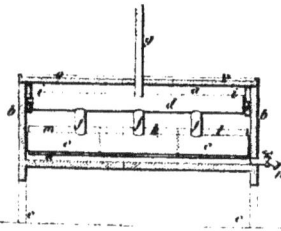

Fig. 12.

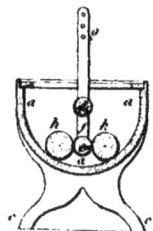

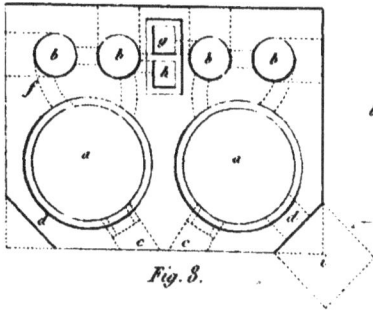

Fig. 8.

parois des tonneaux : il est composé d'acide tartrique
en excès et de potasse. Avant d'être purifié, ce sel
porte le nom de tartre.

TARTRATE DE CHAUX. Ce sel se trouve, en petite
quantité , uni au précédent; il est composé du même
acide et de chaux : il n'est presque pas soluble.

TOURAILLONS. Ce sont les petits germes qui se détachent de l'orge germé , connu sous le nom de malt.

V

VERT-DE-GRIS, ou **VERDET.** C'est un sous-acétate
de cuivre, que l'on prépare dans le midi de la France,
en faisant agir le marc de raisin acidifié sur des plaques de cuivre.

VERDET CRISTALLISÉ, *Cristaux de Vénus.* C'est
un acetate de cuivre obtenu en dissolvant le vert-de-
gris dans le vinaigre, et faisant cristalliser cette dissolution.

FIN DU VOCABULAIRE.

27

TABLE

DES MATIÈRES.

FIN DE LA TABLE.

TROYES. — IMPRIMERIE DE CARDON.

www.ingramcontent.com/pod-product-compliance
Lightning Source LLC
Chambersburg PA
CBHW060133200326
41518CB00008B/1018